U0332467

职业教育工程测量技术专业"十二五"规划教材

工程测量

主　编　丰秀福　石永乐
副主编　刘延伦
参　编　张敬伟　李双一　贾宝平
主　审　李　峰

机械工业出版社

本书以"必需、够用"为原则,以培养技能型人才为目标进行编写。全书分8个单元,共40个课题,内容包括施工测量的基本工作、曲线放样、建筑工程测量、线路工程测量、水利工程测量、地质勘探工程测量、矿山工程测量。本书特色鲜明:涵盖面广,淡化理论,注重基础;图文并茂,强调实践,注重与职业资格考证和职业岗位的对接,力求接近工程实际;配有大量习题,强化训练,为职业资格能力鉴定考试打下基础。

本书可作为职业院校测量类相关专业的教材或参考资料,也可作为测量人员培训、成人教育及工程技术人员参考用书。

为方便教学,本书配有电子课件及习题答案,凡选用本书作为授课教材的老师均可登录 www.cmpedu.com,以教师身份免费注册下载。编辑热线:010-88379934;机工社建筑教材交流 QQ 群:221010660。

图书在版编目(CIP)数据

工程测量/丰秀福,石永乐主编. —北京:机械工业出版社,2013.10
职业教育工程测量技术专业"十二五"规划教材
ISBN 978 – 7 – 111 – 43626 – 3

Ⅰ.①工… Ⅱ.①丰…②石… Ⅲ.①工程测量 – 职业教育 – 教材
Ⅳ.①TB22

中国版本图书馆 CIP 数据核字(2013)第 185283 号

机械工业出版社(北京市百万庄大街22号　邮政编码100037)
策划编辑:刘思海　责任编辑:刘思海
版式设计:霍永明　责任校对:张　薇
封面设计:鞠　杨　责任印制:杨　曦
北京圣夫亚美印刷有限公司印刷
2014 年 1 月第 1 版第 1 次印刷
184mm×260mm · 15 印张 · 349 千字
0001—3000 册
标准书号:ISBN 978 – 7 – 111 – 43626 – 3
定价:34.00 元

编写委员会

前　言

本书是为进一步深化职业教育教学改革，提高技能型人才培养水平，以"必需、够用"为原则组织编写的。在总结多年教学经验，广泛调研及征求同行意见、建议的基础上编写而成的。

本书特色鲜明，主要体现在以下几个方面：

1）涵盖面广，淡化理论，注重基础。本书遵循职业教育学生的认知特点，逻辑性强，从测量工作的内容、任务以及曲线放样，逐渐过渡到建筑工程、线路工程、水利工程、地质勘探工程、矿山工程等的测量。不仅理论通俗易懂，注重基础知识的培养，重要概念在书中以特别的方式突出，有利于学生整体性把握，而且涵盖面广，有利于不同的学校、读者根据不同的教学计划、兴趣爱好等灵活安排。

2）图文并茂，强调实践，注重和职业岗位的对接。本书着力突出实践性，采用国家、行业最新标准，充分发挥图说的优势，以实际工作中各工程的测量工作进行讲解，力求接近工程实际，以达到"教中做、做中学、学中练"。

3）本书配有电子教案，方便教师备课。此外，书中每个单元均安排有不同形式的复习思考题，书后还附有中级工程测量工模拟试题2套和高级工程测量工模拟试题1套，一方面强化学生基础知识、技能的训练，另一方面方便学生备考相关职业资格能力鉴定的考试。

本书由丰秀福、石永乐任主编，刘延伦任副主编。编写人员及分工如下：丰秀福编写单元1、单元4；刘延伦编写单元2，单元5的课题1和课题2；张敬伟编写单元3；李双一编写单元5的课题3、课题4、课题5；贾宝平编写单元6；石永乐编写单元7、单元8。全书由丰秀福负责组织、统稿和审核，李峰主审。本书在编写过程中，得到了建筑业和测绘业专家、工程技术人员大力的支持和帮助，在此一并表示深切的谢意。

由于编者水平有限，错误之处在所难免，欢迎读者批评指正。

编　者

目 录

单元 1

绪　论

单元概述

　　本单元主要介绍工程测量的定义、工程测量的任务、工程测量的分类、工程测量的作用及工程测量技术的发展现状。

学习目标

1. 熟悉工程测量的定义、任务、分类、作用。
2. 了解工程测量技术的发展现状。

课题 1　工程测量的任务和作用

1.1.1　工程测量研究的对象和任务

　　在测绘界，人们把工程建设中的所有测绘工作统称为**工程测量**。工程测量是研究地球的形状、大小以及地表（包括地面、地下、海底和空间物体）的几何形状及其空间位置的科学，主要应用在工程与工业建设、城市建设与国土资源开发和水陆交通等，进行地形和相关信息的采集与处理、施工放样、设备安装、变形监测等方面的理论和技术，以及与之有关信息的管理与使用。

　　工程测量主要以建筑工程、线路工程、水利工程、地质勘探工程、矿山工程等为研究对象。工程测量按照工程建设的顺序和相应作业的性质来看，可将工程测量的任务分为以下三个阶段的测量工作：

　　（1）勘测设计阶段的测量工作　工程在勘测设计阶段需要各种比例尺的地形图、纵横断面图及一定点位的各种样本数据，这些都是必须由测量工作来提供或到实地定点定位。

　　（2）施工阶段的测量工作　设计好的工程在经过各项审批后，即可进入施工阶段。这就需要将设计的工程位置标定在现场，作为实际施工的依据。在施工过程中还需对工程进行各种监测，确保工程质量。

　　（3）工程竣工后营运管理阶段的测量工作　工程竣工后，需测绘工程竣工图或进行工

1

程最终定位测量，作为工程验收和移交的依据。对于一些大型工程和重要工程，还需对其安全性和稳定性进行监测，为工程的安全运营提供保障。

1.1.2 工程测量的分类

工程测量按其工作顺序和性质分为：勘测设计阶段的工程控制测量和地形测量；施工阶段的施工测量和设备安装测量；工程竣工后营运管理阶段的竣工测量、变形观测及维修养护测量等。按工程建设的对象分为：建筑工程测量、水利工程测量、线路工程测量、地质勘探测量、矿山工程测量等。因此，工程测量工作遍布国民经济建设和国防建设的各部门和各个方面。

1.1.3 测量在工程建设中的作用

工程测量最主要的作用是运用工程测量的基本原理和方法为各类建筑工程服务，包括工程建设勘测、设计、施工和管理阶段所进行的各种测量工作。它是直接为各项建设项目的勘测、设计、施工、安装、竣工、监测以及营运管理等一系列工程工序服务的。可以这样说，没有测量工作为工程建设提供数据和图样，并及时与之配合和进行指挥，任何工程建设都无法进展和完成。

课题 2 工程测量技术的发展现状与展望

传统工程测量技术的服务领域包括建筑、水利、交通、矿山等部门，其基本内容有**测图**和**放样**两部分。现代工程测量已经远远突破了仅仅为工程建设服务的概念，它不仅涉及工程的静态、动态几何与物理量测定，而且包括对测量结果的分析，甚至对物体发展变化的趋势预报。随着传统测绘技术向数字化测绘技术转化，我国工程测量的发展可以概括为"四化"和"十六字"。"四化"是：工程测量内外业作业的一体化，数据获取及其处理的自动化，测量过程控制和系统行为的智能化，测量成果和产品的数字化。"十六字"是：连续、动态、遥测、实时、精确、可靠、快速、简便。

1.2.1 我国工程测量技术的现状

1. 先进的地面测量仪器在工程测量中的应用

20 世纪 80 年代以来出现许多先进的地面测量仪器，为工程测量提供了先进的技术工具和手段，如：光电测距仪、精密测距仪、电子经纬仪、全站仪、电子水准仪、数字水准仪、激光准直仪、激光扫平仪等，为工程测量向现代化、自动化、数字化方向发展创造了有利的条件，改变了传统的工程控制网布网、地形测量、道路测量和施工测量等的作业方法。光电测距三角高程测量代替三、四等水准测量；具有自动跟踪和连续显示功能的测距仪用于施工放样测量；无需棱镜的测距仪解决了难以攀登和无法到达的测量点的测距工作；电子速测仪为细部测量提供了方便；精密测距仪的应用代替了传统的基线丈量。

电子经纬仪和全站仪的应用，是地面测量技术进步的重要标志之一。电子经纬仪具有自动记录、自动改正仪器轴系统差、自动归化计算、角度测量自动扫描、消除度盘分划误差和偏心差等优点。全站仪测量可以利用电子手簿把野外测量的数据自动记录下来，通过接口设备传输到计算机，利用"人机交互"的方式进行测量数据的自动数据处理和图形编辑，还可以把由计算机控制的跟踪设备加到全站仪上，能对一系列目标进行自动测量，即所谓的"测地机器人"或"电子平板"，为测图和工程放样向数字化发展开辟了道路。

激光水准仪、全自动数字水准仪、记录式精密补偿水准仪等仪器的出现，实现了几何水准测量中自动安平、自动读数和记录、自动检核测量数据等功能，使几何水准测量向自动化、数字化方向迈进。激光准直仪和激光扫描仪在高层建筑施工和大面积混凝土施工中是必不可少的仪器。

陀螺经纬仪是用于矿山、隧道等工程测量的另一类主要的地面测量仪器，新一代的陀螺经纬仪是由计算机控制，仪器自动、连续地观测陀螺的摇动并能补偿外部的干扰，观测时间短、精度高，如 Cromad 陀螺经纬仪在 7min 左右的观测时间能获取 3″的精度，比传统陀螺经纬仪精度提高近 7 倍，作业效率提高近 10 倍，标志着陀螺经纬仪向自动化方向迈进。

2. GPS 定位技术在工程测量中的应用

GPS 是从海、陆、空进行全方位三维导航与定位的新一代卫星导航与定位系统。随着 GPS 定位技术的不断改进和软、硬件的不断完善，长期以测角、测距、测水准为主体的常规地面定位技术正在逐步被以一次性确定三维坐标的高速度、高精度、费用省、操作简单的 GPS 技术代替。

我国 GPS 定位技术的应用已深入各个领域，国家大地网、城市控制网、工程控制网的建立与改造已普遍地应用 GPS 技术，在石油勘探、高速公路、通信线路、地下铁路、隧道贯通、建筑变形、大坝监测、山体滑坡、地震的形变监测、海岛或海域测量等也已广泛地使用 GPS 技术。随着 DGPS 差分定位技术和 RTK 实时差分定位系统的发展，单点定位精度不断提高，GPS 技术在导航、运载工具实时监控、石油物探点定位、地质勘查剖面测量、碎部点的测绘与放样等领域将有广泛的应用前景。

3. 数字化测绘技术在工程测量中的应用

近些年，数字化测绘技术在测绘工程领域得到广泛应用，使大比例尺测图技术向数字化、信息化发展。大比例尺地形图和工程图的测绘，历来就是城市与工程测量的重要内容和任务。

常规的成图方法是一项脑力劳动和体力劳动相结合的艰苦的野外工作，同时还有大量的室内数据处理和绘图工作，且成图周期长，产品单一，难以适应飞速发展的城市建设和现代化工程建设的需要。新近出现的电子经纬仪、全站仪和 GEOMAP 系统，能把野外数据采集的先进设备与计算机及数控绘图仪三者结合起来，形成一个从野外或室内进行数据采集、数据处理、图形编辑和绘图的自动测图系统。系统的开发研究主要是面向城市大比例尺基本图、工程地形图、带状地形图、纵横断面图、地籍图、地下管线图等各类图件的自动绘制，并可直接提供图样，也可提供软盘，为专业设计自动化，建立专业数据库和基础地理信息系统打下基础。

4. 摄影测量技术在工程测绘中的应用

摄影测量技术已经在城市和工程测绘领域中得到广泛应用，由于高质量、高精度的摄影测量仪器的研制生产，结合计算机技术的应用，使得摄影测量能够提供完全的、实时的三维空间信息，不仅不需要接触物体，而且减少了外业工作量，具有测量高效、高精度，成果繁多等特点，在大比例尺地形测绘、地籍测绘、公路、铁路以及长距离通信和电力选线、描述被测物体状态、建筑物变形监测、文物保护和医学上异物定位中都起到了一般测量难以起到的作用，具有广泛的应用前景。由于全数字摄影测量工作站的出现，为摄影测量技术应用提供了新的技术手段，该技术已在一些大中城市和大型工程勘察单位得到引进和应用。

1.2.2　工程测量技术的发展展望

展望 21 世纪，工程测量在以下方面将得到显著发展：

1）测量机器人将作为多传感器集成系统在人工智能方面得到进一步发展，其应用范围将进一步扩大，影像、图形和数据处理方面的能力进一步增强。

2）在变形观测数据处理和大型工程建设中，将发展基于知识的信息系统，并进一步与大地测量、地球物理、工程与水文地质以及土木建筑等学科相结合，解决工程建设中以及运行期间的安全监测、灾害防治和环境保护的各种问题。

3）大型复杂结构建筑和设备的三维测量、几何重构及质量控制，以及由于现代工业生产对自动化流程和生产过程控制中的产品质量检验与监控的数据与定位要求越来越高，将促使三维测量技术的进一步发展。工程测量将从土木工程测量、三维工业测量扩展到人体科学测量。

4）多传感器的混合测量系统将得到迅速发展和广泛应用，如 GPS 接收机与电子全站仪或测量机器人集成，可在大区域乃至国家范围内进行无控制网的各种测量工作。GPS、GIS、RS 技术将紧密结合工程项目，在勘测、设计、施工管理一体化方面发挥重大作用。

在人类活动中，工程测量是无处不在、无时不用，只要有建设就必然存在工程测量，因而其发展和应用的前景是广阔的。

施工测量的基本工作

单元概述

　　施工测量是工程测量的一个主要组成部分，其主要的工作为测设（放样），包括测设已知角度、测设已知距离和测设已知高程。本单元主要学习测设的基本方法，并介绍在建筑施工中如何灵活运用。

学习目标

1. 了解并掌握测设的基本方法。
2. 如何进行点的平面位置及高程的测设。

课题1　施工测量概述

2.1.1　施工控制测量

　　在施工测量的整个过程中，遵循测量工作"先整体、后局部"的原则，首先要进行施工控制网的布设。为满足施工测量的需要而布置的控制网称为**施工控制网**。

　　1. 施工控制网的特点

　　施工控制网的布设应该根据建（构）筑物的总平面布置和施工区的地形条件来考虑。对于地形起伏较大的山岭地区和跨越江河的地区，一般可以考虑建立三角网或 GPS 网；对于地形平坦但通视比较困难的地区，例如改建、扩建的居民区及工业场地，可以考虑布设导线网；对于建筑物比较密集且布置比较规则的工业与民用建筑区，也可以将施工控制网布设成规则的矩形格网，即建筑方格网。

　　施工控制网一般具有如下特点：

　　（1）控制的范围较小，控制点密度大，精度要求高　一般的建筑场地，施工区域面积小于 1km^2。但是各种建筑物分布错综复杂，这就需要较为密集的控制点来进行放样工作。另一方面，建筑物的放样，其偏差都有一定的限差，如工业厂房主轴线的定位精度为 2cm，这样的精度要求是相当高的。因此，施工控制网的精度要求就比较高。

（2）施工控制网使用频繁 在施工过程中，随着施工层面和浇筑面的升高，往往每一层都要进行放样工作，控制点的使用是相当频繁的，有些控制点甚至用到几十次。对于控制点的稳定性、长期保存的可能性、使用时的方便性就提出了比较高的要求。工地上常见的轴线控制桩、观测墩、混凝土桩等就是基于这一要求建立的。

（3）放样工作容易受施工干扰 由于施工测量工作是随着施工的进度而进行的，随着建筑物的施工高度的增加，会妨碍控制点之间的相互通视，因此，施工控制点的位置分布要恰当，便于工作时能有所选择。

施工控制网一般单独布设。坐标原点一般布设在施工区域的西南方，坐标轴与待建建筑物的主要轴线平行或垂直。其主要的布设方式为建筑基线、建筑方格网等。

2. 施工坐标系与测量坐标系的转换

在设计总平面图中，点位的坐标一般是用施工坐标系中的坐标来表示。所谓**施工坐标**，是指以建筑物主要轴线为坐标轴而建立起来的独立坐标系。在建立施工控制网时一般用测图控制网中的控制点来作为施工控制网布设的依据，这就需要在实际放样过程中进行坐标换算，使点位的坐标统一。如图 2-1 所示：设 xoy 为测量坐标系，$AO'B$ 为施工坐标系，施工坐标系的坐标原点在测量坐标系中的坐标为 (x'_o, y'_o)，$O'A$ 轴的坐标方位角为 α，则 P 点在两个坐标系的换算关系为

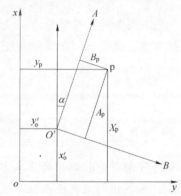

图 2-1 测量坐标系与施工坐标系

$$x_p = x'_o + A_p \cos\alpha - B_p \sin\alpha$$
$$y_p = y'_o + A_p \sin\alpha - B_p \cos\alpha$$

$$(2\text{-}1)$$

以及

$$A_P = (y - y_o)\sin\alpha + (x - x'_o)\cos\alpha$$
$$B_P = (y - y_o)\cos\alpha + (x - x'_o)\sin\alpha$$

$$(2\text{-}2)$$

上述公式中的参数 x'_o、y'_o 及 α，可由设计资料中找出。

3. 施工控制网的布设形式

施工控制网的布设过程中，根据施工区域大小及待建建筑物的位置及原有控制点的分布可以布设为建筑基线、建筑方格网等形式。当施工面积较小且建筑物较少时，通常沿着建筑物主要轴线布置一条或几条基线，作为施工测量的平面控制，称为**建筑基线**。建筑基线是一种比较简单的施工控制布设形式，一般在布设时靠近主要建筑物，并与其轴线平行。通常可布置为以下几种形式：“一”字形、“L”形、“十”字形和“T”形（详细介绍见单元4）。

> ⓘ **注意：建筑基线在布设时，为了便于进行检核，基线点位应不少于三个。**

当施工区域比较大，建筑物比较多且建筑物位置相对规则时，可采用建筑方格网来布设施工控制网。建筑方格网一般为矩形方格网，方格线与建筑物轴线相互平行或垂直，方格网

中心位于建筑施工区域中心位置（详细介绍见单元4）。

4. 高程控制网的布设

在测图期间建立的高程控制网，在点位的密度和分布方面往往难以满足放样的要求，因此也需要建立专门的高程控制网。

高程控制网通常也采用分级布设，即首先布设遍布施工区域的基本高程控制网，然后根据不同施工阶段布设加密网。加密点一般为临时水准点，具体布设形式视施工厂区的地形起伏及建筑物施工测量的要求而定。

> ⚠ 注意：平面控制网和高程控制网可以单独布设，也可以把平面控制点联测到高程控制网上。

2.1.2　施工测量

施工控制网建立后，在施工阶段进行的测量工作称为**施工测量**。由于施工是以放样出来的点位为依据而进行的，故施工测量要求具有高度的责任心，不容许出现一点差错。

在施工测量进行前，要对施工区域的环境以及待建建筑物有一定的了解。收集必要的测量资料，包括施工区域前期的测图资料和待建建筑物的设计图样等。熟悉工程的总体布局和细部机构设计，以便制订施工测量方案以及计算施工放样数据。

施工测量贯穿于建筑施工的全过程。从施工前的场地平整到施工中的基础工程、墙体工程、构件与设备的安装、完工后的建筑工程验收，以及后期建筑物的变形监测都需要进行一系列的施工测量工作。

课题 2　测设的三项基本工作

测设是以已有的控制点或已有建（构）筑物为依据，按照工程设计的要求，将设计图样上待建的建（构）筑物的特征点（如轴线的交点）在地面标定出来的过程。其基本工作主要包括：**测设已知水平距离、测设已知水平角、测设已知高程。**

在进行具体测量工作之前，要掌握已知控制点或已有建（构）筑物与设计待建建筑物之间的角度、距离和高程的关系。这些具有相对关系的数据称为**测设数据**，也称为**放样元素**。

2.2.1　测设已知水平距离

测设已知水平距离通常是从地面上的已知点开始，沿设计给定的方向及距离标定出直线的另一端点。

1. 一般方法

当精度要求不高时，可用钢尺沿设计给定的方向及设计距离直接丈量，从而定出终点。为了检核，可将钢尺移动 10 ~ 20cm，再测设一次。若两次测设点位的差值在允许范围内，取平均位置作为最终要确定的点位位置。

2. 精确方法

（1）一般方法　当测设精度要求较高时，应考虑钢尺的尺长改正、温度改正及倾斜改正。使用经过检定的钢尺，用经纬仪定向的方法进行测设。测设之前，首先根据测设距离 D（单位：m）和钢尺改正数计算出实际放样的距离 $D_{读}$，再根据实际距离进行测设。计算公式为

$$D_{读} = D - \frac{\Delta l}{l_o}D - \alpha D(t_m - t_o) + \frac{h^2}{2D} \tag{2-3}$$

式中　Δl——钢尺尺长改正数（m）；

$\quad\quad l_o$——钢尺名义长度（m）；

$\quad\quad \alpha$——钢尺线膨胀系数（m·℃）；

$\quad\quad t_m$——放样时的温度（℃）；

$\quad\quad t_o$——检定时的尺面温度（℃）；

$\quad\quad h$——线段两端的高差（m）。

> ⓘ **注意**：上述方法一般适用于测设长度不超过一个整尺长度，且场地较为平坦的地面。

（2）归化方法　如图 2-2 所示，A 点为已知点，B 点为待测设点，放样时，可按设计距离 D 先放样出一个过渡点 B'，然后按照钢尺量距的精密方法丈量 AB' 两点之间的距离 D'。若 D 与 D' 不相等，按其差值 $\Delta D'$ 以 B' 为准沿 AB' 方向向前（$\Delta D' > 0$）或者向后（$\Delta D' < 0$）进行改正，其中 $\Delta D' = D - D'$。

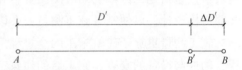

图 2-2　归化法测设距离

在实际工作中，为了便于施工，常在放样过渡点 B' 时留下较大的 $\Delta D'$，待标石埋设稳定之后再将点位从 B' 归化到标石顶部。

2.2.2　测设已知水平角

测设已知水平角是从一个已知方向出发，按照设计给定的水平角值，把另外一个方向标定出来的过程。

1. 一般方法

当测设角度精度要求不高时，可采用经纬仪直接放角的方法进行。如图 2-3 所示，OA 为已知方向，O 点为已知点，OB 为待测设方向。OA 与 OB 之间的水平角为 β。安置经纬仪于 O 点，盘左照准 A 方向，水平度盘置零，顺时针转动照准部，使水平度盘读数显示为 β，在视线方向上定出 B' 点；然后调整仪器，用盘右位置照准 A 点，重复上述操作，使水平度盘读数显示为 180°-

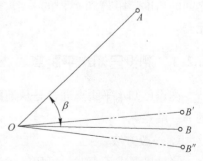

图 2-3　一般方法测设水平角

β，定出 B'' 点，取 B' 和 B'' 两点连线的中点 B，则 $\angle AOB$ 即为 β，OB 方向即为所测设的方向。这种方法也被称为**盘左盘右取中法**。

2. 归化法测设水平角

由于在用一般方法测设水平角中，没有多余的观测，精度较低，所以当测设角度精度要求较高时，应采用归化法测设，即采用垂线支距法对用一般方法测设的水平角进行改正。

如图 2-4 所示，在 O 点安置仪器，先用一般方法测设 β 角值，并在地面上定出 B_1，再用测回法观测角度多个测回，测得其实际角度值为 β_1，则有角度差值 $\Delta\beta = \beta - \beta_1$。当 $\Delta\beta$ 值超过 $\pm 10''$ 时，根据 OB_1 长度和进行 $\Delta\beta$ 计算改正值 B_1B 的计算。

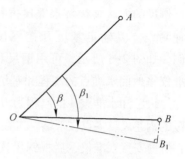

$$B_1B = OB_1 \tan\Delta\beta \approx OB_1 \frac{\Delta\beta}{\rho''} \qquad (2\text{-}4)$$

式中　$\rho = 206265$。

图 2-4　归化法测设水平角

计算出改正值后，过 B_1 点做 OB_1 的垂线，并量取距离 B_1B，定出 B_1 点，则 $\angle AOB$ 即为要测设的 β 角。当 $\Delta\beta < 0$ 时，说明 β_1 偏大，应从垂线方向向内改正；反之向外改正。

2.2.3　测设已知高程

测设已知高程是根据施工现场中的已知水准点，将设计高程标定在某一位置。一般用水准测量的方法进行，也可以采用三角高程测量代替。在高层建筑及地下建筑的高程传递时，还需要借助于钢尺和测绳来完成高程测设。

1. 一般情况

如图 2-5 所示，A 点为已知水准点，其高程为 H_A，B 为待测设高程点，其设计高程为 H_B。将水准仪安置在 A 和 B 之间，后视 A 点水准尺的读数为 a，若水准尺前尺立尺时尺底刚好位于 H_B 高程面，则 B 点的前视读数 $b_{应}$ 为视线高减去设计高程 H_B，

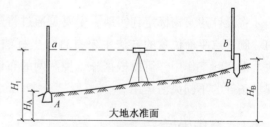

即：$b_{应} = (H_A + a) - H_B$ 　　(2-5)

图 2-5　一般情况下的高程测设

测设时，将 B 点水准尺贴靠在木桩上的一侧，上、下移动尺子直至前视尺的读数为 $b_{应}$，沿尺子底面在木桩侧面画一红线，此线即为 B 点设计高程 H_B 的位置。

在实际测设过程中，若无法直接将设计高程在木桩一侧标定出来时，可直接在桩顶立尺，读取桩顶前视读数。通过式（2-6）计算桩顶改正数。

桩顶改正数 = 桩顶前视 $- b_{应}$ 　　(2-6)

假设 $b_{应} = 1.600\text{m}$，桩顶前视是 1.150m，则桩顶改正数为 -0.450m，表示设计高程位置应自桩顶往下量 0.450m 处，可在桩顶注记"向下 0.450m"。反之，则应自桩顶往上

量取。

2. 高程传递

当待测设高程的点位与已知水
准点之间的高差很大，无法用水
准尺直接测设点位的高程时，可用悬
挂钢尺的方法来代替水准尺进行高
程测设。以确定基坑开挖深度为
例，如图 2-6 所示，可用钢尺和水
准仪将地面水准点的高程和基坑底部高程联系起来，测设基坑底部高程。

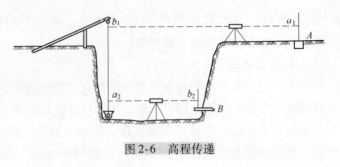

图 2-6 高程传递

设已知水准点 A 的高程为 H_A，要在基坑内侧测出高程为 H_B 的 B 点位置。现悬挂一根带重
锤的钢卷尺，零点在下端。先在地面上安置水准仪，后视 A 点读数 a_1，前视钢尺读数 b_1；再
在坑内安置水准仪，后视钢尺读数 a_2，当前视读数正好在 b_2 时，沿水准尺底面在基坑侧面钉
设木桩（或粗钢筋），则木桩顶面即为 B 点设计高程 H_B 的位置。B 点应读前视尺读数 b_2 为：

$$b_2 = H_A + a_1 - b_1 + a_2 - H_B \tag{2-7}$$

用同样的方法，也可从低处向高处测设已知高程的点。

> **注意：** 在建筑工程设计和施工的过程中，为了使用和计算的方便，一般将建筑物一楼
> 室内地坪所在的水准面作为基准面，即通常所说的 +0.00，建筑物的其他结构的标高以
> +0.000 为基准来确定。

课题 3 测设点的平面位置

将设计建筑物标定到实地，主要是通过将建筑物的主要特征点测设到实地地面上来实现
的。**测设点平面位置的方法**主要有直角坐标法、极坐标法、角度交会法和距离交会法等方
法。在实际工作中，可以根据施工控制网的布设形式、控制点和待测设点位的分布、地形和
现场条件的不同灵活运用。

2.3.1 直角坐标法

当施工现场的控制网为建筑基线或建筑方格
网时，可采用直角坐标法进行点位测设。直角坐
标法是根据直角坐标的原理，利用已知点和待测
设点位之间的纵横坐标之差，直接测设距离来确
定点位的。

如图 2-7 所示，Ⅰ、Ⅱ、Ⅲ、Ⅳ为建筑场地
的建筑方格网点，a、b、c、d 为需测设的某厂
房的四个角点，根据设计图上各点坐标，可求出

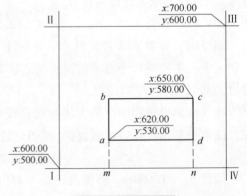

图 2-7 直角坐标法

建筑物的长度、宽度及测设数据。现以 a 点为例，说明测设方法。

欲将 a 点测设于地面，首先根据 I 点的坐标及 a 点的设计坐标算出纵、横坐标之差：

$$\Delta x = x_a - x_I = (620.00 - 600.00)\,\text{m} = 20.00\text{m} \tag{2-8}$$

$$\Delta y = y_a - y_I = (530.00 - 500.00)\,\text{m} = 30.00\text{m} \tag{2-9}$$

然后安置经纬仪于 I 点上，瞄准Ⅳ点，沿 I 至Ⅳ方向测设距离 Δy，定出 m 点；搬仪器于 m 点，瞄准Ⅳ点，向左测设 $90°$ 角，得 ma 方向线，在该方向上测设长度 Δx（20.00m），即得 a 点在地面上的位置。用同样方法可测设建筑物其余各点的位置。

最后，应检查建筑物四角是否等于 $90°$，各边是否等于设计长度，其误差均应在限差以内。

在实际工作过程中，可直接计算出 m 点与 n 点之间的距离。在定出 m 点之后，继续测设距离 D_{mn}，定出 n 点。

2.3.2　极坐标法

当施工现场便于量距，且待测设点位距离控制点较近时，可采用极坐标法进行点位测设。极坐标法是利用已知点和待测设点位之间的水平角和距离关系，通过角度测设和距离测设来确定点位。

如图 2-8 所示，A、B 为控制点，其坐标已知，P 点为待测设点，其坐标可在设计资料中求得。

在 A 点架设仪器，预将 P 点测设于实地地面，可按下列公式计算出测设数据 D_{AP} 和 β。

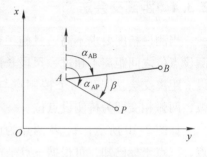

图 2-8　极坐标法

$$\begin{cases} \alpha_{AB} = \arctan \dfrac{y_1 - y_A}{x_1 - x_A} \\[2mm] \alpha_{Ap} = \arctan \dfrac{y_P - y_A}{x_P - x_A} \end{cases} \tag{2-10}$$

$$\begin{cases} \beta = \alpha_{Ap} - \alpha_{AB} \\[2mm] D_1 = \sqrt{(x_P - x_A)^2 + (y_P - y_A)^2} = \dfrac{y_P - y_A}{\sin \alpha_{AP}} = \dfrac{x_P - x_A}{\cos \alpha_{AP}} \end{cases} \tag{2-11}$$

测设时，在 A 点架设经纬仪，照准 B 点，测设角度 β 定出 AP 方向；沿 AP 方向测设距离 D_{AP}，即可定出 P 点。

若在 A 点架设全站仪则更为简单，甚至不需要预先计算测设数据。将全站仪架设在 A 点，照准 B 点之后，按照全站仪放样程序提示，输入测站点 A 点坐标、后视点 B 点坐标或后视方位角 α_{AB}，仪器即能够自动计算并显示出测设数据 D_{AP} 和 β。进入角度测设步骤，水平转动仪器直至角度显示为 $0°0'0''$，此时视线方向即为 AP 方向。进入距离测设步骤，在该方向上前后移动棱镜，当距离改正数显示为零时，则棱镜所在位置即为 P 点。

2.3.3　角度交会法

当控制点与待测点之间距离较远且不便量距时，可采用角度交会法测设。角度交会法是通过测设两个或多个已知控制点与待测设点位之间的角度，交会出待测设点位的方法。

如图 2-9 所示，A、B 两点为已知点，P 点为待测设点，设计坐标已知。可根据三点坐标求算测设数据 β_1 和 β_2。

放样时，在两个已知点 A、B 上架设仪器，分别测设角度 β_1 和 β_2（视具体情况可采用一般方法或归化方法），两个角度方向线相交即为待测设点位 P。为了保证精度，实际工作中还应从第三个控制点 C 测设 β_3，定出 CP 方向线作为校核。由于误差的存在，三条方向线一般不会相交于一点，而是形成一个误差三角形，当误差三角形边长在限差以内，可取误差三角形的重心作为测设点 P。

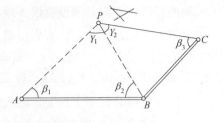

图 2-9　角度交会法

2.3.4　距离交会法

当测设精度要求不高，且施工现场场地平坦、控制点与待测设点位之间距离不超过一尺段长度时，可采用距离交会法测设。距离交会法是以两个控制点与待测设点位之间的距离画弧，两弧相交即为待测设点位。

如图 2-10 所示，A、B 两点为已知控制点，P 点为待测设点，三点坐标已知，可根据三点坐标求算测设数据 D_1、D_2。

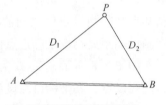

图 2-10　距离交会法

$$\begin{cases} D_1 = \sqrt{(x_P - x_A)^2 + (y_P - y_A)^2} \\ D_2 = \sqrt{(x_P - x_B)^2 + (y_P - y_B)^2} \end{cases} \tag{2-12}$$

测设时，使用两把钢尺，分别以 A、B 两点为圆心，D_1、D_2 为半径画弧，两弧相交于 P 点即为待测设点位。

在实际操作时，应先判断 P 点位于 AB 直线左侧还是右侧，判断方法同直角坐标系中点位的相对位置的判断方法。

课题 4　已知坡度线的测设

在场地平整、线形工程和地下管线埋设等工程中，通常需要测设出设计坡度线。**测设已知坡度线**是根据附近已知水准点高程、设计坡度和设计坡度起点的设计高程，用水准测量的方法测设出坡度线上一系列点的高程来实现的，主要的测设方法有**水平视线法**和**倾斜视线法**两种。

直线坡度 i 是直线两端点的高差 h 与其水平距离 D 之比，即 $i = \dfrac{h}{D}$，常用百分率或千分率表示，如 $i = +1\%$（升坡）；$i = -1\%$（降坡）。

2.4.1　水平视线法测设

水平视线法是根据待测设坡度的起点、方向和坡度值，计算待测设点位的高程，然后直接进行高程测设，以确定坡度线。

如图 2-11 所示，A、B 为设计坡度线的两端点，其设计高程分别为 H_A、H_B，直线 AB 的设计坡度为 i_{AB}，BM.5 为已知水准点。

先在 AB 方向上每隔固定水平距离 d 的位置定一木桩，运用式（2-13）计算各点设计高程。

$$\begin{cases} H_1 = H_A + i_{AB}d \\ H_2 = H_1 + i_{AB}d \\ H_3 = H_2 + i_{AB}d \\ H_B = H_3 + i_{AB}d \end{cases} \qquad (2\text{-}13)$$

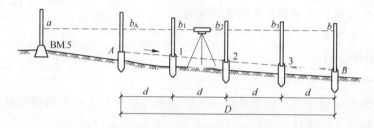

图 2-11　水平视线法测设坡度

测设时，安置水准仪于水准点 BM.5 附近，通过后视读数 a，可得水准仪视线高程 $H_{视} = H_{BM.5} + a$，然后根据各点设计高程计算应读前视尺读数 $b_j = H_{视} - H_j$（$j = 1$，2，3），将水准尺分别贴靠在各木桩的侧面，上、下移动水准尺，直至尺读数为 b_i 时，便可沿水准尺底面画一横线，各横线连线即为 AB 设计坡度线。

2.4.2　倾斜视线法测设

倾斜视线法是根据仪器视线与设计坡度平行时，各点竖直距离处处相等的原理来进行测设的。适用于坡度较大，且设计坡度与自然坡度较一致的地段。

如图 2-12 所示，A、B 为设计坡度线的两端点，其水平距离为 D，A 点高程为 H_A，待测设坡度线坡度为 i_{AB}。可根据 A 点高程 H_A、设计坡度 i_{AB} 和水平距离 D 计算出 B 点的设计高程 H_B，并将其测设到 B 点木桩上；然后在 A 点架设水准仪，使三个脚螺旋中的一个位于 AB

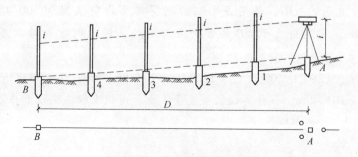

图 2-12　倾斜视线法测设坡度

13

方向线上，量取仪器高 i，在 B 点立水准尺，并使水准尺底端位于 H_B 高程面上。转动水准仪上位于 AB 方向线上的脚螺旋和微倾螺旋，使十字丝中丝对准 B 点水准尺上的读数等于仪器高 i。此时，水准仪视线与设计坡度平行。在 AB 方向的中间点 1、2、3…的木桩侧面立尺，上、下移动水准尺，直至尺上读数等于仪器高 i 时，沿尺子底面在木桩上画一红线，则各桩红线的连线就是设计坡度线。

如果设计坡度较大，超出水准仪脚螺旋所能调节的范围，则可用经纬仪测设，方法相同且不需要一个脚螺旋位于 AB 方向线上。

【单元小结】

1. 测设的基本工作

1）测设已知距离、高程和角度的具体操作。

2）测设数据的计算。

2. 点的平面位置测设

1）各种测设方法的适用环境。

2）各种测量方法的实质，即主要运用了测设的三项基本工作中的哪几种。

3）掌握测设的具体操作。

4）针对每种测设方法，有哪些方面可以提高测设精度。

3. 坡度测设

1）坡度测设的实质是什么。

2）坡度测设的两种方法具体的适用环境是什么。

3）怎样运用仪器进行坡度测设。

【复习思考题】

2-1　测设的基本工作有哪几项？测设与测量有何不同？

2-2　测设点的平面位置有几种方法？

2-3　要在地面上精确测设已知长度的线段，须考虑哪些因素？

2-4　要在坡度一致的倾斜地面上设置水平距离为 126.00m 的线段，已知线段两端的高差为 5.40m（预先测定），所用 30m 钢尺的鉴定长度是 29.993m，测设时的温度 $t = 10℃$，鉴定时的温度 $t_0 = 15℃$，试计算用这根钢尺在实地沿倾斜地面应量的长度。

2-5　已测设直角 $\angle AOB$，并用多个测回测得其平均角值为 $90°00'48''$，又知 OB 的长度为 100.000m，问在垂直于 OB 的方向上，B 点应该向何方向移动多少距离才能得到 $90°00'00''$ 的角？

2-6　已知 $\alpha_{AB} = 280°04'00''$，$x_A = 14.22m$，$y_A = 86.71m$；$x_1 = 34.22m$，$y_1 = 66.71m$；$x_2 = 54.14m$，$y_2 = 101.40m$。试计算仪器安置于 A 点，用极坐标法测设 1 与 2 点的测设数据，并简述测设过程。

单元 3

曲 线 放 样

单元概述

　　线路曲线测设是路线测量的重要工作之一，主要内容包括曲线种类、圆曲线的放样、综合曲线的放样、竖曲线的放样、曲线放样的特殊处理、全站仪在曲线放样中的应用等。通过本单元的学习，能够进行线路圆曲线、综合曲线、竖曲线和曲线放样的特殊处理，并且会利用全站仪进行各种曲线测设工作。

学习目标

1. 能正确描述曲线放样的种类。
2. 能正确进行圆曲线的放样。
3. 能正确进行综合曲线的放样。
4. 能正确进行竖曲线的放样。
5. 能正确进行曲线放样的特殊处理。
6. 了解全站仪在曲线放样中的应用。

课题 1　曲线放样概述

3.1.1　线路平面曲线种类

　　公路和铁路线路由于受地形、地质或其他原因的影响，经常要改变方向。为了满足行车方面的要求，需要在两直线段之间插入平面曲线把它们连接起来。线路上采用的平面曲线通常有圆曲线（图 3-1a）、综合曲线（图 3-1b）、复曲线（图 3-1c）、回头曲线（图 3-1d）。由图中可见，不论是哪一种曲线，都是由圆曲线和缓和曲线构成的。因此，**平面曲线按其性质可分为两类**，即圆曲线和缓和曲线。在线路上选用的连接曲线的种类应取决于线路的等级、曲线半径及地形因素等。例如，二级公路上，当平原地区的曲线半径大于 2500m，山岭重丘地区的曲线半径大于 600m 时，只采用圆曲线；但线路转向角接近 180° 时，常采用回头曲线。

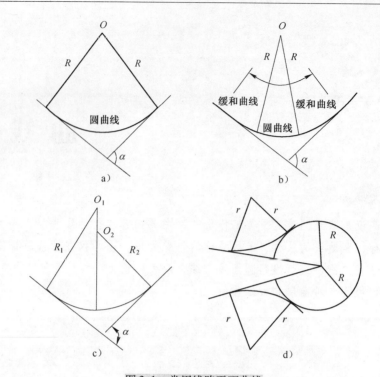

图 3-1　常用线路平面曲线

a）圆曲线　b）综合曲线　c）复曲线　d）回头曲线

3.1.2　线路竖曲线种类

由于线路受地形因素的影响，线路在立面内相邻两坡段的边坡点处坡度发生变化。为保证行车安全平稳，我国《铁路线路设计规范》（GB 50090—2006）中规定：在国家Ⅰ、Ⅱ级铁路上，坡度代数差大于3‰时，在国家Ⅲ级铁路上坡度代数差大于4‰时，在变坡点处应以圆曲线形竖曲线连接两个坡段。

竖曲线是一种设置在竖曲面内的曲线，按顶点位置可分为凹形竖曲线（图3-2a）和凸形竖曲线（图3-2b）；按性质又可分为圆曲线形竖曲线和抛物线形竖曲线。我国普遍采用圆曲线形竖曲线。

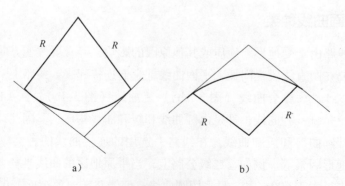

图 3-2　竖曲线

a）凹形竖曲线　b）凸形竖曲线

课题 2 圆曲线的放样

当线路由一个方向转向另一个方向时，必须用曲线来连接。曲线的形式较多，其中，圆曲线是最基本的平面连接曲线，如图 3-3 所示。圆曲线半径 R 根据地形和工程要求按设计选定，由转角 α 和圆曲线半径 R（α 根据所测转角计算得到，R 则根据地形条件和工程要求在线路设计时选定），可以计算出图中其他各测设元素值。

圆曲线的测设分两步进行，先测设曲线上起控制作用的主点（ZY，QZ，YZ），称为**主点测设**，

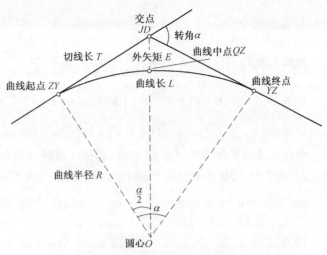

图 3-3 圆曲线的主点及测设元素

然后以主点为基础，详细测设其他里程桩，称为**详细测设**，下面进行分述。

3.2.1 圆曲线的主点测设

1. 主点测设元素的计算

为测设圆曲线的主点，即曲线起点（也称直圆点 ZY）、曲线中点（也称曲中点 QZ）、曲线终点（也称圆直点 YZ）的需要，应先计算出曲线的切线长 T、曲线长 L、外矢距 E 和切曲差 q，这些元素称为**主点的测设元素**。根据图 3-3 可以写出其计算公式如下：

切线长度：
$$T = R\tan\frac{\alpha}{2} \tag{3-1}$$

曲线长度：
$$L = R\alpha\frac{\pi}{180} \tag{3-2}$$

外矢距：
$$E = R\left(\sec\frac{\alpha}{2} - 1\right) \tag{3-3}$$

切曲差：
$$q = 2T - L \tag{3-4}$$

式中，转角 α 以度（°）为单位。

2. 主点里程的计算

曲线主点的里程 ZY、QZ、YZ 是根据 JD 点里程和曲线测设元素计算的，计算公式如下：

$$
\begin{cases}
ZY\text{ 点里程} = JD\text{ 点里程} - T \\[4pt]
QZ\text{ 点里程} = ZY\text{ 点里程} + \dfrac{L}{2} \\[4pt]
YZ\text{ 点里程} = QZ\text{ 点里程} + \dfrac{L}{2} \\[4pt]
\text{检核：} YZ\text{ 点里程} = JD\text{ 点里程} + T - q
\end{cases} \tag{3-5}
$$

【**例3-1**】 已知某线路交点 *JD* 点里程为 K18 + 385.50m，转角 $\alpha = 42°25'00''$，设计圆曲线半径 $R = 120$m，求曲线测设元素及主点的里程。

解： 由式（3-1）~ 式（3-4）可以求得：

切线长度：
$$T = R\tan\frac{\alpha}{2} = 120\text{m} \times \tan\frac{42°25'00''}{2} = 46.57\text{m}$$

曲线长度：
$$L = R\alpha\frac{\pi}{180°} = 120\text{m} \times \frac{42°25'00''}{180°}\pi = 88.84\text{m}$$

外矢距：
$$E = R\left(\sec\frac{\alpha}{2} - 1\right) = 120\text{m} \times \left(\sec\frac{42°25'00''}{2} - 1\right) = 8.72\text{m}$$

切曲差：
$$q = 2T - L = 2 \times 46.57\text{m} - 88.84\text{m} = 4.30\text{m}$$

曲线主点的里程由式（3-5）可以求得（最终结果精确至cm）：

ZY 点里程 = *JD* 点里程 − *T* = K18 + 385.50m − 46.57m = K18 + 338.93m

QZ 点里程 = *ZY* 点里程 + $\frac{L}{2}$ = K18 + 338.93m + 44.42m = K18 + 383.35m

YZ 点里程 = *QZ* 点里程 + $\frac{L}{2}$ = K18 + 383.35m + 44.42m = K18 + 427.77m

YZ 点里程 = *JD* 点里程 + *T* − *q* = K18 + 385.50m + 46.57m − 4.30m = K18 + 427.77m

3. 圆曲线主点的测设

（1）测设曲线起点（*ZY*） 在 *JD* 点安置经纬仪，后视相邻交点或转点方向，自 *JD* 点沿视线方向量取切线长 *T*，打下曲线起点桩 *ZY*。

（2）测设曲线终点（*YZ*） 经纬仪照准前视相邻交点或转点方向，自 *JD* 点沿视线方向量取切线长 *T*，打下曲线终点桩 *YZ*。

（3）测设曲线中点（*QZ*） 经纬仪照准前视（后视）相邻交点或转点方向，向测设曲线方向旋转角 β 的一半，沿着视线方向量取外矢距 *E*，打下曲线中点桩 *QZ*。

3.2.2 圆曲线的详细测设

当地形变化比较小，而且圆曲线的长度小于 40m 时，测设圆曲线的三个主点就能够满足设计与施工的需要。如果圆曲线比较长，或地形变化比较大，则在完成测定三个圆曲线的主点以后，还需要按照表3-1中所列的桩距 *l*，在曲线上测设整桩与加桩，这就是圆曲线的详细测设。

圆曲线详细测设的方法比较多，下面介绍几种常用的方法。

1. 偏角法

偏角法是一种极坐标定点的方法，它是用偏角和弦长来测设圆曲线的。偏角法测设圆曲线上的细部点是以圆曲线的起点 *ZY* 或终点 *YZ* 作为测站点，计算出测站点到圆曲线上某一特定的细部点 P_i 的弧线与切线 *T* 的偏角——弦切角 δ_i 和弦长 d_i 来确定 P_i 点的位置。整点里程法测设细部点时，该细部点就是圆曲线上的里程桩。可以根据曲线的半径 *R* 按照表3-1来选择桩距（弧长）为 *l* 的整桩。*R* 越小，则 *l* 也越小。

表 3-1 中桩间距

直线/m		曲线/m			
平原微丘区	山岭重丘区	不设超高的曲线	$R > 60$	$30 \leqslant R \leqslant 60$	$R \leqslant 30$
≤50	≤25	25	20	10	5

注：表中 R 为平曲线的半径，以 m 计。

（1）计算测设数据 为便于计算工程量和施工方便，细部点的点位通常采用整桩号法，从 ZY 点出发，将曲线上靠近起点 ZY 的第一个桩的桩号凑整成大于 ZY 桩号且桩距 l 的最小倍数的整点里程，然后按照桩距 l 连续向圆曲线的终点 YZ 测设桩位，这样设置桩的桩号均为整数。按照整桩法测设细部点时，该细部点就是圆曲线上的里程桩。

如图 3-4 所示，圆曲线的偏角就是弦线和切线之间的夹角，以 δ 表示。为了计算和施工方便，把各细部桩号凑整，曲线可以分为首尾两段零头弧长 l_1、l_2 和中间几段相等的整弧长 l 之和，即

$$L = l_1 + nl + l_2 \tag{3-6}$$

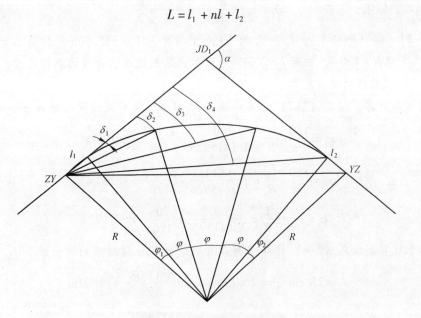

图 3-4 偏角法测设圆曲线

弧长 l_1、l_2 及 l 所对的相应圆心角为 φ_1、φ_2 及 φ 可以按照下列公式得出：

$$\begin{cases} \varphi_1 = \dfrac{180°}{\pi} \dfrac{l_1}{R} \\[2mm] \varphi_2 = \dfrac{180°}{\pi} \dfrac{l_2}{R} \\[2mm] \varphi = \dfrac{180°}{\pi} \dfrac{l}{R} \end{cases} \tag{3-7}$$

相对应弧长 l_1、l_2 及 l 的弦长 d_1、d_2、d 计算公式如下：

$$
\begin{cases}
d_1 = 2R\sin\dfrac{\varphi_1}{2} \\[2mm]
d_2 = 2R\sin\dfrac{\varphi_2}{2} \\[2mm]
d = 2R\sin\dfrac{\varphi}{2}
\end{cases}
\tag{3-8}
$$

曲线上各点的偏角等于相应弧长所对圆心角的一半，即

第 1 点的偏角： $$\delta_1 = \frac{\varphi_1}{2} \tag{3-9}$$

第 2 点的偏角： $$\delta_2 = \frac{\varphi_1}{2} + \frac{\varphi}{2} \tag{3-10}$$

第 3 点的偏角： $$\delta_3 = \frac{\varphi_1}{2} + \frac{\varphi}{2} + \frac{\varphi}{2} = \frac{\varphi_1}{2} + \varphi \tag{3-11}$$

$$\cdots$$

终点 YZ 的偏角： $$\delta_r = \frac{\varphi_1}{2} + \frac{\varphi}{2} + \cdots + \frac{\varphi_2}{2} = \frac{\alpha}{2} \tag{3-12}$$

【例3-2】 按 [例3-1]，已知交点 JD 点里程为 K18 + 385.50m，转角 $\alpha = 42°25'00''$，设计圆曲线半径 $R = 120$m，桩距 $l = 20$m。求用偏角法测设该圆曲线的测设元素。

解： (1) 圆曲线的测设元素

1) 圆心角计算。按式 (3-7) 计算出弧长 l_1、l_2 及 l 所对应的圆心角为 φ_1、φ_2 及 φ：

$$\varphi_1 = \frac{180°}{\pi}\frac{l_1}{R} = \frac{180°}{3.1415926} \times \frac{11.07}{120} = 5°17'08''$$

$$\varphi_2 = \frac{180°}{\pi}\frac{l_2}{R} = \frac{180°}{3.1415926} \times \frac{17.77}{120} = 8°29'04''$$

$$\varphi = \frac{180°}{\pi}\frac{l}{R} = \frac{180°}{3.1415926} \times \frac{20}{120} = 9°32'57''$$

2) 弦长计算。按式 (3-8) 计算出圆心角 φ_1、φ_2 及 φ 所对应的弦长 d_1、d_2、d：

$$d_1 = 2R\sin\frac{\varphi_1}{2} = 2 \times 120\text{m} \times \sin\frac{5°17'08''}{2} = 11.07\text{m}$$

$$d_2 = 2R\sin\frac{\varphi_2}{2} = 2 \times 120\text{m} \times \sin\frac{8°29'04''}{2} = 17.75\text{m}$$

$$d = 2R\sin\frac{\varphi}{2} = 2 \times 120\text{m} \times \sin\frac{9°32'57''}{2} = 19.98\text{m}$$

3) 偏角计算。按式 (3-9)、式 (3-10) 和式 (3-12) 计算出曲线上各点的偏角 δ_i，且曲线上各点的偏角 δ_i 等于相应弧长所对圆心角的一半，计算结果见表3-2。

(2) 圆曲线细部点测设步骤

1) 将经纬仪安置在曲线起点 ZY 上，以 $0°00'00''$ 后视 JD_1。

2) 松开照准部，置水平度盘读数为 $\delta_1 = 2°38'34''$，在此方向上用钢尺量取弦长 $d_1 = 11.07$m，定出 1 点桩。

表 3-2　偏角法圆曲线细部点测设数据（$R = 120\text{m}$）

曲线里程桩桩号	相邻桩点间弧长 l/m	偏角 δ_i （°′″）	弦长 d_i/m
ZY K18 + 338.93	11.07	0　00　00	0
P_1 K18 + 350.00	20.00	2　38　34	11.07
P_2 K18 + 370.00	20.00	7　25　02	30.98
P_3 K18 + 390.00	20.00	12　11　30	50.68
P_4 K18 + 410.00	17.77	16　57　58	70.03
YZ K18 + 427.77		21　12　30	86.82

3）将角拨至 2 点的偏角值 $\delta_2 = 7°25'02''$，沿此方向用钢尺测设弦长 $d_2 = 30.98\text{m}$，定出 2 点桩。

4）将角拨至 3 点的偏角值 $\delta_3 = 12°11'30''$，沿此方向用钢尺测设弦长 $d_3 = 50.68\text{m}$，定出 3 点桩，其余依次类推。

5）最后拨角到转角的一半处，使水平度盘读数为 $\delta_{\text{YZ}} = 21°12'30''$，沿此方向用钢尺测设弦长 $d_{\text{YZ}} = 86.82\text{m}$，定出一点。此点应通过曲线终点 YZ。如果此点与曲线终点 YZ 不闭合，其闭合差不应超过：横向误差（弦长方向）应不大于 0.1m，纵向误差应不大于 $L/1000$（L 为曲线长）。以此来检查测设的质量。

用偏角法测设曲线细部点时，常因障碍物挡住视线或距离太长而不能直接测设，如图 3-5 所示。经纬仪在曲线起点 ZY 上测设出细部点 1、2、3 后，建筑物挡住了视线，这时可以把经纬仪移到 3 点，使其水平度盘为 0°0′00″处，用盘右后视 ZY 点，然后纵转望远镜，并使水平度盘对在 4 点的偏角值 δ_4 上，此时视线在 3 点至 4 点的方向上，量取弦长 d，即可定出 4 点，其余点依次类推。

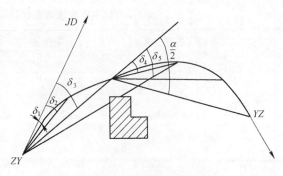

图 3-5　视线被遮挡住时的测设

2. 切线支距法

切线支距法又称直角坐标法，是以圆曲线的起点 ZY 或终点 YZ 作坐标原点，以切线 T 为 x 轴，以通过原点的半径为 y 轴，建立独立坐标系，按照圆曲线上特定点在直线坐标系中的坐标（x_i，y_i）来对应细部点 P_i。

（1）测设数据的计算　如图3-6所示，细部点的点位仍采用整点里程法，则该点坐标可以按下式计算：

$$\begin{cases} \varphi_1 = \dfrac{l_1}{R}\dfrac{180°}{\pi} \\[2mm] \varphi = \dfrac{l}{R}\dfrac{180°}{\pi} \\[2mm] \varphi_i = \varphi_1 + (i-1)\varphi \\[2mm] x_i = R\sin\varphi_i \\[2mm] y_i = R(1 - \cos\varphi_i) \end{cases} \tag{3-13}$$

【例3-3】　按［例3-1］，已知交点JD点里程为K18+385.50m，转角$a = 42°25'00''$，设计圆曲线半径$R = 120$m。桩距$l = 10$m。求用切线支距法测设该圆曲线的测设元素。

解：（1）测设数据的计算　利用式（3-13）计算出各待测设点的坐标，计算结果见表3-3。

（2）切线支距法测设步骤

1）如图3-6所示，安置仪器在交点位置，定出JD到ZY和JD到YZ两条直线段的方向。

2）自ZY点出发沿着到JD的方向，依次水平丈量P_i点的横坐标x_i，得到在横坐标轴上的垂足N_i。

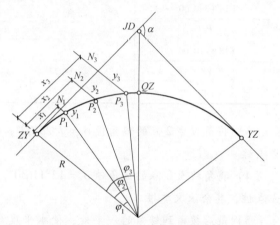

图3-6　切线支距法详细测设圆曲线

表3-3　切线支距法圆曲线细部点测设数据（$R = 120$m）

曲线点号	各点直原点的曲线长 l_i/m	直角坐标		相邻桩点间弧长 l/m	相邻桩点间弦长 d/m	桩　号
		x_i	y_i			
ZY	0.00	0.00	0.00			K18+338.93
				10.00	10.00	
P_1	10.00	9.99	0.42			K18+348.93
				10.00	10.00	
P_2	20.00	19.91	1.66			K18+358.93
				10.00	10.00	
P_3	30.00	29.69	3.73			K18+368.93
				10.00	10.00	
P_4	40.00	39.26	6.61			K18+378.93
				4.42	4.42	
QZ	44.42	43.41	8.13			K18+383.35
说明						

3）在各个垂足点上用经纬仪标定出与切线垂直的方向，然后在该垂直方向上依次水平量取对应的纵坐标，就可以确定对应的细部点 P_i。

4）在该曲线段的放样完成后，应量取各个相邻桩点之间的距离与计算出的弦长 d 进行比较，如果两者之间的差异在允许范围之内，则曲线测设合格，在各点打上木桩。如果超出限差，应及时找出原因并加以纠正。

曲线的另一半即曲线终点 YZ 至曲中点 QZ，与 ZY 至 QZ 对称，测设数据则完全相同。

5）同样方法可以进行从 YZ 点到 QZ 点之间曲线段的细部点测设工作，完成后也应该进行校核。

该方法适应于平坦开阔地区，各个测点之间的误差不易积累，但是对通视要求较高，在量距范围内应没有障碍物。如果地面起伏比较大，或各个测设主点之间的距离过长，会对测距带来较大的影响。若选用全站仪或测距仪进行量距不受影响。

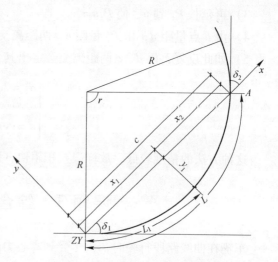

图 3-7　弦线支距法测设圆曲线

3. 弦线支距法

弦线支距法又称"长线支距法"，也是一种直角坐标系。此法以每段圆曲线的起点为原点，以每段曲线的弦长为横轴，垂直于弦的方向为纵轴，曲线上各点用该段的纵横坐标值来测设。实际工作中，可以是 ZY 至 YZ 之间的距离，也可以是任意的，如图 3-7 中 ZY 至 A，A 应根据实地需要选择。

（1）测设所需要数据的计算　测设所需要数据的计算公式如下：

$$\begin{cases} x_i = L_i - \dfrac{\left(\dfrac{L}{2}\right)^3 - \left(\dfrac{L}{2} - L_i\right)^3}{6R^2} \\[4mm] y_i = \dfrac{\left(\dfrac{L}{2}\right)^2 - \left(\dfrac{L}{2} - L_i\right)^2}{2R} - \dfrac{\left(\dfrac{L}{2}\right)^4 - \left(\dfrac{L}{2} - L_i\right)^4}{24R^3} \\[4mm] c = 2R\sin\dfrac{\gamma}{2} \end{cases} \tag{3-14}$$

式中　L_i——置仪器点至测设点 i 的圆曲线长（m）；

　　　L——分段的圆曲线长（m）。

（2）弦长支距法的测设步骤

1）安置仪器于 ZY 点，后视交点，拨角 δ_1 定出第二段弦的方向，按（x_i，y_i）值，测设圆曲线上各点。

2）若圆曲线较长，则安置仪器于 A 点，后视 ZY 点或 YZ 点，拨角 δ_2 定出第二段弦的方向，按同样的方法继续测设圆曲线上其他点。

4. 弦线偏距法

弦线偏距法是一种适应于隧道等狭窄场地测设曲线的方法。如图3-8所示，*PA* 为中线的直线段，*A* 为圆曲线的起点，要求每隔 *c* 米放样一个细部点，即 P_1、P_2、P_3 等，则放样步骤如下：

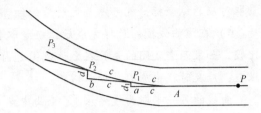

图3-8 弦线偏距法测设圆曲线

1) 先延长 *PA* 至 *a* 点，使 *Aa* = *c*。

2) 由 *a* 点量距 d_1，由 *A* 点量距 *c*，两距离交会定出细部点 P_1。

3) 再延长 P_1 到 *b*，使 $P_1 b = c$。

4) 由 *b* 点量距 *d*，由 P_1 量距 *c*，两距离交会定出细部点 P_2。

5) 如此反复，以 *d*、*c* 两距离交会定出其余各细部点。交会距离计算公式如下：

$$\begin{cases} d_1 = 2c\sin\dfrac{c}{4R} \\[2mm] d = 2c\sin\dfrac{c}{2R} \end{cases} \tag{3-15}$$

这种方法的精度较低，放样误差积累快，因此不宜连续放样多点。

课题3 综合曲线的放样

车辆在曲线路段行驶时，由于受到离心力的影响，车辆容易向曲线的外侧倾倒，直接影响车辆的安全行驶以及舒适性。为了减小离心力对行驶车辆的影响，在曲线段路面的外侧必须有一定的超高，而在曲线段内侧要有一定量的加宽。这样就需要在直线段与圆曲线之间、两个半径不同的圆曲线之间插入一条起过渡作用的曲线，这样的曲线称为**缓和曲线**。因此，缓和曲线是在直线段与圆曲线、圆曲线与圆曲线之间设置的曲率半径连续渐变的曲线。由缓和曲线和圆曲线组成的平面曲线称为**综合曲线**。

3.3.1 缓和曲线点的直角坐标

缓和曲线可以采用回旋线（辐射螺旋线）、三次抛物线、双纽线等线型。我国现行的《公路工程技术标准》（JTGB 01—2003）规定：缓和曲线采用回旋线，如图3-9所示。从直线段连接处起，缓和曲线上各点单位曲率半径 ρ 与该点离缓和曲线起点的距离 l 成反比，即 $\rho = \dfrac{c}{l}$，其中 c 是一个常数，**称为缓和曲线变更率**。在与圆曲线连接处，l 等于缓和曲线全长 l_0，ρ

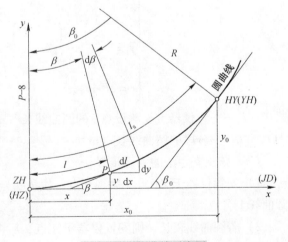

图3-9 缓和曲线示意图

等于圆曲线半径 R，故 $c = Rl_0$。c 一经确定，缓和曲线的形状也就确定。c 越小，半径变化越快；反之，c 越大，半径变化越慢，曲线也就越平顺。当 c 为定值时，缓和曲线长度视所连接的圆曲线半径而定。

由上述可知，缓和曲线是按线性规则变化的，其任意点的半径为：$\rho = \dfrac{c}{l_i} = \dfrac{Rl_0}{l_i}$。

缓和曲线上各点的直线坐标为：

$$\begin{cases} x_i = l_i - \dfrac{l_i^5}{40R^2 l_0^2} = l_i - \dfrac{l_i^5}{40c^2} \\[3mm] y_i = l_i - \dfrac{l_i^3}{6Rl_0} = \dfrac{l_i^3}{6c} \end{cases} \tag{3-16}$$

缓和曲线终点的坐标为（取 $l_i = l_0$，$c = Rl_0$）：

$$\begin{cases} x_0 = l_0 - \dfrac{l_0^3}{40R^2} \\[3mm] y_0 = \dfrac{l_0^2}{6R} \end{cases} \tag{3-17}$$

3.3.2 有缓和曲线的综合曲线要素计算

综合曲线的基本线型是在圆曲线与直线之间加入缓和曲线，成为具有缓和曲线的圆曲线。如图 3-10 所示，图中虚线部分为转向角 α、半径为 R 的圆曲线 AB，今欲在两侧插入长度为 l_0 的缓和曲线。圆曲线的半径不变而将圆心从 O' 移至 O 点，使得移动后的曲线外侧偏移至 E 点，设 $DE = m$，同时将移动后圆曲线的一部分（图中的 CF）取消，从 E 点到 F 点之间用弧长为 l_0 的缓和曲线代替，故缓和曲线约有一半在原圆曲线范围内，另一半在原直线范围内，缓和曲线的倾角 β_0 即为 CF 所对的圆心角。

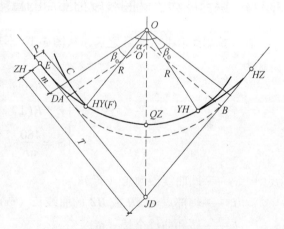

图 3-10 具有缓和曲线的圆曲线

1. 缓和曲线常数[○]的计算

缓和曲线的常数包括缓和曲线的倾角 β_0、圆曲线的内移值 P 和切线外移量 m，根据设计部门确定的缓和曲线长度 l_0 和圆曲线半径 R，其计算公式如下：

○ 这里的缓和曲线常数是指某给定缓和曲线中的不变量，但不同的缓和曲线由于圆曲线半径和曲线长度的不同，缓和曲线常数也不同。

$$\begin{cases} \beta_0 = \dfrac{l_0}{2R}\dfrac{180°}{\pi} \\[3mm] P = \dfrac{l_0^2}{24R} - \dfrac{l_0^4}{2688R^3} \approx \dfrac{l_0^2}{24R} \\[3mm] m = \dfrac{l_0}{2} - \dfrac{l_0^3}{240} \approx \dfrac{l_0}{2} \end{cases} \tag{3-18}$$

2. 有缓和曲线的综合曲线要素计算

在计算出缓和曲线的倾角 β_0、圆曲线的内移值 P 和切线外移量 m 后，就可计算出具有缓和曲线的圆曲线要素：

1）切线长度：
$$T = (R+P)\tan\frac{\alpha}{2} + m$$

2）曲线长度：
$$L = R(\alpha - 2\beta_0)\frac{180°}{\pi} + 2l_0 = R\alpha\frac{\pi}{180°} + l_0$$

3）外矢距：
$$E = (R+P)\sec\frac{\alpha}{2} - R$$

4）切曲差：
$$q = 2T - L$$

3.3.3 综合曲线上圆曲线段细部点的直角坐标

在计算出缓和曲线常数之后，从图 3-10 不难看出，圆曲线部分细部点的直角坐标计算公式为

$$\begin{cases} x_i = R\sin\varphi_i + m \\[2mm] y_i = R(1 - \cos\varphi_i) + p \\[2mm] \varphi_i = \dfrac{180}{\pi R}(l_i - l_0) + \beta_0 \end{cases} \tag{3-19}$$

式中　φ_i——圆曲线段倾角（°′″）；

　　　l_i——细部点到 ZH 或 HZ 的曲线长（m）；

　　　l_0——缓和曲线全长（m）。

3.3.4 曲线主点里程的计算和主点的测设

具有缓和曲线的圆曲线主点包括：直缓点 ZH、缓圆点 HY、曲中点 QZ、圆缓点 YH、缓直点 HZ。

1. 曲线主点里程的计算

曲线上各点的里程从一已知里程的点开始沿曲线逐点推算。一般已知 JD 的里程，它是从前一直线段推算而得，然后从 JD 的里程推算各控制点的里程。

$$\begin{cases} ZH_{里程} = JD_{里程} - T \\ HY_{里程} = ZH_{里程} + l_0 \\ QZ_{里程} = HY_{里程} + (L/2 - l_0) \\ YH_{里程} = QZ_{里程} + (L/2 - l_0) \\ HZ_{里程} = YH_{里程} + l_0 \end{cases} \tag{3-20}$$

计算检核条件为：$HZ_{里程} = JD_{里程} + T - q$。

2. 曲线主点的测设

（1）ZH、QZ、HZ 点的测设 ZH、QZ、HZ 点可采用圆曲线主点的测设方法。经纬仪安置在交点（JD）处，瞄准第一条直线上的某已知点（D_1），经纬仪水平度盘置零。由 JD 出发沿视线方向丈量 T，定出 ZH 点。经纬仪向曲线内转动 $\frac{\alpha}{2}$，得到分角线方向，在该方向线上沿视线方向从 JD 出发丈量 E，定出 QZ 点。继续转动 $\frac{\alpha}{2}$，在该线上丈量 T，定出 HZ 点。如果第二条直线已经确定，则该点就应位于该直线上。

（2）HY、YH 点的测设 ZH 和 HZ 测设好后，分别以 ZH 和 HZ 点为原点建立直角坐标系，利用式（3-13）计算出 HY、YH 点的坐标，采用切线支距法确定出 HY、YH 点的确定。

计算出 HY、YH 点的坐标以及 ZH、HZ 点确定后，可以采用切线支距法进行放样。如以 $ZH \sim JD$ 为切线，ZH 为切点建立坐标系，按计算的直角坐标放样出 HY 点，同样可以测试出 YH 点的具体位置。

在以上主点确定后，应及时复核距离，然后分别设立对应的里程碑。

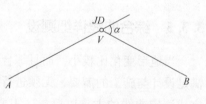

图 3-11 综合曲线计算

【例3-4】 如图 3-11 所示为某综合曲线，已知 JD = K12 + 268.00，$\alpha_右 = 24°00'$，$R = 600\text{m}$，缓和曲线长 $l_0 = 80\text{m}$。求算缓和曲线各元素和曲线主点里程桩点里程。

解： 1）计算综合曲线元素。

缓和曲线的倾角：$\beta_0 = \dfrac{l_0}{2R}\dfrac{180°}{\pi} = \dfrac{80}{1200} \times \dfrac{180°}{3.14} = 3°49'11''$

圆曲线的内移值：$P = \dfrac{l_0^2}{24R} - \dfrac{l_0^4}{2668R^3} \approx \dfrac{l_0^2}{24R} = \dfrac{80^2}{24 \times 600}\text{m} = 0.44\text{m}$

切线外移量：$m = \dfrac{l_0}{2} - \dfrac{l_0^3}{240R^2} \approx \dfrac{l_0}{2} = \dfrac{80}{2}\text{m} = 40.00\text{m}$

切线长度：$T = (R + P)\tan\dfrac{\alpha}{2} + m = (600\text{m} + 0.44\text{m}) \times \tan\dfrac{24°00'}{2} + 40\text{m} = 167.63\text{m}$

曲线长度：

$L = R(\alpha - 2\beta_0)\dfrac{\pi}{180°} + 2l_0 = [600 \times (24°00' - 2 \times 3°49'11'') \times \dfrac{\pi}{180} + 2 \times 80]\text{m} = 331.33\text{m}$

外矢距：$E = (R + P)\sec\dfrac{\alpha}{2} - R = (600\text{m} + 0.44\text{m}) \times \sec\dfrac{24°00'}{2} - 600\text{m} = 13.85\text{m}$

切曲差：$\qquad q = 2T - L = (2 \times 167.63 - 331.33)\text{m} = 3.93\text{m}$

2）计算曲线主点里程桩点里程。

JD	K12	+268.00
−*T*		167.63
ZH	K12	+100.37
+l_0		80.00
HY	K12	+180.37
+$(L - 2l_0)/2$		85.66
QZ	K12	+266.03
+$(L - 2l_0)/2$		85.66
YH	K12	+351.69
+l_0		80.00
HZ	K12	+431.69

计算校核：

JD	K12 +	268.00
+*T*		167.63
−*q*		3.93
HZ	K12 + 431.70	

3.3.5　综合曲线详细测设

当地形变化比较小，而且综合曲线的长度小于 40m 时，测设综合曲线的几个主点就能满足设计与施工的需要，无须进行详细测设。如果综合曲线较长，或地形变化比较大，则在完成测定曲线的主点以后，还需要按照表 3-1 中所列的桩距 *l*，在曲线上测设整桩与加桩，这就是**曲线的详细测设**。

按照选定的桩距在曲线上测设桩位，通常有两种方法：1）整点里程法：从 *ZH*（或 *ZY*）点出发，将曲线上靠近起点 *ZH*（或 *ZY*）点的第一个桩的点里程凑整成大于 *ZH*（或 *ZY*）点里程的且是桩距 *l* 的最小倍数的整点里程，然后按照桩距 *l* 连续向圆曲线的终点 *HZ*（或 *YZ*）点测设桩位，这样设置的桩的点里程均为整数。2）整桩距法：从综合曲线的起点 *ZH*（或 *ZY*）点和终点 *HZ*（或 *YZ*）点出发，分别向圆曲线的中点 *QZ* 以桩距 *l* 连续设桩，由于这些桩均为零点里程，因此应及时设置百米桩和公里桩。

综合曲线详细测设的方法比较多，下面仅介绍几种常用的方法。

1. 切线支距法

切线支距法是以曲线起点 *ZY*（或终点 *YZ*）为独立坐标系的原点，切线为 *x* 轴，通过原点的半径方向为 *y* 轴，根据独立坐标系中的坐标 x_i 和 y_i 来测设曲线上的细部点 *P*。在本单元课题 2 已介绍过桩位采用整点里程法的圆曲线，如何进行切线支距法详细测设。这里介绍桩位采用整桩距法，如何进行带有缓和曲线的圆曲线的切线支距法详细测设。

（1）测设数据的计算 如图3-12所示，从 ZH（或 HZ）点开始，缓和曲线段上各点坐标计算公式为：

$$\begin{cases} x_i = l_i - \dfrac{l_i^5}{40R^2 l_0^2} = l_i - \dfrac{l_i^5}{40c^2} \\ y_i = \dfrac{l_i^3}{6Rl_0} = \dfrac{l_i^3}{6c} \end{cases}$$

式中 l_i——第 i 个细部点距 ZH（或 HZ）点的里程（m）。

从 HY（或 YH）点开始至 QZ 点（图中 QZ 点省略未画出，后同），即圆曲线段各点坐标计算公式为：

$$\begin{cases} x_i = R\sin\varphi_i + m \\ y_i = R(1 - \cos\varphi_i) + p \end{cases}$$

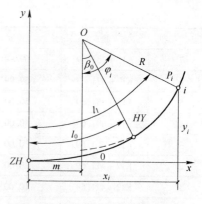

图3-12 切线支距法测设综合曲线

【例3-5】 以［例3-4］综合曲线的数据为例，已知 $JD = K12 + 268.00$，$\alpha_{右} = 24°00'$，$R = 600m$，缓和曲线长 $l_0 = 80m$。求算缓和曲线支距法测设数据。

解：利用上述综合曲线坐标计算公式，计算测设数据（见表3-4）。

表3-4 切线支距法测设综合曲线

点 号	点 里 程	x/m	y/m	曲线说明	说 明
ZH	K12 + 100.37	0.00	0.00		
1	K12 + 110.37	10.00	0.00		
2	K12 + 120.37	20.00	0.03		
3	K12 + 130.37	30.00	0.09	JD：K12 + 268.00	
4	K12 + 140.37	40.00	0.22	α：右24°	$l = 10m$
5	K12 + 150.37	50.00	0.43	$R = 600m$	
6	K12 + 160.37	59.99	0.75	$l_0 = 80m$	
7	K12 + 170.37	69.98	1.19	$\beta_0 = 3°49'11''$	
HY	K12 + 180.37	79.96	1.78	$x_0 = 79.96m$	
8	K12 + 200.37	99.90	3.44	$y_0 = 1.78m$	
9	K12 + 220.37	119.76	5.77	$P = 0.44m$	
10	K12 + 240.37	139.54	8.75	$m = 40.00m$	
11	K12 + 260.37	159.20	12.40	$T = 167.63m$	
QZ	K12 + 266.03	165.11	13.63	$L = 331.33m$	
11′	K12 + 271.69	159.20	12.40	$E = 13.85m$	
10′	K12 + 291.69	139.54	8.75	$q = 3.93m$	$l = 20m$
9′	K12 + 311.69	119.76	5.77	$\varphi = 1°54'35''$	
8′	K12 + 331.69	99.90	3.44		
YH	K12 + 351.69	79.96	1.78		

（续）

点　号	点里程	x/m	y/m	曲线说明	说　明
7′	K12 + 361.69	69.98	1.19		
6′	K12 + 371.69	59.99	0.75		
5′	K12 + 381.69	50.00	0.43		
4′	K12 + 391.69	40.00	0.22		$l = 10\text{m}$
3′	K12 + 401.69	30.00	0.09		
2′	K12 + 411.69	20.00	0.03		
1′	K12 + 421.69	10.00	0.00		
HZ	K12 + 431.69	0.00	0.00		

（2）测设步骤　用切线支距法测设圆曲线细部点的具体步骤如下：

1）如图 3-12 所示，安置仪器在交点位置，定出 JD 到 ZH 和 JD 到 HZ 两条直线段的方向。

2）视量距方便情况，自 ZH 点出发沿着到 JD 的方向，水平丈量 p_i 点的横坐标 x_i，得到在横坐标轴上的垂足 N_i；或自点 JD 出发沿着到 ZH 的方向，水平丈量 $(L - x_i)$ 得到在横坐标轴上的垂足 N_i。

3）在各个垂足点上用经纬仪标定出与切线垂直的方向，然后在该确定的方向上依次量取对应的纵坐标，就可以确定对应的细部点 P_i。

4）同样方法可以进行从 YZ 点到 QZ 之间曲线的细部点的测设工作，完成后也应该进行校核。

该方法适应于平坦开阔地区，各个测点之间的误差不易累积，但是对通视要求较高，在量距范围内应没有障碍物。如果地面起伏比较大，或各个测设主点之间的距离过长，会对测距带来较大的影响。若选用全站仪或测距仪进行量距可避免。

2. 偏角法

采用偏角法测设综合曲线，通常是由 ZH（或 HZ）点测设缓和曲线部分，然后由 HY（或 YH）测设圆曲线部分。因此，偏角值可分为缓和曲线上的偏角值和圆曲线上的偏角值。

（1）测设数据的计算

1）缓和曲线上各点偏角值计算。如图 3-13 所示，P 为缓和曲线上一点，根据式（3-16），缓和曲线上点的直角坐标为：

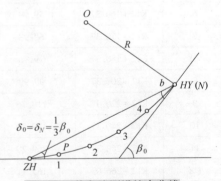

图 3-13　偏角法测设综合曲线

$$\begin{cases} x_i = l_i - \dfrac{l_i^5}{40R^2 l_0^2} = l_i - \dfrac{l_i^5}{40c^2} \\[2mm] y_i = \dfrac{l_{i3}}{6Rl_0} = \dfrac{l_i^3}{6c} \end{cases}$$

则偏角：
$$\delta_i \approx \tan\delta_i = \frac{y_i}{x_i} \approx \frac{l_i^2}{6Rl_0} \tag{3-21}$$

实际应用中，缓和曲线全长一般都选用 10m 的整数倍。为计算和编辑表格方便，缓和曲线上测设的点都是间隔 10m 的等分点，即采用整桩距法。设 δ_1 为缓和曲线上第一个等分点的偏角，δ_i 为第 i 个等分点的偏角，则按式（3-21）可得：

第二点偏角：$\qquad\qquad\qquad\qquad \delta_2 = 2^2\delta_1$

第三点偏角：$\qquad\qquad\qquad\qquad \delta_3 = 3^2\delta_1$

第四点偏角：$\qquad\qquad\qquad\qquad \delta_4 = 4^2\delta_1$

第 N 点即终点偏角：$\qquad\qquad \delta_N = N^2\delta_1 = \delta_0$

所以：
$$\delta_1 = \frac{1}{N^2}\delta_0 \tag{3-22}$$

由于 $\delta_0 = \frac{l_0^2}{6Rl_0} = \frac{l_0}{6R} = \frac{1}{3}\beta_0$，因此，由 $\beta_0 \to \delta_0 \to \delta_1$ 这样的顺序计算出 δ_i，然后按 2^2，3^2，…，N^2 的倍数乘以 δ_i 即可求出缓和曲线段各点的偏角。

另外，也可先计算出点的坐标，然后反算偏角
$$\delta_i = \arctan\frac{y_i}{x_i} \tag{3-23}$$

这种计算方法较准确，但与前种方法计算结果相差不大，有时显得没有必要。

2）缓和曲线上各点弦长计算。偏角法测设时的弦长，严密的计算方法是用坐标反算而得，但较为复杂，由于缓和曲线半径一般较大，因此常以弧长代替弦长进行测设。

3）圆曲线段测设数据计算。圆曲线段测设时，通常以 HY（或 YH）点为坐标原点，以其切线方向为横轴建立直角坐标系，其测设数据计算与单纯圆曲线相同。

【例 3-6】 设某综合曲线的设计数据为：$JD = K12 + 324.00$，$\alpha_右 = 22°00'$，$R = 500m$，缓和曲线长 $l_0 = 60M$。试用偏角法计算测设综合曲线的测设数据。

解： 1）计算曲线副点之偏角。缓和曲线上各副点之偏角为：

$$l_0 = 60m \quad \Delta_H = \delta_0 = \frac{\beta_0}{3} = 1°08.8'$$

$$l_1 = 20m \quad \delta_1 = \frac{1}{9}\Delta_H = 0°7.6'$$

$$l_2 = 40m \quad \delta_2 = \frac{4}{9}\Delta_H = 0°30.6'$$

圆曲线上各副点之偏角 $\Delta(c = 20m)$ 为：

$$\Delta = \frac{c}{2R}\frac{180°}{\pi}$$

2）偏角法测设综合曲线数据计算见表 3-5。

（2）综合曲线测设步骤 偏角法测设综合曲线步骤如下：

1）如图 3-13 所示，在 ZH 点上安置经纬仪，以切线方向定向，使度盘读数为零。

2）拨偏角 δ_1（缓和曲线上第一点偏角值），沿视线方向量取 l_1 长，定第一点。

表 3-5　偏角法测设综合曲线数据计算

点　号	点 里 程	总 偏 角	曲 线 说 明	说　明
ZH	K12 + 196.76	0°00.0′	JD：K12 + 324.00	
1	K12 + 216.76	0°07.6′	α：右 22°00′	
2	K12 + 236.76	0°30.6′	R = 500m	
HY	K12 + 256.76	1°08.8′（0°00.0′）	$l_0 = 60m$	
3	K12 + 276.75	1°08.8′	$\beta_0 = 3°26.3′$	
4	K12 + 296.76	2°17.6′	$x_0 = 59.98m$	
5	K12 + 316.76	3°26.3′	$y_0 = 1.2m$	
QZ	K12 + 322.74	3°46.9′	m = 30.00m	
6	K12 + 336.76	4°35.0′	p = 0.30m	
7	K12 + 356.76	5°43.8′	q = 30.00m	
8	K12 + 376.76	6°52.5′	T = 127.24m	
YH	K12 + 388.73	7°37.7′（358°51.2′）	L = 251.98m	
2′	K12 + 408.73	359°29.4′	E = 9.66m	
1′	K12 + 428.73	359°52.4′	q = 2.50m	
HZ	K12 + 448.73	0°00.0′	$\varphi = 2°17′30″$	
			$\alpha - 2\beta_0 = 15°07.4′$	
			$\Delta = 1°08′15″$	

注：表中数字序号即为测设顺序。

3）拨偏角 δ_2（缓和曲线上第二点偏角值），由第一点量取 l_1 长，并使 l_1 的末端与视线方向相交，则交点即为第二点。

4）按上述方法依次测设缓和曲线上以后各点直至 HY 点，并以主点（HY）进行检核。

5）将仪器迁至 HY 点，以 ZH 点定向，度盘读数对（$\beta_0 - \delta_0 = 2\delta_0$）或（$360° - 2\delta_0$），纵转望远镜后，再转动照准部使水平度盘读数为零，此时望远镜视线方向即为该点切线方向。

6）按本单元课题 2 圆曲线详细测设方法测设综合曲线上的圆曲线段。

7）用同样方法测设综合曲线的另一半。测设后要进行检核，并对闭合差进行调整，其方法与圆曲线的调整相同。

3. 极坐标法

用极坐标法测设综合曲线的细部点是全站仪进行线路测量的最合适的方法之一。全站仪可以安置在任何控制点上，包括线路的交点、转点等已知坐标的点，其测设的速度快、精度高。

用极坐标法进行测设之前，首先要计算各点的坐标，包括测站点、后视点、曲线主点和细部点的坐标，然后利用坐标反算公式，计算出测站点与放样点之间的坐标方位角和水平距离，再根据计算得到的坐标方位角和水平距离进行实地放样。

（1）综合曲线细部点坐标计算

1）第一段缓和曲线部分。如图 3-14 所示，第一段缓和曲线部分，即 ZH 点到 HY 点之间，缓和曲线的参数方程为：

$$\begin{cases} x_i = l_i - \dfrac{l_i^5}{40R^2 l_0^2} \\ y_i = \dfrac{l_i^3}{6Rl_0} = \dfrac{l_i^3}{6c} \end{cases}$$

根据坐标转换平移公式将参数方程转换为线路中线控制坐标系中的坐标得：

$$\begin{cases} x_i = x_{ZY} + \left(l_i - \dfrac{l_i^5}{40R^2 l_0^2} \right)\cos\alpha_0 - \left(\dfrac{l_i^3}{6Rl_0} \right)\sin\alpha_0 \\ y_i = y_{ZY} + \left(l_i - \dfrac{l_i^5}{40R^2 l_0^2} \right)\sin\alpha_0 + \left(\dfrac{l_i^3}{6Rl_0} \right)\cos\alpha_0 \end{cases} \tag{3-24}$$

式中　l_i——缓和曲线上某一点的点里程与直缓点（ZH）的点里程的里程之差（m）；

l_0——缓和曲线的长度（m）；

R——圆曲线的半径（m）；

α_0——缓和曲线切线的方位角（°′″）。

2）圆曲线部分。如图 3-14 所示，仍采用推导缓和曲线建立的坐标系，设 i 是圆曲线上任意一点。依据式（3-19）知，i 点的坐标（x_i，y_i）可表示为：

$$\begin{cases} x_i = R\sin\varphi_i + m \\ y_i = R(1 - \cos\varphi_i) + p \\ \varphi_i = \dfrac{180°}{\pi R}(l_i - l_0) + \beta_0 \end{cases}$$

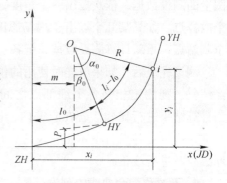

图 3-14　综合曲线细部点坐标计算

式中　β_0、P、m——前述的缓和曲线常数；

l_i——细部点到 ZH 或 HZ 的曲线长（m）；

l_0——缓和曲线的长度（m）；

R——圆曲线的半径（m）。

利用坐标轴旋转平移，可将该参数方程转化为测量坐标系下的参数方程：

$$\begin{cases} x_i = x_{ZH} + (R\sin\varphi_i + m)\cos(\alpha_0 + \beta_0) - [R(1 - \cos\varphi_i) + P]\sin(\alpha_0 + \beta_0) \\ y_i = y_{ZH} + (R\sin\varphi_i + m)\sin(\alpha_0 + \beta_0) + [R(1 - \cos\varphi_i) + P]\cos(\alpha_0 + \beta_0) \end{cases} \tag{3-25}$$

3）第二段缓和曲线上的中桩坐标计算。第二段缓和曲线（即 YH 点到 HZ 点）上的中桩坐标计算。首先，根据交点桩 JD 的坐标计算出缓直点 HZ 的坐标。然后，以缓直点 HZ 为原点计算独立坐标系内第二段缓和曲线内各点坐标。方法同第一段缓和曲线上的中桩坐标计算方法。注意，坐标轴旋转的转角不再是 α_0，而是 $\alpha_0 + \alpha$。α_0 为缓直点 HZ 至交点桩 JD 的方位角；α 为线路的转向角。

（2）测设数据计算　如图 3-15 所示，可以在通视良好的地方选一点 C，（C 点能够观测到所有要放中线桩的位

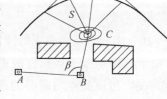

图 3-15　全站仪极坐标法测设

置），C 点的坐标可以用支导线测量的方法测出，欲放中线上的 D 点，在 C 点安置全站仪后，后视 B 点，只要知道夹角 θ 和距离 S 即可进行放线。D 点的坐标可以由设计单位给出，也可以利用几何关系求得。

后视方位角：
$$\alpha_0 = \arctan \frac{y_B - y_C}{x_B - x_C}$$

前视方位角：
$$\alpha = \arctan \frac{y_D - y_C}{x_D - x_C}$$

夹角：
$$\theta = \alpha_0 - \alpha$$

前视距离：
$$S = \sqrt{(x_D - x_C)^2 + (y_D - y_C)^2}$$

求出夹角 θ 和距离 S 后，就可以利用极坐标法进行放线。

（3）测设实施 在选定的测站点安置仪器，瞄准后视点，建立坐标系。按照放样示意图上的测设数据，依次拨出一个角度，定出方向线，在方向线上测设出计算距离，就定出各个放样点。如果某几个点由于现场原因（方向受到阻挡）不能放出，则可移动仪器到另一个测站点，重新计算测设数据，把各点都放样出来。

测设完成后，如果放样时使用的仪器是全站仪，则可利用各点的坐标进行校核，如果是经纬仪，则测定相邻各个细部点之间的弦长，与计算结果进行比较。若在限差内，说明满足要求，可以在各点打下木桩；反之，应该查明原因及时进行改正。

4. 不对称综合曲线的测设

由于受地形条件限制，或是因线路改动的需要，有时在平面设计中往往在圆曲线两端设置不等长的缓和曲线，如图 3-16 所示。

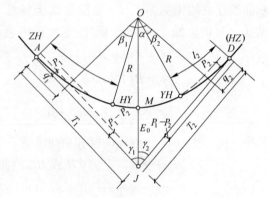

图 3-16 不对称综合曲线测设

圆曲线始端缓和曲线长 l_1，终端的缓和曲线长 l_2，圆曲线半径 R，交点位于 J，则

切线长：
$$\begin{cases} T_1 = (R + P_1) \tan \frac{\alpha}{2} + q_1 - \dfrac{P_1 - P_2}{\sin\alpha} \\ T_2 = (R + P_2) \tan \frac{\alpha}{2} + q_2 - \dfrac{P_1 - P_2}{\sin\alpha} \end{cases} \tag{3-26}$$

曲线长：
$$L = (\alpha - \beta_1 - \beta_2) R \frac{\pi}{180°} + l_1 + l_2 = \frac{\alpha\pi R}{180°} + \frac{l_1 + l_2}{2} \tag{3-27}$$

式中 β_1、β_2——缓和曲线的倾角（°′″）。

由于两边切线不等长，故曲线中点可取圆曲线的中点或全曲线的中点。为了计算和测设方便，可取交点与圆心的连线和圆曲线的交点 M 作为曲线中点（QZ），其要素按下式计算：

$$\begin{cases} \gamma_1 = \arctan \dfrac{R + P_1}{T_1 - q_1} \\[2ex] \gamma_2 = \arctan \dfrac{R + P_2}{T_2 - q_2} \\[2ex] E_0 = \dfrac{R + P_1}{\sin\gamma_1} - R \end{cases} \tag{3-28}$$

曲线要素计算出来后，主点与曲线的详细测设方法与对称曲线的测设基本相同。

课题 4　竖曲线的放样

线路纵断面是由许多不同坡度的坡段连接成的。当相邻不同坡度的坡段相交时，就出现了变坡点。在线路纵坡变更处，考虑到行车的视距要求和行车的稳定，应在竖直面内用曲线衔接起来，这种曲线称为**竖曲线**。当变坡点在曲线的上方时，称为凸形竖曲线；反之，称为凹形竖曲线。竖曲线可以用圆曲线或二次抛物线。目前，在我国公路建设中一般采用圆曲线型的竖曲线，这是因为圆曲线的计算和测设比较简单方便。如图 3-17 所示，路线上有三条相邻的纵坡 i_1、i_2 和 i_3，在 i_1 和 i_2 之间的曲线为凸形竖曲线，在 i_2 和 i_3 之间的曲线为凹形竖曲线。

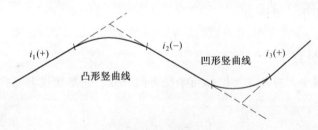

图 3-17　竖曲线

3.4.1　竖曲线要素计算

1. 变坡点 δ 的计算

如图 3-17 所示，相邻的两纵坡 i_1、i_2，由于公路纵坡的允许值不大，故可认为变坡角 δ 为

$$\delta = \Delta i = i_1 - i_2 \tag{3-29}$$

2. 竖曲线半径

竖曲线半径与路线等级有关，各等级公路竖曲线半径和最小半径长度见表 3-6。

选用竖曲线半径的原则：在不过分增加工程量的情况下，宜选用较大的竖曲线半径，前后两纵坡的代数差小时，竖曲线半径更应选用大半径，只有当地形限制或遇到其他特殊困难时，才能选用极小半径。选择竖曲线半径时应以获得最佳的视觉效果为标准。

表 3-6 各等级公路竖曲线半径和最小半径长度　　　　　　　　　　（单位：m）

公 路 等 级		一		二		三		四	
地　　形		平原微丘	山岭重丘	平原微丘	山岭重丘	平原微丘	山岭重丘	平原微丘	山岭重丘
凹形竖曲线半径	一般最小值	10 000	2 000	4 500	700	2 000	500	700	200
	极限最小值	6 500	1 400	3 000	450	1 400	250	450	100
凸形竖曲线半径	一般最小值	4 500	1 500	3 000	700	1 500	400	700	200
	极限最小值	3 000	1 000	2 000	450	1 000	250	450	100
竖曲线最小半径长度		85	50	70	35	50	25	35	20

3. 切线长 T 的计算

由图 3-18 可知，切线长 T 为：　　　　$T = R\tan\dfrac{\delta}{2}$

由于 δ 很小，可认为：　　　　$\tan\dfrac{\delta}{2} = \dfrac{\delta}{2} = \dfrac{1}{2}(i_1 - i_2)$

故　　　　　　　　　　　　$T = \dfrac{1}{2}R\,|\,i_1 - i_2\,|$ 　　　　　　　　　(3-30)

4. 曲线长 L 的计算

由于变坡角 δ 很小，可认为：

$$L = 2T \qquad\qquad (3-31)$$

5. 外矢距 E 的计算

由于变坡角 δ 很小，可认为 y 坐标与半径方向一致，它是切线上与曲线上的高程差，从而得

$$(R + y)^2 = R^2 + x^2$$

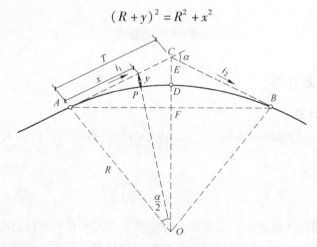

图 3-18　竖曲线元素计算

展开得：　　　　　　　　　　$2Ry = x^2 - y^2$

又因 y^2 与 x^2 相比较，y^2 的值很小，略去 y^2，则：

$$2Ry = x^2$$

即：
$$y = \frac{x^2}{2R} \tag{3-32}$$

当 $x = T$ 时，y 值最大，约等于外矢距 E，所以：

$$E = \frac{T^2}{2R} \tag{3-33}$$

3.4.2 竖曲线的测设

竖曲线的测设就是根据纵断面图上标注的里程及高程，以附近已放样出的整桩为依据，向前或向后测设各点的水平距离 x 值，并设置竖曲线桩。然后测设各个竖曲线桩的高程。其测设步骤如下：

1）计算竖曲线元素 T、L 和 E。

2）推算竖曲线上各点的点里程：

① 曲线起点点里程 = 变坡点点里程 − 竖曲线的切线长。

② 曲线终点点里程 = 曲线起点点里程 + 竖曲线长。

3）根据竖曲线上细部点距曲线起点（或终点）的弧长，求相应的 y 值，然后，按下式求得各点高程：

$$H_i = H_{坡} \pm y_i$$

式中　　H_i——竖曲线细部点 i 的高程；

$H_{坡}$——细部点 i 的坡段高程。

当竖曲线为凹形时，式中取"+"号；竖曲线为凸形时，式中取"−"号。

4）从变坡点沿路线方向向前或向后丈量切线长 T，分别得竖曲线的起点和终点。

5）由竖曲线起点（或终点）起，沿切线方向每隔5m在地面上标定一木桩（竖曲线上一般每隔5m测设一个点）。

6）测设各个细部点的高程，在细部点的木桩上标明地面高程与竖曲线设计高程之差（即挖或填的高度）。

【例3-7】 竖曲线半径 $R = 5000\text{m}$，相邻坡段的坡度 $i_1 = -1.114\%$，$i_2 = +0.154\%$，为凹曲线，变坡点的里程点里程为 K5 +670，其高程为48.60m。如果曲线上每隔10m设置一桩，试计算竖曲线上各桩点的高程。

解：（1）计算竖曲线测设元素　按式（3-30）、式（3-31）和式（3-33）计算可得：

$$T = \frac{1}{2}R\,|\,i_1 - i_2\,| = \frac{1}{2} \times 5000\text{m} \times |-1.114 - 0.154| \times \frac{1}{100} = 31.70\text{m}$$

$$L = 2T = 2 \times 31.70\text{m} = 63.40\text{m}$$

$$E = \frac{T^2}{2R} = \frac{31.70^2}{2 \times 5000}\text{m} = 0.10\text{m}$$

（2）计算竖曲线起点、终点点里程及高程

1）起点点里程 = K5 + 670 − 31.70 = K5 + 638.30；起点高程 = 48.60m + 31.70m × 1.114% = 48.95m。

2) 终点点里程 = K5 + 638.30 + 63.40 = K5 + 701.70；终点高程 = 48.60m + 31.70m × 0.154% = 48.65m。

（3）计算各桩竖曲线高程　按 $R = 5000$m 和相应的桩距，即可求得竖曲线上各桩的高程改正数 y_i。由于两坡道的坡度 $i_1 = -1.114\%$，为负值，$i_2 = +0.154\%$，为正值，故为凹形竖曲线，y 取 "+" 号。计算见表 3-7。计算出竖曲线各桩的高程后，即可在实地进行竖曲线的测设。

表 3-7　竖曲线各桩高程计算

桩　号	桩点至竖曲线起点或终点的平距 x/m	高程改正值 y/m	坡道高程/m	竖曲线高程/m	说　明
起点：K5 + 638.30	0.0	0.00	48.95	48.95	竖曲线起点
K5 + 650	11.7	0.01	48.82	48.83	$i_1 = -1.114\%$
K5 + 660	21.7	0.05	48.71	48.76	
变坡点：K5 + 670	31.7	0.10	48.60	48.70	变坡点
K5 + 680	21.7	0.05	48.62	48.67	$i_2 = +0.154\%$
K5 + 690	11.7	0.01	48.63	48.64	
终点：K5 + 701.70	0.0	0.00	48.65	48.65	竖曲线终点

课题 5　曲线放样的特殊处理

在进行曲线测设时，由于受地物或地貌等条件的限制，经常会遇到各种各样的障碍，导致不能按照前述的方法进行曲线测设，这时可以根据具体情况，提出具体的解决方法。

3.5.1　线路交点不能安置仪器

线路交点有时落在河流里或其他不能安置仪器的地方，形成虚交点，这时可通过设置辅助交点进行曲线主点测设。常见的发生虚交点的情况有以下几种：

1）交点落在河流中间，无法在河流中间定出交点的位置。

2）道路依山修筑，在山路转弯时，交点在山中或半空中无法得到。

3）线路中线上有障碍物无法排除，交点无法得到。

4）线路转角较大，切线长度过长，获得交点对工作不利，没有意义。

在实际工作中遇到虚交点时，通常采用的测设方法有以下几种：

1. 圆外基线法

如图 3-19 所示，由于路线的交点落入河流中间，无法在交点设桩因而形成虚交。这时可以在曲线的两切线上分别选择一个便于安置仪器的辅助点，如图 3-19 中的 A、B，将经纬仪分别安置在 A、B 点，测量出两点连线与切线的交角 α_a 和 α_b，同时用钢尺往返丈量 A、B 间的水平距离，注意测量角度和距离应分别满足规定的限差要求。

在图中可以发现，辅助点 A、B 与虚交点 JD 构成一个三角形，根据几何关系，利用正弦定理可以得到：

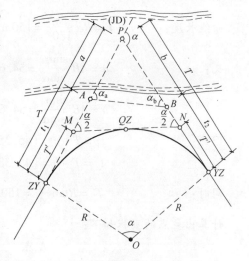

$$\begin{cases} \alpha = \alpha_a + \alpha_b \\ a = AB\dfrac{\sin\alpha_b}{\sin(180°-\alpha)} = AB\dfrac{\sin\alpha_b}{\sin\alpha} \\ b = AB\dfrac{\sin\alpha_a}{\sin(180°-\alpha)} = AB\dfrac{\sin\alpha_a}{\sin\alpha} \end{cases} \quad (3\text{-}34)$$

式中 a、b——三角形的两条边长；

AB——A、B 两点间的距离。

根据已知的偏角 α 和选定的半径 R，就可以按式（3-1）和式（3-2）计算出切线长 T 和弧线长 L，再结合 a、b、T 计算出辅助点到圆曲线的 ZY、YZ 点之间的距离 t_1、t_2：

图 3-19 圆外基线法

$$\begin{cases} t_1 = T - a \\ t_2 = T - b \end{cases} \quad (3\text{-}35)$$

根据计算出的 t_1、t_2，就能定出圆曲线的 ZY 点和 YZ 点。如果计算出的 t_1、t_2 值出现负值，说明辅助点定在曲线内侧，而圆曲线的 ZY、YZ 点位于辅助点与虚交点之间。如果 A 点的里程确定以后，对应圆曲线主点的里程也可以推算出来。

测设时，在切线方向上分别量取（根据计算的正负可以确定在切线的方向）t_1、t_2，即可测设出圆曲线的 ZY 点和 YZ 点。曲线中点 QZ 的测设可以采用"中点切线法"，如果过曲线中点 QZ 的切线 T' 与过虚交点的两条切线的交点分别为 M、N 点，可以发现 $\angle PMN = \angle PNM = \dfrac{\alpha}{2}$，则曲线中点的切线长度为：

$$T' = R\tan\frac{\alpha}{4} \quad (3\text{-}36)$$

在确定了 ZY 点和 YZ 点后，沿着过该点的切线方向量取长度 T' 后，就能定出 M、N 两点。从 M 或 N 点出发沿着 MN 量取长度 T' 就得到 QZ 点，该点同时也是 MN 的中点。

在圆曲线的主点确定后，就可以根据具体情况采用前述三种方法（切线支距法、偏角法和极坐标法）中的一种进行圆曲线详细测设。

【例 3-8】 如图 3-19 所示，测出 $\alpha_a = 15°18'$，$\alpha_b = 18°22'$，选定圆曲线的半径 $R = 150\text{m}$，$AB = 54.68\text{m}$，已知 A 点的里程点里程为 K9 + 123.22。试计算测设主点的数据和主点的里程点里程。

解： 根据 $\alpha_a = 15°18'$，$\alpha_b = 18°22'$，得：

$$\alpha = \alpha_a + \alpha_b = 15°18' + 18°22' = 33°40'$$

根据 $\alpha = 33°40'$，$R = 150\text{m}$，参考式（3-1）、式（3-2），计算切线长 T 和弧线长 L 为：

切线长度： $$T = R\tan\frac{\alpha}{2} = 150\text{m} \times \tan\frac{33°40'}{2} = 45.383\text{m}$$

曲线长度：
$$L = R\alpha \frac{\pi}{180°} = 150\text{m} \times 33°40' \times \frac{\pi}{180°} = 88.139\text{m}$$

又：
$$a = AB \frac{\sin\alpha_b}{\sin\alpha} = 54.68\text{m} \times \frac{\sin18°22'}{\sin33°40'} = 31.080\text{m}$$

$$b = AB \frac{\sin\alpha_a}{\sin\alpha} = 54.68\text{m} \times \frac{\sin15°18'}{\sin33°40'} = 26.027\text{m}$$

因此：
$$t_1 = T - a = (45.383 - 31.080)\text{m} = 14.303\text{m}$$
$$t_2 = T - b = (45.383 - 26.027)\text{m} = 19.356\text{m}$$

同时：
$$T' = R\tan\frac{\alpha}{4} = 150\text{m} \times \tan\frac{33°40'}{4} = 22.195\text{m}$$

计算出主点的里程如下：

A 点	K9 + 123.22
$-t_1$	14.30
ZY	K9 + 108.92
$+L$	88.14
YZ	K9 + 197.06
$-\dfrac{L}{2}$	44.07
QZ	K9 + 152.99

在确定圆曲线的主点后，还应该按照切线支距法、偏角法和极坐标法进行圆曲线的详细测设。

2. 切基线法

如图 3-20 所示，由于受地形限制，曲线出现虚交后，同时曲线通过 GQ 点（公切点），这样圆曲线被分为两个同半径的圆曲线 L_1、L_2，其切线的长度为 T_1、T_2，通过 GQ 点的切线 AB 是切基线。

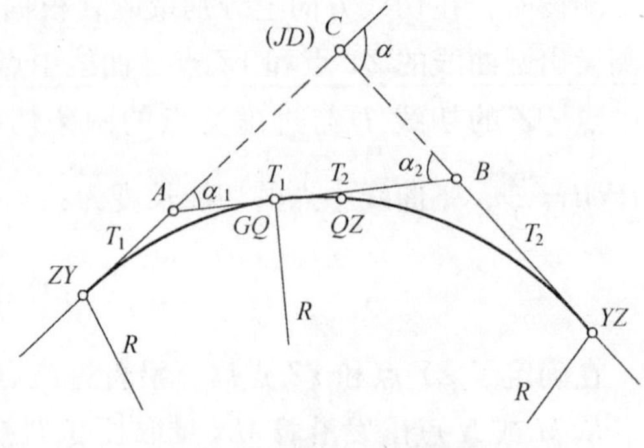

图 3-20 切基线法

在现场进行实际测设时，根据现场实际，在两通过虚交点的切线上选择 A、B 点，形成切基线 AB，用往返丈量方法测量出其长度，并观测该两点连线与切线的交角 α_1、α_2，有：

$$T_1 = R\tan\frac{\alpha_1}{2}, \quad T_2 = R\tan\frac{\alpha_2}{2}$$

同时有 $AB = T_1 + T_2$，代入上式整理后有：

$$R = \frac{AB}{\tan\dfrac{\alpha_1}{2} + \tan\dfrac{\alpha_2}{2}} = \frac{T_1 + T_2}{\tan\dfrac{\alpha_1}{2} + \tan\dfrac{\alpha_2}{2}} \tag{3-37}$$

在求得 R 后，根据 R、α_1 和 α_2，代入式（3-1），可分别求得 L_1、L_2 和 T_1、T_2，将 L_1、L_2 相加就得到曲线的总长。

实际测设时，先在 A 点安置仪器，沿着切线方向分别丈量长度 T_1，就定出圆曲线的 ZY 点和 GQ 点。在 B 点安置仪器，沿着切线方向分别丈量长度 T_2，就定出圆曲线的 YZ 点和 GQ 点。其中 GQ 点可用作校核。

在选择用切基线法时，如果计算出的半径 R 不能满足规定的最小半径或不能适应地形变化，应将选定的参考点 A、B 进行调整，使切基线的位置合适。

在测定圆曲线的主点后，应该按照前述方法进行圆曲线的详细测设。

3. 弦基线法

连接圆曲线的起点与终点的弦线，称为**弦基线**。弦基线法是当已经确定圆曲线的起点（或终点）时，运用"弦线两端的圆切角相等"，来确定曲线的终点（或起点）。

如图 3-21 所示，如果 A 点是圆曲线的起点位置，而 E 点是其后视点，假设另一条直线的方向已知并且有初步确定的 B' 点和前视点 F，具体测设步骤如下：

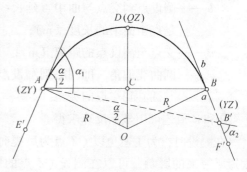

图 3-21 弦基线法

1）分别在 A、B' 点安置仪器，测量弦线 AB' 与切线的夹角 $\angle E'AB'$ 和 $\angle F'B'A$。一般来说，两个角度不相等，两者之和就是偏角 α。

2）根据测量结果计算出偏角 α，则测站点的弦切角为偏角 α 的一半。

3）在 A 点安置经纬仪，以 AE' 为起始方向，拨角 $\dfrac{\alpha}{2}$，这时经纬仪的视线与直线 FB' 的交点就是 B 点的正确位置。

4）用往返丈量取平均值的方法测量改正后的 AB 长度。

5）计算圆曲线的曲半径 R，有：

$$R = \frac{AB}{2\sin\dfrac{\alpha}{2}} \qquad (3\text{-}38)$$

6）确定曲中点 QZ 的位置，可以先计算图中 CD 的长度，再确定 QZ 点的位置。CD 的长度计算如下：

$$CD = R\left(1 - \cos\frac{\alpha}{2}\right) = 2R\sin^2\frac{\alpha}{4} \qquad (3\text{-}39)$$

3.5.2 曲线起点或终点不能安置仪器

当曲线起点或终点不能到达时，可采用极坐标法测设曲线点。如图 3-22 所示，i 点位于测设的曲线点，在 JD 点安置仪器，以外矢距方向定向，拨 β 角，沿此方向量距 d_i，得 i 点。

由图中可见：

$$\begin{cases} h_i = R\sin\varphi_i \\ b_i = R(1 - \cos\varphi_i) \\ \tan\beta_i = \dfrac{h_i}{b_i + E} = \dfrac{\sin\varphi_i}{\left(\dfrac{E}{R} + 1\right) - \cos\varphi_i} \\ d_i = \dfrac{h_i}{\sin\beta_i} = R\dfrac{\sin\varphi_i}{\sin\beta_i} \end{cases} \tag{3-40}$$

式中　h_i——测设点到交点与曲中点延长线的垂距（m）；

　　　b_i——测设点到交点与曲中点延长线的垂足点至曲中的长度（m）；

　　　d_i——交点至测设点的距离（m）；

　　　φ_i——圆曲线偏角，即圆心到测设点方向与圆心到交点的夹角（°′″）。

β_i 和 d_i 值还可用坐标反算求得。

在测设时，为了避免以 QZ 点为后视时视线太短所带来的影响，可以在测设 QZ 点的同时，再沿外矢距较远处定一点，以作为后视点，或者以切线方向定向，使度盘读数为 $\dfrac{\alpha}{2}$，转动照准部使度盘读数为零时即为外矢距方向。

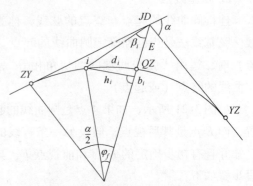

图 3-22　曲线起点或终点不能安置仪器的测设方法

3.5.3　视线受阻时用偏角法测设圆曲线

如图 3-23 所示，由于在圆曲线的起点测设 P_4 点时视线受阻挡，可采用以下方法测设：

1）由于在同一圆弧两端的偏角相等，如果在 P_4 点受阻，在 P_3 点测设完成后，可改为短弦偏角法，将测站迁移到 P_3，后视起点 A 并将度盘读数置零，纵转望远镜并顺时针转动照准部，当度盘读数为原先计算的 P_4 点的偏角时，该方向就是 P_3P_4 的方向，在该方向上丈量弦长 c_0，就能够得到 P_4 点，然后可以继续测试余下各点。

2）可以应用同一圆弧段的弦切角与圆周角相等的原理，将仪器架设在中点 QZ，度盘置零后先后视 A 点，然后转动照准部到度盘读数为原先计算的 P_4

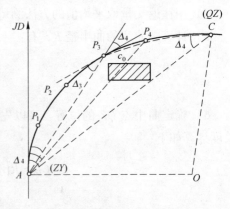

图 3-23　视线受阻时偏角法测设圆曲线

点的偏角，确定 P_4QZ 方向，从 P_3 点出发丈量相应弦长 c_0 与视线相交，交点就是 P_4 点。同时可以确定其他各点。这种方法适用于在 P_3 点不利于安置仪器的情况，但是对测距影响不大。

3.5.4　遇障碍物时用偏角法测设缓和圆曲线

如图 3-24 所示，H、C 两点为已知测设的缓和曲线点，Q 为欲测设的缓和曲线点，i_B 为后视偏角，i_Q 为前视偏角，β_C 为过 C 点的切线与 x 轴的夹角，l_H、l_C、l_Q 分别为 H、C、Q 点至起点的曲线长。

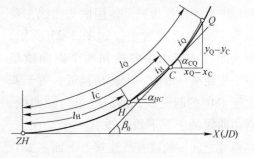

图 3-24　遇障碍物时用偏角法测设缓和圆曲线

由图 3-24 可知，前视偏角应按下式计算：

$$i_Q = \alpha_{CQ} - \beta_C \qquad (3-41)$$

由 $\beta = \dfrac{l_i^2}{2Rl_0}$ 可得：

$$\beta_C = \frac{l_C^2}{2Rl_0}\rho \qquad (3-42)$$

而 $\alpha_{CQ} = \dfrac{y_Q - y_C}{x_Q - x_C}$，结合式（3-16）可得：

$$\alpha_{CQ} = \frac{\dfrac{l_Q^3}{6Rl_0} - \dfrac{l_C^3}{6Rl_0}}{l_Q - l_C}\rho = \frac{l_Q^2 + l_Q l_C + l_C^2}{6Rl_0}\rho \qquad (3-43)$$

将式（3-42）和式（3-43）代入式（3-41），则得：

$$i_Q = \frac{l_Q^2 + l_Q l_C + l_C^2}{6Rl_0} - \frac{l_C^2}{2Rl_0} = \frac{(l_Q - l_C)(l_Q + 2l_C)}{6Rl_0}\rho$$

考虑到 $\rho = \dfrac{180°}{\pi}$，则前视偏角为：

$$i_Q = \frac{30°}{\pi Rl_0}(l_Q - l_C)(l_Q + 2l_C) \qquad (3-44)$$

同理，可证明后视偏角为：

$$\begin{cases} i_H = \beta_C - \alpha_{HC} \\ i_H = \dfrac{30°}{\pi Rl_0}(l_C - l_H)(l_H + 2l_C) \end{cases} \qquad (3-45)$$

若缓和曲线各点间弧长相等，且为 l_1，设 C、H、Q 为点的序号，则有 $l_C = Cl_1$、$l_H = Hl_1$、$l_Q = Ql_1$，此时，式（3-44）和式（3-45）可简化为：

$$\begin{cases} i_Q = \delta_1^0(Q - C)(Q + 2C) \\ i_H = \delta_1^0(C - H)(H + 2C) \end{cases} \qquad (3-46)$$

式中　δ_1^0——仪器安置在缓和曲线起点时，测设第一点的偏角$\left(\delta_1^0 = \dfrac{l_1^2}{6Rl_0}\dfrac{180°}{\pi}\right)$。

在实际工作中，测设各点的偏角，可以 R 和 l_0 为引数，从《铁路曲线测设表》中查取，或编制电算程序直接计算。

3.5.5 回头曲线的测设方法

回头曲线是一种半径小、转弯急、线形标准低的曲线形式，使用回头曲线主要是为了减缓路线坡度。如图 3-25 所示，回头曲线一般由主曲线和两个副曲线组成。主曲线一般为一个转角接近、等于或大于180°的圆曲线；副曲线也为圆曲线，在主曲线的上、下段各设置一个。在主、副曲线之间一般以直线连接。下面主要介绍主曲线的测设方法。

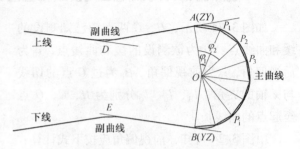

图 3-25　推磨法和辐射法测设回头曲线

1. 推磨法和辐射法

推磨法和辐射法一般适用于山坡比较平缓、曲线内侧障碍物较少的地段。这两种方法的主要测设原理是：首先根据现场的实际情况在现场确定主曲线圆心 O 的位置和半径 R，然后以 O 为圆心，以 R 为半径画圆弧，再在圆弧上定出曲线各点，如图 3-25 所示。具体测设步骤如下：

1）首先根据地形条件确定副曲线的交点 D、E 的位置，然后初步确定主曲线起点 A 和终点 B 的位置以及半径 R，并打桩。

2）在 A 点用方向架或经纬仪瞄准 D 点，然后沿 AD 的垂直方向量取半径 R 定出圆心 O。

3）测设方法。

① 推磨法。以 O 为圆心，从圆曲线起点 A 开始，用半径 R 和选定的弦长 C 连续进行距离交会，逐一定出 P_1，P_2，P_3，…，P_n 等曲线上各点，并钉桩。

② 辐射法。将经纬仪置于圆心 O，后视 A 点并将水平度盘配置为 $0°00'00''$，依次拨 AP_1，AP_2，AP_3，…，AP_n 的圆弧所对的圆心角 φ_1，φ_2，φ_3…，φ_n，并自圆心量取半径 R，定出 P_1，P_2，P_3，…，P_n 等曲线上各点，并钉桩。

在定出曲线上各点之后，应检查曲线位置是否符合设计要求，若不符合，则可调整 A、O 的位置以至 R 的大小重新测设，直至曲线符合设计要求为止。

4）在曲线终点 B 用方向架或经纬仪瞄准 O 点，沿 BO 的垂直方向观察视线是否对准 E 点，若未对准，则可沿圆弧前后移动 B 点，直至视线通过 E 点，设定 B 点。

5）将经纬仪置于圆心 O，测出 AB 圆弧所对的圆心角 α（即曲线转角）。根据 α 和 R 即可计算曲线长，并于实测的曲线长核对，符合要求后，进行里程计算，测设结束。

2. 切基线法

如图 3-26 所示，切基线法是在选线时已定出上、下线的基础上，根据现场的实际情况选定公切点的位置，并将公切线（基线）与上、下线相交得出两个交点 A、B，然后观测基线与上、下线之间的夹角 β_A、β_B，计算转角 α_A 和 α_B，并丈量切基线 AB 的长，然后即可按虚交切基线法计算半径 R 并测试回头曲线。测试方法参阅虚交切基线法。

3. 顶点切基线法

顶点切基线法是首先设法找到曲线的顶点（即曲线中点 QZ），过顶点设基线，然后再测试其他各点的方法。

如图 3-27 所示，设 DA、EB 为曲线上、下两线，D、E 为相邻副曲线的交点。AB 切于曲线中的 QZ，称为顶点切基线，G、F 为上下线方向桩。该法的测试步骤如下：

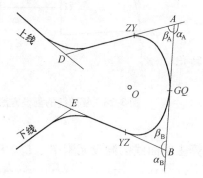

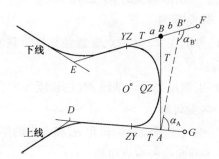

图 3-26　切基线法　　　　　　　　图 3-27　顶点切基线法

1）根据现场地形和地质条件，在上、下两线的适当位置选择顶点切基线 AB 的初定位置 A、B'，其中 A 为定点，B' 初定点。

2）将经纬仪置于 B' 点，观测角 α'_B，并沿 EB 方向在 B 点的概略位置前后标定骑马桩 a、b 两点。

3）将经纬仪置于 A 点，观测角 α_A，则路线转角 $\alpha = \alpha_A + \alpha'_B$，后视 G 方向桩，拨角 $\dfrac{\alpha}{2}$，则视线与骑马桩 a、b 连线的交点即为 B 点点位。

4）丈量基线 AB 长度，取 $T = \dfrac{AB}{2}$，从 A 点沿 AD、AB 方向各量 T，定出 ZY 和 QZ 点，从 B 点沿 BE 方向量 T 定出 YZ 点。

5）计算主曲线半径 $R = \dfrac{T}{\tan \dfrac{\alpha}{4}}$，再由半径 R 和转角 α 求出曲线长 L，并根据 A 点里程求出曲线主点里程。

主点测设完成后，即可按前述的方法进行曲线的详细测设，并对副曲线按前述方法进行测设。

3.5.6　复曲线的测设方法

复曲线是由两个或两个以上不同半径的同向圆曲线连接而成的曲线，一般多用于山区地形较为复杂的地段。

测设复曲线时，必须先定出其中一个圆曲线的半径，该圆曲线称为**主圆曲线**，其他的曲线则称为**副圆曲线**。副圆曲线的半径是通过主圆曲线和测得的有关数据计算确定的。下面介绍用切基线法测设复曲线。

切基线法测设复曲线与虚交切基线法基本相同，只是此时的圆曲线半径不相同而已。

如图 3-28 所示，A、B 为主、副圆曲线的交点，AB 为切线基线，两曲线相接于公切点 GQ。在选定主圆曲线的半径 R_1 后，即可按以下步骤计算副圆曲线的半径 R_2 及测设主、副圆曲线的 ZY 点和 YZ 点。

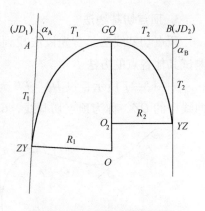

图 3-28　复曲线的测设方法

1. 外业观测

1）分别在 A、B 两点安置经纬仪，观测并计算转角 α_A 和 α_B。

2）用钢尺丈量切基线 AB 的长度。

2. 内业计算

1）根据主圆曲线的转角 α_A 和选定的半径 R_1 计算主圆曲线的测设元素 T_1、L_1、E_1、D_1 并推算主圆曲线各主点里程。

2）根据切基线 AB 长和主圆曲线切线长 T_1，计算副圆曲线的切线长 T_2，$T_2 = AB - T_1$。

3）根据副圆曲线的转角 α_B 和切线长 T_2 计算副曲线的半径 R_2，计算公式如下：

$$R_2 = \frac{T_2}{\tan \dfrac{\alpha_B}{2}} \tag{3-47}$$

4）根据副圆曲线的转角 α_B 和计算的半径 R_2，计算副圆曲线的测设元素 T_2、L_2、E_2、D_2 并推算副圆曲线各主点里程。

3. 复曲线的测设

1）在 A 点安置仪器，由 A 点向主圆曲线起点方向量取 T_1 得直圆点 ZY，并进行校核。沿基线向 B 点方向量取 T_1 得公切点 GQ。

2）在 B 点安置仪器，由 B 点向副圆曲线终点方向往返量取 T_2 得圆直点 YZ。向 A 点量取 T_2 进行校核。

3）对副圆曲线进行主点测设和详细测设。

【例 3-9】 如图 3-28 所示，经外业测量得 $\alpha_A = 20°16'$，$\alpha_B = 30°38'$，$AB = 221.72\text{m}$，选定主圆曲线半径 $R_1 = 600\text{m}$，试计算副圆曲线的测设元素，并简述复曲线的测设方法。

解：1）根据 $\alpha_A = 20°16'$，$R_1 = 600\text{m}$ 计算主圆曲线的测设元素：$T_1 = 107.24\text{m}$，$L_1 = 212.23\text{m}$，$E_1 = 9.51\text{m}$，$D_1 = 2.25\text{m}$。

2）计算副圆曲线的切线长。

$$T_2 = AB - T_1 = (221.72 - 107.24)\text{m} = 114.48\text{m}$$

3）计算副圆曲线半径 R_2。

$$R_2 = \frac{T_2}{\tan \dfrac{\alpha_B}{2}} = \frac{114.48\text{m}}{\tan \dfrac{30°38'}{2}} = 417.99\text{m}$$

4）根据 $\alpha_B = 30°38'$ 和半径 $R_2 = 417.99\text{m}$ 计算副圆曲线测设元素：$L_2 = 223.48\text{m}$，$E_2 = $

15.39m，$D_2 = 5.48$m。

5）测设方法。

① 在 A 点安置仪器，沿切线方向由 A 点向主圆曲线起点方向量取 $T_1 = 107.24$m 得直圆点 ZY，并丈量此桩与中线上最近一个中桩的距离，看是否等于两里程桩点里程之差，或是否在容许范围内，否则应查明原因，并予以纠正。若在容许范围内，钉桩并标定直圆点，然后沿基线再向 B 点方向往返量取 $T_1 = 107.24$m，得公切点 GQ，钉桩。

② 在 B 点安置仪器，根据计算的副圆曲线的切线长 $T_2 = 114.48$m，由 B 点沿切线向副圆曲线终点方向往返量取 $T_2 = 114.48$m 得圆直点 YZ，定桩并标定 YZ。

③ 根据 $T_1 = 107.24$m，$L_1 = 212.23$m，$E_1 = 9.51$m，$D_1 = 2.25$m，$T_2 = 114.48$m，$L_2 = 223.48$m，$E_2 = 15.39$m，$D_2 = 5.48$m，用前面已学过的方法对复曲线各主点进行测试，并用切线支距法或偏角法对曲线进行详细测试。

课题6 全站仪在曲线放样中的应用

传统的路线测量非常不便，但使用全站仪的坐标放样功能进行路线中线点放样时，可视现场情况任意设站，十分方便和安全。全站仪任意设站法是利用全站仪的优越性能，在任何可架设仪器的地方设站进行直线段、曲线段的中线测量的方法。**该方法适用于高等级公路的中线测量**。因为高等级公路的中线位置大都用坐标表示，当设计单位提供的逐桩坐标或是控制桩（交点桩）的坐标，经施工单位复测后，就可推算其他中线桩（里程桩、加桩）的坐标。

全站仪任意设站测设曲线，须首先计算出曲线上各拟测设点坐标，然后就可以利用全站仪在无任何障碍的地方安置仪器，用极坐标法测设曲线或直接根据细部点坐标进行测设。因此，该方法主要用于已计算曲线细部点坐标的情况下。

3.6.1 直线段中线桩的坐标计算

设直线段的方位角为 α_0，α_0 可用该直线段两端点交点桩 JD 的坐标求得，设 JD_i 交点坐标为 (x_i, y_i)，交点 JD_j 的坐标为 (x_j, y_j)，如图 3-29 所示。因为：

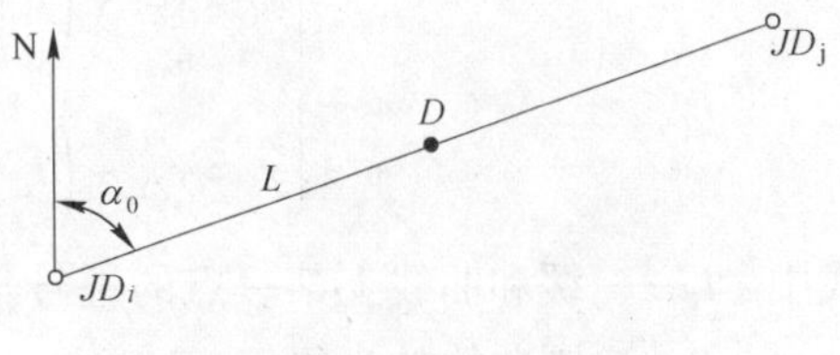

$$\alpha_0 = \arctan \frac{y_j - y_i}{x_j - x_i}$$

图 3-29 直线段坐标计算

所以 D 点的坐标：

$$\begin{cases} x_D = x_i + L\cos\alpha_0 \\ y_D = y_i + L\sin\alpha_0 \end{cases} \tag{3-48}$$

式中 L——D 点桩的桩号与交点桩 JD_i 的桩号的里程之差（m）。

3.6.2 只有圆曲线段的坐标计算

如图 3-30 所示。以直圆点（ZY）或圆直点（YZ）为原点，以切线方向为 x 轴，以通过原点的圆曲线半径方向为 y 轴，建立独立坐标系，D 点为圆曲线上的任意一点，在该坐标系中，圆曲线的参数方程为：

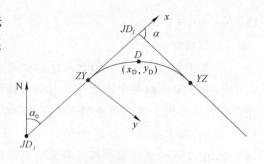

图 3-30　圆曲线坐标计算

$$\begin{cases} x_i = l_i - \dfrac{l_i^3}{6R} + \dfrac{l_i^5}{120R^4} \\[4mm] y_i = \dfrac{l_i^2}{2R} - \dfrac{l_i^4}{24R^3} + \dfrac{l_i^6}{720R^5} \end{cases} \quad (3\text{-}49)$$

式中　l_i——圆曲线上的点到 ZY（或 YZ）点里程（m）。

设 JD_i 到 JD_j 的方位角为 α_0，在已经求出 ZY 点坐标（x_{ZY}，y_{ZY}）的情况下，通过坐标轴的旋转平移公式，即可将上式独立坐标系中的参数方程转化为测量坐标系下的坐标公式，则 D 点的坐标为：

$$\begin{cases} x_D = x_{ZY} + \left(l_i - \dfrac{l_i^3}{6R} + \dfrac{l_i^5}{120R^4}\right)\cos\alpha_0 - \left(\dfrac{l_i^2}{2R} - \dfrac{l_i^4}{24R^3} + \dfrac{l_i^6}{720R^5}\right)\sin\alpha_0 \\[4mm] y_D = y_{ZY} + \left(l_i - \dfrac{l_i^3}{6R} + \dfrac{l_i^5}{120R^4}\right)\sin\alpha_0 + \left(\dfrac{l_i^2}{2R} - \dfrac{l_i^4}{24R^3} + \dfrac{l_i^6}{720R^5}\right)\cos\alpha_0 \end{cases} \quad (3\text{-}50)$$

式中　x_{ZY}、y_{ZY}——直圆点坐标，可按直线段坐标的计算方法算出（m）；

　　　l_i——圆曲线上 D 点的中桩桩号与直圆点中桩桩号的里程之差（m）；

　　　R——圆曲线的半径（m）。

3.6.3　带有缓和曲线的圆曲线段的坐标计算

根据本单元课题 3 介绍，如图 3-10 所示，带有缓和曲线的圆曲线段的坐标计算如下。

1. 第一段缓和曲线部分

坐标计算公式为：

$$\begin{cases} x_i = x_{ZY} + \left(l_i - \dfrac{l_i^5}{40R^2 l_0^2}\right)\cos\alpha_0 - \left(\dfrac{l_i^3}{6Rl_0}\right)\sin\alpha_0 \\[4mm] y_i = y_{ZY} + \left(l_i - \dfrac{l_i^5}{40R^2 l_0^2}\right)\sin\alpha_0 - \left(\dfrac{l_i^3}{6Rl_0}\right)\cos\alpha_0 \end{cases}$$

式中　l_i——缓和曲线上某一点的桩号与直缓点（ZH）的桩号的里程之差（m）；

　　　R——圆曲线的半径（m）；

　　　l_0——缓和曲线的长度（m）；

　　　α_0——缓和曲线切线的方位角（°′″）。

2. 圆曲线部分

测量坐标系下的坐标公式为：

$$\begin{cases} x_i = x_{ZH} + (R\sin\varphi_i + m)\cos\alpha_0 - [R(1 - \cos\varphi_i) + P]\sin(\alpha_0 + \beta_0) \\[3mm] y_i = y_{ZY} + (R\sin\varphi_i + m)\sin\alpha_0 + [R(1 - \cos\varphi_i) + P]\cos(\alpha_0 + \beta_0) \\[3mm] \varphi_i = \dfrac{180°}{\pi R}(l_i - l_0) + \beta_0 \end{cases}$$

式中 β_0、P、m——前述的缓和曲线常数；

$\qquad\qquad l_i$——细部点到 ZH 或 HZ 的曲线长（m）；

$\qquad\qquad l_0$——缓和曲线全长（m）；

$\qquad\qquad R$——圆曲线半径（m）。

3. 第二段缓和曲线上的中桩坐标计算

首先，根据交点桩 JD 的坐标计算出缓直点 HZ 的坐标；然后，以 HZ 为原点，计算第二段缓和曲线内各点坐标，方法同第一段缓和曲线上的中桩计算方法。但是，坐标轴旋转的转角不再是 α_0，而是 $\alpha_0 \pm \alpha$，其中 α_0 为直缓点 ZH 至交点桩 JD 的方位角，α 为公路的转向角。

【例 3-10】 如图 3-31 所示，已知 K10 + 000 桩的坐标为：x_b = 32410.185，y_b = 29612.102；K10 + 000 桩至交点 JD_5 的距离为 S_0 = 1250.48m，方位角（K10 + 000 至 JD_5），α_0 = 68°02′48″，交点桩 JD_5 的偏转角（转折角）α = 28°18′22″；圆曲线半径 R = 600m，已知导线点 N_1 的坐标为（32482.610，29611.476），N_2 点的坐标为（32182.786，30652.220），观

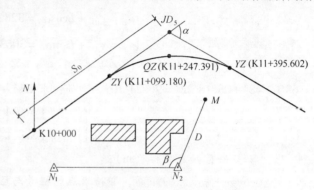

图 3-31 全站仪任意设站测设公路中线

测角 β = 118°12′24″，N_2 至 M 点的距离 D = 128.500m。注：M 点即为全站仪所架设的任意点。问：如何用极坐标法测设公路中线？

解： 1）计算曲线元素。

切线长度：
$$T = R\tan\frac{\alpha}{2} = 600\text{m} \times \tan\frac{28°18′22″}{2} = 151.300\text{m}$$

曲线长度：
$$L = R\alpha\frac{\pi}{180°} = 600\text{m} \times 28°18′22″ \times \frac{\pi}{180°} = 296.421\text{m}$$

外矢距：
$$E = \frac{R}{\cos\alpha/2} - R = R\left(\sec\frac{\alpha}{2} - 1\right) = 600\text{m}\left(\sec\frac{28°18′22″}{2} - 1\right) = 18.783\text{m}$$

2）计算主点桩里程。

交点桩： JD_5 = K10 + 000 + S_0 = K10 + 000 + 1250.48 = K11 + 250.480

直圆点： ZY = JD_5 里程 − T = K11 + 250.480 − 151.300 = K11 + 099.180

曲中点： QZ = ZY 里程 + 0.5L = K11 + 099.180 + 0.5 × 296.421 = K11 + 247.391

圆直点： YZ = QZ 里程 + 0.5L = K11 + 247.391 + 0.5 × 296.421 = K11 + 395.602

直线段的里程及曲线细部点的里程计算略。

3）计算中桩坐标。

① 直线段坐标计算：（K10 + 000 ~ K11 + 099.180）直线段的方位角 α_0 = 68°02′48″，再根据式（3-48）可求得各桩坐标。

例如：求直线上 K10 + 020 桩的坐标，根据式（3-48），可得：

$$\begin{cases} x = x_b + L_0 \cos\alpha_0 = 32410.185\text{m} + 20\text{m} \times \cos 68°02'48'' = 32414.662\text{m} \\ y = y_b + L_0 \sin\alpha_0 = 29612.102\text{m} + 20\text{m} \times \sin 68°02'48'' = 29630.652\text{m} \end{cases}$$

式中 L_0——为待求里程桩坐标的桩号与具有已知点坐标的里程桩桩号之差。

② 圆曲线段主点及细部点的计算（K11 +099.180 ~ K11 +395.602）。计算曲线段的坐标可用式 (3-48)。

例如：求曲段上 K11 +100 桩的坐标。

已知 $\alpha_0 = 68°02'48''$；$l_i = $ K11 +100 – K11 +099.180 = 0.82m。

将 α_0 和 l_i 代入式 (3-48)，得：

$$\begin{cases} x_D = x_{JD_i} + L\cos\alpha_0 = 32821.422\text{m} \\ y_D = x_{JD_i} + L\sin\alpha_0 = 30632.340\text{m} \end{cases}$$

③ 另一直线段的坐标计算（YZ 点至 JD_6 段）。设：另一直线段的方位角为 A，则 $A - \alpha_0 + \alpha = 68°02'48'' + 28°18'22' = 96°21'10''$。例如：求 K11 +400 桩的坐标。由坐标正算公式：

$$\begin{cases} x = x_0 + S\cos A \\ y = y_0 + S\sin A \end{cases}$$

式中 x_0、y_0——已知点坐标（m）；

S——待求点的距离，即待求点的桩号与已知点桩号之差（m）。

得：$S = $ K11 +400 – K11 +395.602 = 4.398m（已知点为圆直点 YZ）。那么：

$$\begin{cases} x = x_0 + S\cos A = 32994.011\text{m} + 4.398\text{m} \times \cos 96°21'10'' = 32993.520\text{m} \\ y = y_0 + S\sin A = 30922.282\text{m} + 4.398\text{m} \times \sin 96°21'10'' = 30926.653\text{m} \end{cases}$$

4）放样元素的计算。导线点 N_1、N_2 由于障碍物而无法进行中线测量，故需选一点 M（M 点既能看到 N_2，又能放样出该段公路的中线）。通过观测水平角 β 和距离 D，计算出 M 点的坐标，计算如下：

N_1 和 N_2 的方位角：$\alpha_{N_1N_2} = \arctan\dfrac{y_{N_2} - y_{N_1}}{x_{N_2} - x_{N_1}} = \arctan\dfrac{30652.220 - 29611.476}{32182.786 - 32482.610} = 94°14'37''$

N_2 和 M 的方位角：$\alpha_{N_2M} = \alpha_{N_1N_2} + \beta - 180° = 94°14'37'' + 118°12'24'' - 180° = 32°27'01''$

则 M 点的坐标为 $\begin{cases} x_M = x_{N_2} + D\cos A = 32182.786 + 128.500\text{m} \times \cos 96°21'10'' = 32291.223\text{m} \\ y_M = y_{N_2} + D\sin A = 30652.220 + 128.500\text{m} \times \sin 96°21'10'' = 30721.170\text{m} \end{cases}$

将全站仪架设在 M 点上，后视导线点 N_2，则后视方位角为：

$$\alpha_{MN_2} = \alpha_{N_2M} + 180° = 32°27'01'' + 180° = 212°27'01''$$

若放样中桩（K11 +099.180）即直圆点的平面位置，则需先计算 ZY 点的坐标。

直线点 K10 +000 至 ZY 点 K11 +099.180 的直线长度为：

$$\text{K11 +099.180} - \text{K10 +000} = 1099.180\text{m}$$

则： $x_{ZY} = x_b + \Delta x_{b,ZY} = (32410.185 + 1099.180 \times \cos 68°02'48'')\text{m} = 3281.115\text{m}$

$y_{ZY} = y_b + \Delta y_{b,ZY} = (29612.102 + 1099.180 \times \sin 68°02'48'')\text{m} = 30631.579\text{m}$

① 前视方位角： $\alpha_前 = \arctan\dfrac{y_{ZY} - y_M}{x_{ZY} - x_M} = \dfrac{-89.591}{529.892} = 350°24'07''$

② 放样角：$\theta = \alpha_{前} - \alpha_{MN_2} = 350°24'07'' - 212°27'01'' = 137°57'06''$

③ 放样距离：$D = \sqrt{(x_{ZY} - x_M)^2 + (y_{ZY} - y_M)^2} = [\sqrt{(529.892)^2 + (-89.591)^2}]m = 537.412m$

在实际工作中，通常是先编好程序，然后用计算机进行计算。计算结束后，应编制放样元素表，以便放样时不发生错误，使放样工作井井有条。制表格式见表3-8。

表3-8　中桩坐标与测设元素放样表

里程桩号	坐标/m		测设元素	
	x	y	θ (°'")	D/m
K10 + 000	32410.185	29612.102	63 40 19	1115.430
K10 + 020	32417.662	29630.652	64 09 48	1097.823
K10 + 040	32425.139	29649.202	64 40 14	1080.300
K10 + 060	32432.616	29667.751	65 11 40	1062.866
K10 + 080	32440.093	29686.300	65 44 09	1045.522
⋮	⋮	⋮	⋮	⋮

【单元小结】

本单元主要介绍了线路曲线测设的基本方法和一些曲线测设的典型案例。其主要包括曲线种类、圆曲线的放样、综合曲线的放样、竖曲线的放样、曲线放样的特殊处理以及全站仪在曲线放样中的应用等。通过本单元的学习，应能掌握线路圆曲线测设、综合曲线测设、竖曲线测设和曲线放样的特殊处理，会利用全站仪进行各种曲线的测设工作。

【复习思考题】

3-1　何谓圆曲线主点？曲线元素如何计算？何谓点的桩号？

3-2　在某线路有一圆曲线，已知交点的桩号为 K6 + 700，转角为 60°00'00''，设计圆曲线半径 $R = 200m$，求曲线测设元素及主点桩号。试求：该圆曲线元素；曲线各主点里程桩号；当采用桩距 10m 的整桩号时，试选用合适的测设方法，计算测设数据，并说明测设步骤。

3-3　常见综合曲线由哪些曲线组成？主点有哪些？

3-4　什么是缓和曲线？在圆曲线与直线之间加入缓和曲线应如何设计缓和曲线特征参数？

3-5　圆曲线主点的测设与缓和曲线主点的测设有何不同？

3-6　某综合曲线为两端附有等长缓和曲线的圆曲线，JD 的转向角 $\alpha_{左} = 41°36'$，圆曲线半径为 $R = 600m$，缓和曲线长 $l_0 = 120m$，整桩间距 $l = 20m$，JD 桩号 K50 + 512.57。试求：综合曲线参数；综合曲线元素；曲线主点里程；列表计算（切线支距法测设）该曲线的测设数据，并说明测设步骤。

3-7　在题 3-6 中，若直缓点 ZH 坐标为 (8354.618, 3211.539)，ZH 到 JD 的坐标方位角为 $\alpha_0 = 64°52'34''$。附近另有两控制点 M、N，坐标为 M (8263.880, 3198.221)、N (8437.712,

3321.998）。试求：在 M 点设站、后视 N 点时该综合曲线的测设数据，并说明测设步骤。

3-8 如图 3-16 所示，为一两端带有不等长缓和曲线的圆曲线，$\alpha_{左} = 81°36'$，缓和曲线 $l_1 = 160\text{m}$，$l_2 = 120\text{m}$，圆曲线半径 $R = 500\text{m}$，JD 桩号为 K15 + 472.23。试求：综合曲线参数；综合曲线元素；曲线主点里程；按间距 $l = 20\text{m}$ 的整桩号，列表计算（直角坐标法测设）该曲线的测设数据，并说明测设步骤。

3-9 设竖曲线半径 $R = 2800\text{m}$，相邻坡段的坡度 $i_1 = -2.1\%$，$i_2 = -1.1\%$，变坡点的里程桩号为 K10 + 780，其高程为 229.67m。试求：竖曲线元素；竖曲线起点和终点的桩号；曲线上每隔 10m 设置一桩时，竖曲线上各桩点的高程。

3-10 何谓复曲线？常见的复曲线有哪些形式？有哪些测设方法？

3-11 何谓回头曲线？有什么特点？测设方法有哪些？

3-12 如图 3-28 所示，两圆曲线组成复曲线，已知：主曲线半径 $R_1 = 500\text{m}$，$\alpha_1 = 76°52'36''$，$\alpha_2 = 68°17'24''$，$AB = 668.119\text{m}$，ZY 点里程为 K11 + 298。试求：复曲线各主点里程；取桩距 20m，计算（切线支距法测设）该复曲线的测设数据，并说明测设步骤。

3-13 全站仪在曲线测设中有哪些应用？有什么特点？

单元 ④

建筑工程测量

单元概述

本单元要求了解建筑工程测量的概念、特点和内容；掌握建筑方格网、建筑基线的布设和测设方法，施工场地的高程控制测量方法，建筑物（或构筑物）的施工放样测量和构件的安装测量。通过本单元的学习，使学生了解主要工程项目中有关测量工作的基本内容和一般过程，掌握工程测量的基本理论和方法，能够独立从事民用建筑施工测量、工业建筑施工测量、高耸建筑施工测量（烟囱、水塔等）、建筑物变形观测、竣工测量等常见工程测量项目。

学习目标

1. 理解工程测量中的基本原理、基本概念和基本知识，具备根据工程项目的特点，布设施工控制网的能力。
2. 初步掌握施工放样基本方法的应用范围，具备灵活应用各种施工放样方法的能力。
3. 掌握工程测量中数据处理的原理和方法，具备正确处理工程测量数据的能力。
4. 初步掌握工程测量中常用仪器的特性和应用，具备从事变形观测和初步工程测量监理的能力。

课题 1　建筑工程施工控制测量

4.1.1　概述

建筑工程一般分为工业建筑和民用建筑工程两类。建筑施工测量是各种建筑工程中均需进行的测量工作。**它包括**：建筑施工平面和高程控制网的建立，作为测设工作的依据；把设计在图样上的建（构）筑物，按其设计的平面位置和高程标定到实地上，以指导施工；对各种建（构）筑物施工期间在平面和高程方面产生的位移、沉降和变形进行观测。

目前，建筑工程中新结构、新工艺和新技术的应用，对施工测量提出了较高的要求，应根据建筑规模、建筑物的性质与使用要求、施工方法与现场环境条件等，以测量规范为依

53

据，确定施工测量的精度和方法。工程施工测量是为工程施工服务的，施工时应注意以下几点：

1）必须遵循测量工作的基本原则。

2）要了解工作对象，熟悉图样，了解设计意图并掌握建筑物各部位的尺寸关系与高程数据。

3）要了解施工过程及每项工程施工测量的精度要求。

4）测量标志是指导施工的依据，施工现场经常交叉作业，因此测量标志要选在能长久保存又方便使用的位置，并经常检查，一旦发现标志被破坏，要及时恢复。

为了确保建筑群的各个建（构）筑物的位置及高程均能符合设计要求，以及便于分期分批的进行施工放样，施工测量必须遵循"从整体到局部，先控制后细部，由高级到低级，边测量边校核"的原则。首先在施工场地上，以勘测设计阶段建立的测图控制网为基础，建立统一的施工控制网，然后根据施工控制网来测设建（构）筑物的轴线，再根据其轴线测设其细部。施工控制网不单是施工放样的依据，同时也是变形观测、竣工测量及以后进行建筑物扩建或改建的依据。

场地控制网是整个场地内各栋建筑物、构筑物定位和确定高程的依据；是保证整个施工测量精度与分区、分期施工相互衔接顺利进行工作的基础。场地控制网的选择、测定及桩位的保护等工作，应与施工方案、场地布置统一考虑确定。由于在勘探设计阶段所建立的控制网，是为测图而建立的，有时并未考虑施工的需要，所以控制点的分布、密度和精度，都难以满足施工测量的要求；另外，在平整场地时，大多控制点被破坏。因此施工之前，在建筑场地应重新建立专门的施工控制网。

4.1.2 建筑区控制测量

1. 施工控制网的分类

施工控制网分为平面控制网和高程控制网两种。

（1）施工平面控制网 施工平面控制网可以布设成三角网、导线网、建筑方格网和建筑基线四种形式。

1）三角网。对于地势起伏较大，通视条件较好的施工场地，可采用三角网。

2）导线网。对于地势平坦，通视又比较困难的施工场地，可采用导线网。

3）建筑方格网。对于建筑物多为矩形且布置比较规则和密集的施工场地，可采用建筑方格网。

4）建筑基线。对于地势平坦且又简单的小型施工场地，可采用建筑基线。

（2）施工高程控制网 施工高程控制网采用水准网。

2. 建筑物施工平面控制网布设的原则

1）控制点应选在通视良好、土质坚实、利于长期保存、便于施工放样的地方。

2）控制网加密的指示桩，宜选在建筑物行列线或主要设备中心线方向上。

3）主要的控制网点和主要设备中心线端点应埋设固定标桩。

4）控制网应均布全区，网中要包括作为场地定位依据的起始点与起始边、建筑物主点与主轴线。

5）为便于校核（平面定位及高程竖控制），控制网应尽量组成与建筑物外廓平行的闭合图形。

6）控制线的间距以30～50m为宜，控制桩之间应通视、易量，其顶面应略低于场地设计高程，桩底低于冰冻层，以便长期保留。

3. 建筑施工控制网的布设要求

依据控制网的特点，它的布设应作为整个工程施工设计的一部分。布网时，必须考虑到施工程序、方法以及施工场地的布置情况。为了防止控制点的标桩被破坏，所布设的点位应画在施工设计的总平面图上。

在建筑总平面图上，建筑物的平面位置一般用施工坐标系来表示。所谓**施工坐标系**，就是以建筑物的主要轴线作为坐标轴而建立起来的局部坐标系。如工业建设场地通常采用主要车间或主要生产设备的轴线作为坐标轴来建立施工坐标系。故在布设施工控制网时，应尽可能将这些轴线包括在控制网内，使它们成为控制网的一条边。

当施工控制网与测图控制网的坐标系不一致时（因为建筑总平面图是在地形图上设计的，所以施工场地上的已有高等级控制点的坐标是测图坐标系下的坐标），应进行施工坐标系与测量坐标系间的数据换算，以使坐标统一。

施工坐标系也称建筑坐标系，其坐标轴与主要建筑物主轴线平行或垂直，以便用直角坐标法进行建筑物的放样。

施工控制测量的建筑基线和建筑方格网一般采用施工坐标系，而施工坐标系与测量坐标系往往不一致，因此，施工测量前常常需要进行施工坐标系与测量坐标系的坐标换算。换算方法见单元2，这里就不再叙述。

4. 建筑基线

建筑基线是建筑场地的施工控制基准线，即在建筑场地布置一条或几条轴线。它适用于建筑设计总平面图布置比较简单的小型建筑场地。

（1）建筑基线的布设形式　建筑基线的布设形式，应根据建筑物的分布、施工场地地形等因素来确定。常用的布设形式有"一"字形、"L"形、"T"字形和"十"形，如图4-1所示。

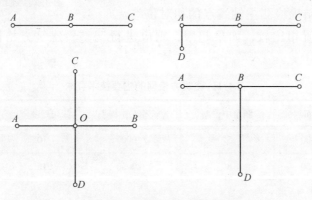

图4-1　建筑基线的布设形式

（2）建筑基线的布设要求

1）建筑基线应尽可能靠近拟建的主要建筑物，并与其主要轴线平行，以便使用比较简单的直角坐标法进行建筑物的定位。

2）建筑基线上的基线点应不少于三个，以便相互检核。

3）建筑基线应尽可能与施工场地的建筑红线相联系。

4）基线点位应选在通视良好和不易被破坏的地方，为能长期保存，要埋设永久性的混凝土桩。

（3）建筑基线的测设方法　根据施工场地的条件不同，建筑基线的测设方法有以下两种：

1）根据建筑红线测设建筑基线。在城市建筑区，一般由城市规划部门在现场直接标定的建筑用地的边界线称为**建筑红线**。在城市建设区，建筑红线可用作建筑基线测设的依据。

2）根据附近已有控制点测设建筑基线。在新建筑区，可以利用建筑基线的设计坐标和附近已有控制点的坐标，用极坐标法测设建筑基线。

5. 建筑方格网

由正方形或矩形组成的施工平面控制网，称为**建筑方格网**，或称矩形网，如图4-2所示。建筑方格网适用于按矩形布置的建筑群或大型建筑场地。

（1）建筑方格网的布设　布设建筑方格网时，应根据总平面图上各建（构）筑物、道路及各种管线的布置，结合现场的地形条件来确定。如图 4-2 所示，先确定方格网的主轴线 *AOB* 和 *COD*，然后再布设方格网。

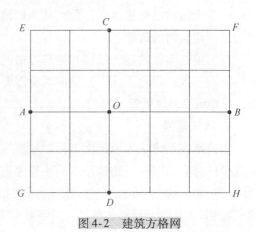

图4-2　建筑方格网

（2）建筑方格网的测设　测设方法如下：

1）主轴线测设。主轴线测设与建筑基线测设方法相似。首先，准备测设数据。然后，测设两条互相垂直的主轴线 *AOB* 和 *COD*，如图4-2所示。主轴线实质上是由 5 个主点 *A*、*B*、*O*、*C* 和 *D* 组成。最后，精确检测主轴线点的相对位置关系，并与设计值相比较，如果超限，则应进行调整。建筑方格网的主要技术要求见表4-1。

表4-1　建筑方格网的主要技术要求

等级	边长/m	测角中误差	边长相对中误差	测角检测限差	边长检测限差
I 级	100 ~ 300	5″	1/30000	10″	1/15000
II 级	100 ~ 300	8″	1/20000	16″	1/10000

2）方格网点测设。如图4-2所示，主轴线测设后，分别在主点 *A*、*B* 和 *C*、*D* 安置经纬仪，后视主点 *O*，向左右测设90°水平角，即可交会出田字形方格网点。随后再做检核，测

量相邻两点间的距离，看是否与设计值相等，测量其角度是否为 90°，误差均应在允许范围内，并埋设永久性标志。

建筑方格网轴线与建筑物轴线平行或垂直，因此，可用直角坐标法进行建筑物的定位，计算简单，测设比较方便，而且精度较高。其缺点是必须按照总平面图布置，其点位易被破坏，而且测设工作量也较大。

由于建筑方格网的测设工作量大，测设精度要求高，因此可委托专业测量单位进行。

4.1.3　施工场地的高程控制测量

1. 施工场地高程控制网的建立

建筑物高程控制，应符合下列规定：

1）建筑物高程控制，应采用水准测量。附合路线闭合差，不应低于四等水准的要求。

2）在整个场地内各主要幢号附近设置 2~3 个高程控制点，或 ±0.000 水平线；高程控制点可设置在平面控制网的标桩或外围的固定地物上，也可单独埋设。高程控制点的个数，不应少于 2 个。

3）相邻点间距 100m 左右。

4）当场地高程控制点距离施工建筑物小于 200m 时，可直接利用。

5）建筑施工场地的高程控制测量一般采用水准测量方法，应根据施工场地附近的国家或城市已知水准点，测定施工场地水准点的高程，以便纳入统一的高程系统。

6）在施工场地上，水准点的密度，应尽可能满足安置一次仪器即可测设出所需的高程。而测图时敷设的水准点往往是不够的，因此，还需增设一些水准点。在一般情况下，建筑基线点、建筑方格网点以及导线点也可兼作高程控制点。只要在平面控制点桩面上中心点旁边，设置一个凸出的半球状标志即可。

7）为了便于检核和提高测量精度，施工场地高程控制网应布设成闭合或附合路线。高程控制网可分为首级网和加密网，相应的水准点称为基本水准点和施工水准点。

2. 基本水准点

基本水准点应布设在土质坚实、不受施工影响、无振动和便于实测的地点，并埋设永久性标志。一般情况下，按四等水准测量的方法测定其高程，而对于为连续性生产车间或地下管道测设所建立的基本水准点，则需按三等水准测量的方法测定其高程。

3. 施工水准点

施工水准点是用来直接测设建筑物高程的。为了测设方便和减少误差，施工水准点应靠近建筑物。

此外，由于设计建筑物常以底层室内地坪高 ±0.000 标高为高程起算面，为了施工引测方便，常在建筑物内部或附近测设 ±0.000 水准点。±0.000 水准点的位置，一般选在稳定的建筑物墙、柱的侧面，用红漆绘成顶为水平线的"▼"形，其顶端表示 ±0.000 位置。

课题 2 场地平整测量

4.2.1 平整场地的概念

工程建设初期要对建设场地按竖向规划进行平整，然后开挖基础进入正式施工阶段，工程接近尾声时，还要对场地平整绿化。将施工场地的自然地表按要求整理成一定高程的水平地面或一定坡度的倾斜面，这种工作称为**平整场地**。

场地平整绿化测量的主要内容包括：实测场地地形，按土方平衡原则进行竖向设计，最后进行现场放样作为施工依据。在平整场地时，为使填、挖土石方量基本平衡，常要利用地形图确定填、挖边界和进行填、挖土石方量的估算。场地平整测量的方法有方格网法、等高线法、断面法。场地平整土石方估算最常用的方法是方格网。

4.2.2 方格网法

方格网法适用于高低起伏较小，地面坡度变化均匀的场地。

1. 测设方格网，在方格网各交点设桩，测定其高程

1）在场地的地形图上布设普通方格网，其大小为 20m × 20m 或 40m × 40m，边长 10 ~ 40m，一般为 20m。

2）根据已有等高线，计算各方格顶点的高程，称为"**地面高程**"。根据地形图上的等高线，用内插法求出各方格顶点的地面高程，并注于方格点的右上角。

3）方格网的编号。在方格网的四个角分别填写相应内容，左上角是角点编号（可按行列编号排列），右上角是施工高度，左下角是地面标高，右下角是设计标高。

2. 根据土方平衡（或设计）的方格网各交点高程，确定该方格网点的设计高程

（1）场地地面平均高程计算   公式如下：

$$H_{\Psi} = \sum P_i H_i / \sum P_i \tag{4-1}$$

式中 H_i——方格点的地面高程（m）；

P_i——方格点的权。

各方格点权的确定方法为：角点为 1，边点为 2，拐点为 3，中心点为 4。

（2）确定设计高程

1）若将场地平整为一个水平面，要求填挖土方量平衡，则场地地面平均高程 H_{Ψ} 就是各点的设计高程。

2）场地若需平整成有一定坡度的斜平面，首先要确定场地的平面重心点的位置和设计高程。

3. 计算填挖高度，绘制土方开挖、回填高差控制表，以此为依据进行土方施工

1）计算各点的填挖高度。填挖高度 = 设计高程 - 地面高程。

2）确定填挖分界线位置。

3）土方量计算。

课题 3 民用建筑施工测量

4.3.1 民用建筑定位放线

民用建筑一般是指居民住宅、学校用房、办公楼、医院、宾馆等建筑物，有单层、低层、多层和高层建筑之分。因建筑物的性质、功能不同，其测量方法和精度要求也就不同，但建筑物定位放线程序基本相同，一般为建筑物定位、放线、基础工程施工测量、墙体工程施工测量等。

当在施工场地上布设好施工控制网后，即可按照施工组织设计所确定的施工工序进行施工放样工作，将建筑物的位置、基础、墙、柱、门、窗、楼板、顶盖等基本结构的位置依次测设出来，并设置标志，作为施工的依据。施工放样的主要过程如下：

1）准备资料，如总平面图、基础平面图、轴线平面图及建筑物的设计与说明等。

2）对图样及资料进行识读，结合施工场地情况及施工组织设计方案制订施工测设方案，掌握各项测设工作的限差要求，满足工程测量的相关技术规范，见表4-2。

表 4-2 建筑物施工放样的允许偏差

项 目	内 容		允许偏差/mm
基础桩位放样	单排桩或群桩中的边桩		±10
	群桩		±20
各施工层放样	外廓主轴线长度 L/m	$L \leq 30$	±5
		$30 < L \leq 60$	±10
		$60 < L \leq 90$	±15
		$90 < L$	±20
	细部轴线		±2
	承重墙、梁、柱边线		±3
	非承重墙边线		±3
	门窗洞口线		±3

3）按照测设方案进行实地放样、检测及调整等。设计资料和各种图样是施工测设工作的依据，在放样前必须熟悉。通过查看建筑总平面图可以了解拟建的建筑物与测量控制点及相邻地物的关系，从而制订出合理的建筑物平面位置的测设方案和相应的测设数据。

1. 测设前的准备工作

（1）熟悉与测设有关的图样 设计图样是施工测量的主要依据，在测设前，应熟悉建筑物的设计图样，了解施工建筑物与相邻地物的相互关系，以及建筑物的尺寸和施工的要求等，并仔细核对各设计图样的有关尺寸。与施工放样有关的图样主要有：建筑总平面图、建筑平面图、基础平面图、基础详图、建筑物的立面图和剖面图等。

1）建筑总平面图。如图 4-3 所示，从总平面图上，可以查取或计算设计建筑物与原有建筑物或测量控制点之间的平面尺寸和高差，作为测设建筑物总体位置的依据。

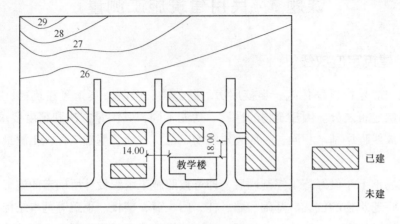

图 4-3　总平面图

2）建筑平面图。从建筑平面图中，可以查取建筑物的总尺寸，以及内部各定位轴线之间的关系尺寸，这是施工测设的基本资料。

3）基础平面图。从基础平面图上，可以查取基础边线与定位轴线的平面尺寸，这是测设基础轴线的必要数据。

4）基础详图。从基础详图中，可以查取基础立面尺寸和设计标高，这是基础高程测设的依据。

5）建筑物的立面图和剖面图。从建筑物的立面图和剖面图中，可以查取基础、地坪、门窗、楼板、屋架和屋面等设计高程，这是高程测设的主要依据。

（2）现场实地踏勘　现场实地踏勘主要是为了查清现场上地物、地貌和测量控制点的分布情况，以及与施工测设相关的一些问题。踏勘后，应对场地上的控制点进行校核，以确定控制点的现场位置。

（3）施工场地整理　平整和清理施工场地，以便进行测设工作。

（4）制订测设方案　资料查清楚后，即可依据施工进度计划，结合现场地形和施工控制网布置情况，编制详细的施工测设方案，在方案中应依据建筑限差的要求，确定出建筑测设的精度标准。

（5）计算测设数据并绘制测设草图　编制出测设方案后，即可计算出各测设数据，并绘制测设草图且将计算数据标注在图中。

（6）仪器和工具　对测设所使用的仪器和工具进行检核。

2. 建筑物的定位、放线

（1）建筑物的定位　建筑物四周外廓主要轴线的交点决定了建筑物在地面上的位置，称为**定位点或角点**，建筑物的定位就是根据设计条件，将这些轴线交点（简称**角桩**，即图 4-4 中的 M、N、P 和 Q）测设到地面上，作为细部轴线放线和基础放线的依据。由于测设条件和现场条件不同，建筑物的定位方法也有所不同，常见的建筑物定位方法有：

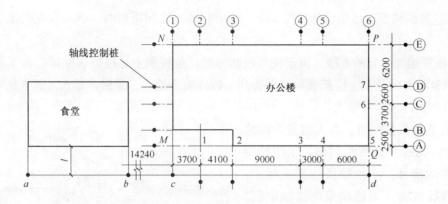

图 4-4　建筑物的定位和放线

1）根据建筑基线或方格网进行建筑物定位。如果待定位建筑物的定位点设计坐标是已知的，且建筑场地已设有建筑方格网或建筑基线，可利用直角坐标法测设定位点，当然也可用极坐标法等其他方法进行测设。但直角坐标法所需要的测设数据的计算较为方便，在使用全站仪或经纬仪、钢尺实地测设时，建筑物总尺寸和较大角的精度容易控制和检核。可使用角度交会法或距离交会法来测设定位点。

2）根据控制点定位。如果待定位建筑物的定位点设计坐标是已知的，且附近有高级控制点可供利用，可根据实际情况选用极坐标法、角度交会法或距离交会法来测设定位点。在这三种方法中，极坐标法通用性最强，也是用得最多的一种定位方法。

3）根据已有建筑物和道路的关系定位。如果设计图上只给出建筑物与附近原有建筑物或道路的相对关系，而没有提供建筑物定位点的坐标，周围又没有测量控制点、建筑方格网和建筑基线可供利用，可根据原有建筑物的边线或道路中心线，将新建筑物的定位点测设出来。如图 4-4 所示。

① 用钢尺沿食堂的东、西墙，延长出一小段距离 l 得 a、b 两点，做出标志。

② 在 a 点安置经纬仪，瞄准 b 点，并从 b 沿 ab 方向量取 14.240m（因为办公楼的外墙厚 370mm，轴线偏里，离外墙皮 240mm），定出 c 点，做出标志，再继续沿 ab 方向从 c 点起量取 25.800m，定出 d 点，做出标志，cd 线就是测设办公楼平面位置的建筑基线。

③ 分别在 c、d 两点安置经纬仪，瞄准 a 点，顺时针方向测设 90°，沿此视线方向量取距离 l + 0.240m，定出 M、Q 两点，做出标志，再继续量取 15.000m，定出 N、P 两点，做出标志。M、N、P、Q 四点即为办公楼外廓定位轴线的交点。

④ 检查 NP 的距离是否等于 25.800m，$\angle N$ 和 $\angle P$ 是否等于 90°，其误差应在允许范围内。

（2）建筑物的放线　**建筑物的放线**是指根据已定位的外墙轴线交点桩（角桩），详细测设出建筑物其他各轴线的交点桩（或称中心桩），并将其延长到安全的地方做好标志。然后以细部轴线为依据，按基础宽度和放坡要求用白灰撒出基槽开挖边界线。放线方法如下：

1）在外墙轴线周边上测设中心桩位置。如图 4-4 所示，在 M 点安置经纬仪，瞄准 Q 点，用钢尺沿 MQ 方向量出相邻两轴线间的距离，定出 1，2，3 各点，同理可定出 5，

6，7各点。量距精度应达到设计精度要求。量出各轴线之间距离时，钢尺零点要始终对在同一点上。

2）恢复轴线位置的方法。由于在开挖基槽时，角桩和中心桩要被挖掉，为了便于在施工中，恢复各轴线位置，应把各轴线延长到基槽外安全地点，并做好标志。其方法有设置轴线控制桩和龙门板两种形式。

① 设置轴线控制桩。在大型复杂的建筑施工中，常设置轴线控制桩。轴线控制桩设置在基槽外，基础轴线的延长线上，作为开槽后各施工阶段恢复轴线的依据，如图4-4所示。轴线控制桩一般设置在基槽外2～4m处，打下木桩，桩顶钉上小钉，准确标出轴线位置，并用混凝土包裹木桩，如图4-5所示。如附近有建筑物或构筑物，这时也可把轴线投测到建筑物或构筑物上，用红漆做出标志，以代替轴线

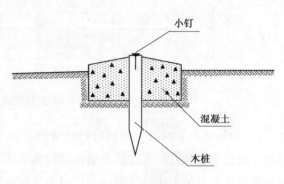

图4-5 轴线控制桩

控制桩，使轴线更容易得到保护，但每条轴线至少应有一个控制桩是设在地面上的，以便今后能安置经纬仪来恢复轴线。

② 设置龙门板。在小型民用建筑施工中，常将各轴线引测到基槽外的水平木板上。水平木板称为龙门板，固定龙门板的木桩称为龙门桩，如图4-6所示。设置龙门板的步骤如下：

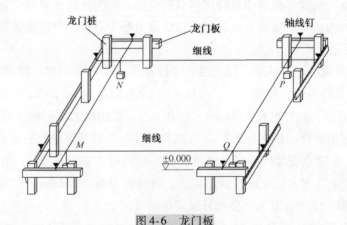

图4-6 龙门板

a）在建筑物四角与隔墙两端，基槽开挖边界线2m以外，设置龙门桩。龙门桩要钉得竖直、牢固，龙门桩的外侧面应与基槽平行。

b）根据施工场地的水准点，用水准仪在每个龙门桩外侧，测设出该建筑物室内地坪设计高程线（即±0.000标高线），并做出标志。

c）沿龙门桩上±0.000标高线钉设龙门板，这样龙门板顶面的高程就同在±0.000的水平面上。然后，用水准仪校核龙门板的高程，如有差错应及时纠正，其允许误差为±5mm。

d）在 N 点安置经纬仪，瞄准 P 点，沿视线方向在龙门板上定出一点，用小钉做标志，纵转望远镜在 N 点的龙门板上也钉一个小钉。用同样的方法，将各轴线引测到龙门板上，所钉小钉称为轴线钉。轴线钉定位误差应小于 ±5mm。

e）最后，用钢尺沿龙门板的顶面，检查轴线钉的间距，其相对误差不超过 1/3000。检查合格后，以轴线钉为准，将墙边线、基础边线、基础开挖边线等标定在龙门板上。

恢复轴线时，将经纬仪安置在一个轴线钉上方，照准相应的另一个轴线钉，其视线即为轴线方向，往下转动望远镜，便可将轴线投测到基槽或基坑内。也可用细线绳将相对的两个轴线钉连接起来，借助于锤球，将轴线投测到基槽或基坑内。

4.3.2　基础工程施工测量

1. 基槽开挖边线放线

在基础开挖之前，应按照基础详图上的基槽宽度再加上口放坡的尺寸，由中心桩向两边各量出相应尺寸，并做出标记；然后在基槽两端的标记之间拉一细线，沿着细线在地面用白灰撒出基槽边线，施工时就按此灰线进行开挖。

2. 测设水平桩，控制基槽开挖深度

（1）设置水平桩　为了控制基槽的开挖深度，当快挖到槽底设计标高时，应用水准仪根据地面上 ±0.000m 点，在槽壁上测设一些水平小木桩（称为水平桩），如图 4-7 所示，使木桩的上表面离槽底的设计标高为一固定值（如 0.500m）。为了施工时使用方便，一般在槽壁各拐角处、深度变化处和基槽壁上每隔 3～4m 测设一水平桩。水平桩上的高程误差应在 ±10mm 以内。小型建筑物也可用连通水管法进行测设。水平桩可作为挖槽深度、修平槽底和打基础垫层的依据。

（2）水平桩的测设方法　如图 4-7 所示，槽底设计标高为 −1.800m，欲测设比槽底设计标高高 0.500m 的水平桩，测设方法如下：

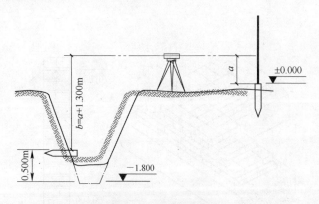

图 4-7　设置水平桩

1）在地面适当地方安置水准仪，在 ±0.000m 标高线位置上立水准尺，读取后视读数为 1.518m。

2）计算测设水平桩的应读前视读数 $b_{应}$。$b_{应} = a - h = 1.518\text{m} - (-1.800\text{m} + 0.500\text{m}) = 2.818\text{m}$

3）在槽内一侧立水准尺，并上下移动，直至水准仪视线读数为 2.818m 时，沿水准尺尺底在槽壁打入一小木桩。

3. 垫层标高控制

垫层面标高的测设可以水平桩为依据在槽壁上弹线，也可在槽底打入垂直桩，使桩顶标高等于垫层面的标高。如果垫层需要安装模板，可以直接在模板上弹出垫层面的标高线。

如果是机械开挖，一般是一次挖到设计槽底或坑底的标高，因此要在施工现场安置水准仪，边挖边测，随时指挥挖土机调整挖土深度，使槽底或坑底的标高略高于设计标高（一般为 10cm，留给人工清土）。挖完后，为了给人工清底和打垫层提供标高依据，还应在槽壁或坑壁上打水平桩，水平桩的标高一般为垫层面的标高。当基坑底面积较大时，为便于控制整个底面的标高，应在坑底均匀地打一些垂直桩，使桩顶标高等于垫层面的标高。

4. 垫层中线的投测

基础垫层打好后，根据轴线控制桩或龙门板上的轴线钉，用经纬仪或用拉绳挂锤球的方法，把轴线投测到垫层上，如图 4-8 所示，并用墨线弹出墙中心线和基础边线，作为砌筑基础或安装模板的依据。

由于整个墙身砌筑均以此线为准，这是确定建筑物位置的关键环节，所以要严格校核后方可进行砌筑施工。

5. 基础墙标高的控制

房屋基础墙是指 ±0.000m 以下的砖墙，它的高度是由基础皮数杆来控制的。

1）基础皮数杆是一根木制的杆子，如图 4-9 所示，在杆上事先按照设计尺寸，分皮从上往下将砖、灰缝厚度画出线条，并标明 ±0.000m、防潮层和预留洞口的标高位置。

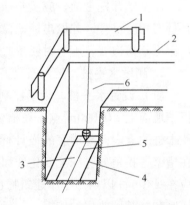

图 4-8 垫层中线的投测

1—龙门板 2—细线 3—垫层
4—基础边线 5—墙中线 6—锤球

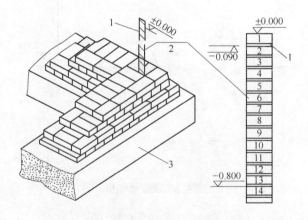

图 4-9 基础墙标高的控制

1—防潮层 2—皮数杆 3—垫层

2）立皮数杆时，先在立杆处打一木桩，用水准仪在木桩侧面定出一条高于垫层某一数值（如200mm）的水平线，然后将皮数杆上标高相同的一条线与木桩上的水平线对齐，并用大铁钉把皮数杆与木桩钉在一起，作为基础墙的标高依据。

对于采用钢筋混凝土的基础，可用水准仪将设计标高测设于模板上。

6. 基础面标高的检查

基础施工结束后，应检查基础面的标高是否符合设计要求（也可检查防潮层）。可用水准仪测出基础面上若干点的高程和设计高程比较，允许误差为 ±10mm。

4.3.3 主体施工测量

建筑物主体施工测量，主要包括墙体轴线投测及高程传递。

1. 首层楼房墙体施工测量

（1）墙体轴线测设 基础工程结束后，应对龙门板或轴线控制桩进行检查复核，以防基础施工期间发生碰动移位。复核无误后，进行墙体轴线测设。

1）根据轴线控制桩或龙门板上的轴线和墙边线标志，用经纬仪或拉细绳挂锤球的方法将轴线投测到基础面上或防潮层上，并弹出墨线。

2）用钢尺检查墙体轴线的间距和总长是否和设计图样上的尺寸相符，用经纬仪检查外墙轴线几个主要交角是否和设计图样上的尺寸相符（图4-10以交角等于90°为例）。

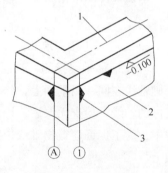

图 4-10 墙体定位
1—墙中心线 2—外墙基础 3—轴线

3）符合要求后，把墙轴线延长到基础外墙侧面上并弹线和做出标志，如图4-10所示，作为向上投测轴线的依据。同时应把门、窗和其他洞口的边线，在基础外墙侧面上做出标志。

4）墙体砌筑前，根据墙体轴线和墙体厚度，弹出墙体边线，作为墙体砌筑的依据。砌筑到一定高度后，用吊锤将基础外墙侧面上的轴线测设到地面以上的墙体上。如果轴线是钢筋混凝土柱，则在拆柱模后将轴线引测到桩身上。

（2）墙体各部位标高测设 在墙体砌筑时，墙身各部位标高通常也是由皮数杆控制。

1）在墙身皮数杆上，根据设计尺寸，按砖、灰缝的厚度画出线条，并标明 ±0.000m、门、窗、过梁、楼板等的标高位置，如图4-11所示，标注时从 ±0.000m 起由下向上标注。

2）墙身皮数杆一般立在建筑物的拐角和内墙处，固定在木桩或基础墙上，如墙面过长时，每隔 10～15m 设置一根皮数杆。为了便于施工，采用里脚手架时，皮数杆立在墙的外边；采用外脚手架时，皮数杆应立在墙的里边。立皮数杆时，先用水准仪在立杆处的木桩或基础墙上测出 ±0.000m 标高线，测量误差在 ±3mm 以内，然后把皮数杆上的 ±0.000m 线与该线对齐，用吊锤校正并用钉钉牢，必要时可在皮数杆上加两根斜撑，以保证皮数杆的稳定。

3）墙体砌筑到一定高度后（1.5m 左右），应在内、外墙面上测设出 +0.500m 标高的水平墨线，称为"**+50线**"。外墙的 +50 线作为向上传递各楼层标高的依据，内墙的 +50

线作为室内地面施工及室内装修的标高依据。

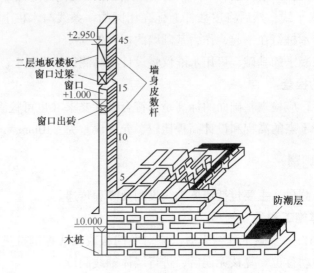

图 4-11 墙身皮数杆的设置

框架结构的民用建筑，墙体砌筑是在框架施工后进行的，故可在柱面上画线，代替皮数杆。

2. 二层以上楼房墙体施工测量

（1）墙体轴线投测 每层楼面建好后，为保证继续往上砌筑墙体时，墙体轴线均应与基础轴线在同一铅垂面上，将基础或首层墙面上的轴线投测到楼面上，并在楼面上重新弹出墙体的轴线，检查无误后，以此为依据弹出墙体边线，再往上砌筑。在多层建筑墙身砌筑过程中，为了保证建筑物轴线位置正确，可用吊锤球或经纬仪将轴线投测到各层楼板边缘或柱顶上。

1）吊锤球法。将较重的锤球悬吊在楼板或柱顶边缘，当锤球尖对准基础墙面上的轴线标志时，线在楼板或柱顶边缘的位置即为楼层轴线端点位置，并画出标志线。各轴线的端点投测完后，用钢尺检核各轴线的间距，其相对误差不得大于1/3000，符合要求后，再以这些主轴线为依据，用钢尺内分法测设其他细部轴线。在困难的情况下至少要测设两条垂直相交的主轴线，检查交角合格后，用经纬仪和钢尺测设其他主轴线，再根据主轴线测设细部轴线。然后继续施工，并把轴线逐层自下向上传递。

吊锤球法简便易行，不受施工场地限制，一般能保证施工质量。但当有风或建筑物较高时，投测误差较大，应采用经纬仪投测法。

2）经纬仪投测法。在轴线控制桩上安置经纬仪，严格整平后，瞄准基础墙面上的轴线标志，用盘左、盘右分中投点法，将轴线投测到楼层边缘或柱顶上。将所有端点投测到楼板上之后，用钢尺检核其间距，相对误差不得大于1/2000。检查合格后，才能在楼板分间弹线，继续施工。

（2）墙体高程传递 多层建筑施工中，要由下往上将标高传递到新的施工楼层，以便控制新楼层的墙体施工，使其标高符合设计要求。墙体高程传递一般有以下两种方法：

1）利用皮数杆传递高程。一层楼墙体砌完并建好楼面后，把皮数杆移到二层继续使用。为了使皮数杆立在同一水平面上，用水准仪测定楼面四角的标高，取平均值作为二楼的地面标高，并在立杆处绘出标高线。立杆时将皮数杆的 ±0.000m 线与该线对齐，然后以皮数杆为标高的依据进行墙体砌筑。如此用同样方法逐层往上传递高程。

2）利用钢尺传递高程。

① 利用钢尺直接丈量。对于高程传递精度要求较高的建筑物，通常用钢尺从底层的 +50 线起往上直接丈量来传递高程，然后根据传递上来的高程测设每一层的地面标高线，以此为依据立皮数杆。在每层墙体砌筑到一定高度后，用水准仪测设该层的 +50 线，再往上一层的标高可以此为准用钢尺传递，依此类推，逐层传递高程。

② 吊钢尺法。用悬挂钢尺代替水准尺，用水准仪读数，从下向上传递高程。

4.3.4　高层建筑施工测量

1. 高层建筑施工测量的特点

1）由于高层建筑的层数多、高度高，通常有地下室，结构竖向偏差直接影响工程受力情况，而且施工方法多采用滑模施工或装配式施工，故施工测量中要求竖向投点精度高，所选用的仪器和测量方法要适应结构类型、施工方法和场地情况。

2）由于结构复杂，设备及装修标准高，特别是高速电梯的安装要求最高，对施工测量精度要求也高，因此在施工过程中对建筑各部位的水平位置、垂直度及轴线位置尺寸、标高等的测设精度要求均十分严格，使其偏差值不超过表 4-3 规定的限值。

表 4-3　建筑物轴线投测的允许偏差

项　　目	内　　容		允许偏差/mm
轴线竖向投测	每层		3
	总高 H/m	$H \leqslant 30$	5
		$30 < H \leqslant 60$	10
		$60 < H \leqslant 90$	15
		$90 < H \leqslant 120$	20
		$120 < H \leqslant 150$	25
		$150 < H$	30

3）由于建筑平面、立面造型既新颖又复杂多变，故要求开工前先制订施测方案，做好仪器配备和测量人员的分工等工作，并经工程指挥部组织有关专家论证后方可实施。

2. 高程建筑施工控制网的布设（定位）

（1）测设施工方格网　高程建筑施工必须建立施工控制网，其平面控制一般布设建筑方格网，建筑方格网较为实用、方便，精度可以保证，自检也方便。建筑方格网的实施流程是，根据设计给定的定位依据和定位条件，进行高层建筑的定位放线。这是确定建筑物平面位置和进行基础施工的关键环节，施测时必须保证精度，因此一般采用测设专用的施工方格网的形式来定位。

施工方格网是测设在基坑开挖范围以外一定距离，平行于建筑物主要轴线方向的矩形控制网，如图 4-12 所示，M、N、P、Q 为拟建高层建筑的四个大角轴线交点，A、B、C、D 是施工方格网的四个角点。施工方格网一般在总平面布置图上进行设计，先根据现场情况确定其各条边线与建筑轴线的间距，再确定四个角点的坐标；然后在现场根据城市测量控制网或建筑场地上测量控制网，用极坐标法或直角坐标法，在现场测设出来并打桩；最后还应在现场检测方格网的四个内角和四条边长，并按设计角度和尺寸进行相应的调整。

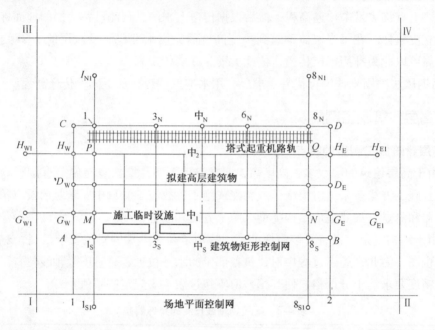

图 4-12 高层建筑定位测量

（2）测设主轴线控制桩 在施工方格网的四边上，根据建筑物主要轴线与方格网的间距，测设主要轴线的控制桩。测设时要以施工方格网两边的两端点为准，用经纬仪定线，用钢尺拉通尺量距来打桩定点。测设好这些轴线控制桩后，施工时便可方便准确地在现场确定建筑物的四个主要角点。

除了四廊的轴线外，建筑物的中轴线等重要轴线也应在施工方格网边线上测设出来，与四廊的轴线一起，称为**施工控制网中的控制线**，一般要求控制线的间距为 30 ~ 50m。控制线的增多，可为以后测设细部轴线带来方便，也便于校核轴线偏差。如果高层建筑是分期分区施工，为满足某局部区域定位测量的需要，应把对该局部区域有控制意义的轴线在施工方格网边线测设出来。施工方格网控制线的测距精度不低于 1/10000，测角精度不低于 ±10″。

如果高层建筑准备采用经纬仪法进行轴线投测，还应把应投测轴线的控制桩往更远处安全稳固的地方引测，这些桩与建筑物的距离应大于建筑物的高度，以免用经纬仪投测时仰角太大。

3. 高层建筑基础施工测量

（1）测设基坑开挖边线 高层建筑一般都有地下室，因此要进行基坑开挖。开挖前，应先根据建筑物的轴线控制桩确定角桩，以及建筑物的外围边线，再考虑边坡的坡度和基础施工所需工作面的宽度，测设出基坑的开挖边线并撒出灰线。

（2）基坑开挖时的测量工作 高层建筑的基坑一般都很深，需要放坡并进行边坡支护加固，开挖过程中，除了用水准仪控制开挖深度外，还应经常用经纬仪或拉线检查边坡的位置，防止出现坑底边线内收，致使基础位置不够的情况。

（3）基础放线及标高控制

1）基础放线。基坑开挖完成后，有三种情况：

① 直接做垫层，然后做箱形基础或筏板基础，这时要求在垫层上测设基础的各条边界线、梁轴线、墙宽线和桩位线等。

② 在基坑底部打桩或挖孔，做桩基础，这时要求在坑底测设各条轴线和桩孔的定位轴线，桩做完后，还要测设桩承台和承重梁的中心线。

③ 先做桩，然后在桩上做箱基或筏基，组成复合基础，这时的测量工作是前两种情况的结合。

2）基础标高测设。基坑完成后，应及时用水准仪根据地面上的 ±0.000m 水平线，将高程引测到坑底，并在基坑护坡的钢板或混凝土桩上做好标高为负的整米数的标高线。由于基坑较深，引测时可多转几站观测，也可用钢尺代替水准尺进行观测。在施工过程中，如果是桩基，则要控制好各桩的顶面高程；如果是箱基或筏基，则直接将高程标志测设到竖向钢筋和模板上，作为安装模板、绑扎钢筋和浇筑混凝土的标高依据。

4. 高程建筑物的轴线投测

在高层（超高层）建筑物主体施工测量中的主要问题是控制垂直度，即是将基准轴线准确地向高层引测，并要求各层相应轴线位于同一竖直平面内。因此控制垂直度是高层建筑施工测量中一件很重要的工作。高层建筑物轴线的竖向投测，主要有外控法和内控法两种，下面分别介绍这两种方法。但不管哪一种方法，对于深基础施工放样轴线和标高的下传均较困难，一定要用仪器，不能用吊锤；高度大，往上引测轴线困难时，必须要用经纬仪或激光铅直仪以保证精度。

（1）外控法 外控法是在建筑物外部，利用经纬仪，根据建筑物轴线控制桩来进行轴线的竖向投测，也称"经纬仪引桩投测法"。具体操作方法如下：

1）在建筑物底部投测中心轴线位置。高层建筑的基础工程完工后，将经纬仪安置在轴线控制桩 A_1、A_1'、B_1 和 B_1' 上，把建筑物主轴线精确地投测到建筑物的底部，并设立标志，如图 4-13 中的 a_1、a_1'、b_1 和 b_1'，以供下一步施工与向上投测之用。

2）向上投测中心线。随着建筑物不断升高，要逐层将轴线向上传递，如图 4-13 所示，将经纬仪安置在中心轴线控制桩 A_1、A_1'、B_1 和 B_1' 上，严格整平仪器，用望远镜瞄准建筑物底部已标出的轴线 a_1、a_1'、b_1 和 b_1' 点，用盘左和盘右分别向上投测到每层楼板上，并取其中点作为该层中心轴线的投影点，如图 4-13 中的 a_2、a_2'、b_2 和 b_2'。

3）增设轴线引桩。当楼房逐渐增高，而轴线控制桩距建筑物又较近时，望远镜的仰角较大，操作不便，投测精度也会降低。为此，要将原中心轴线控制桩引测到更远的安全地方，或者附近大楼的屋面。

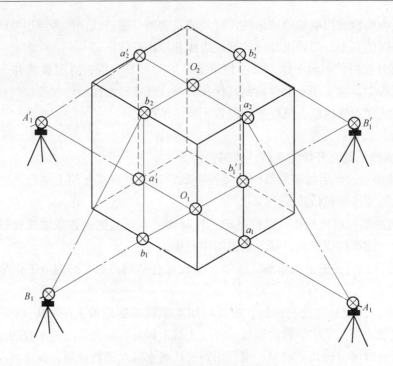

图 4-13　经纬仪投测中心轴线

具体做法是：将经纬仪安置在已经投测上去的较高层（如第十层）楼面轴线 $a_{10}a_{10}'$ 上，如图 4-14 所示，瞄准地面上原有的轴线控制桩 A_1 和 A_1' 点，用盘左、盘右分中投点法，将轴线延长到远处 A_2 和 A_2' 点，并用标志固定其位置，A_2、A_2' 即为新投测的 A_1A_1' 轴控制桩。

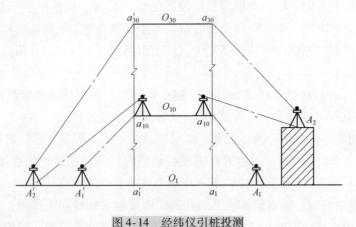

图 4-14　经纬仪引桩投测

更高各层的中心轴线，可将经纬仪安置在新的引桩上，按上述方法继续进行投测。

（2）内控法　内控法是在建筑物内 ±0.000m 平面设置轴线控制点，并预埋标志，以后在各层楼板相应位置上预留 200mm × 200mm 的传递孔，在轴线控制点上直接采用吊线坠法或激光铅垂仪法，通过预留孔将其点位垂直投测到任一楼层，如图 4-15 和图 4-16 所示。

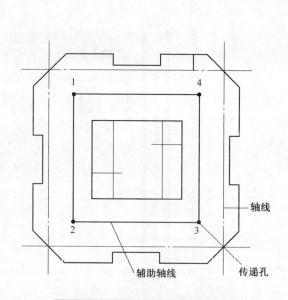

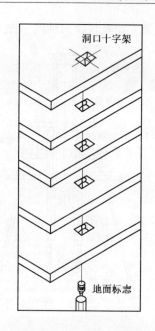

图 4-15 内控法轴线控制点的设置

图 4-16 吊线坠法投测轴线

1）内控法轴线控制点的设置。在基础施工完毕后，在 ±0.000m 首层平面上，适当位置设置与轴线平行的辅助轴线。辅助轴线距轴线 500～800mm 为宜，并在辅助轴线交点或端点处埋设标志，如图 4-15 所示。

2）吊线坠法。吊线坠法是利用钢丝悬挂重锤球的方法，进行轴线竖向投测。这种方法一般用于高度在 50～100m 的高层建筑施工中，锤球的重量约为 10～20kg，钢丝的直径约为 0.5～0.8mm。投测方法如下：

如图 4-16 所示，在预留孔上面安置十字架，挂上锤球，对准首层预埋标志。当锤球线静止时，固定十字架，并在预留孔四周做出标记，作为以后恢复轴线及放样的依据。此时，十字架中心即为轴线控制点在该楼面上的投测点。

> ⚠ 注意：用吊线坠法实测时，要采取一些必要措施，如用铅直的塑料管套着坠线或将锤球沉浸于油中，以减少摆动。

3）激光铅垂仪法。

① 激光铅垂仪简介。激光铅垂仪是一种专用的铅直定位仪器。适用于高层建筑物、烟囱及高塔架的铅直定位测量。

激光铅垂仪的基本构造如图 4-17 所示，主要由氦氖激光器、精密竖轴、发射望远镜、水准管、基座、激光电源及接收屏等部分组成。

激光器通过两组固定螺钉固定在套筒内。激光铅垂仪的竖轴是空心筒轴，两端有螺扣，上、下两端分别与发射望远镜和氦氖激光器套筒相连接，二者位置可对调，构成向上或向下发射激光束的铅垂仪。仪器上设置有两个互成 90° 的水准管，仪器配有专用激光电源。

② 激光铅垂仪投测轴线。图 4-18 为激光铅垂仪轴线投测示意图，其投测方法如下：

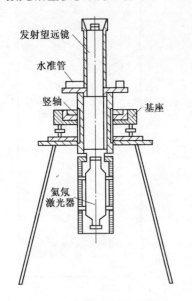

图 4-17　激光铅垂仪的基本构造

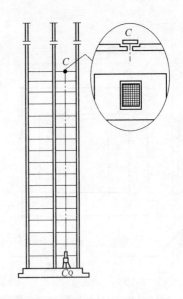

图 4-18　激光铅垂仪轴线投测示意图

　　a）在首层轴线控制点上安置激光铅垂仪，利用激光器底端（全反射棱镜端）所发射的激光束进行对中，通过调节基座整平螺旋，使水准管气泡严格居中。

　　b）在上层施工楼面预留孔处，放置接受靶。

　　c）接通激光电源，启辉激光器发射铅直激光束，通过发射望远镜调焦，使激光束会聚成红色耀目光斑，投射到接受靶上。

　　d）移动接受靶，使靶心与红色光斑重合，固定接受靶，并在预留孔四周做好标记，此时，靶心位置即为轴线控制点在该楼面上的投测点。

课题 4　工业建筑施工测量

4.4.1　概述

　　工业建筑中以厂房为主体，一般工业厂房多采用预制构件，现场装配的方法施工。厂房的预制构件有柱子、吊车梁和屋架等。因此，工业建筑施工测量的工作主要是保证这些预制构件安装到位。**具体任务为**：厂房矩形控制网测设、厂房柱列轴线放样、杯形基础施工测量及厂房预制构件安装测量等。

4.4.2　厂房矩形控制网测设

　　工业厂房一般都应建立厂房矩形控制网，作为厂房施工测设的依据。工业厂房定位时，先测设厂房矩形控制网，然后定距离指标桩，再测设厂房柱列轴线。柱列轴线控制桩在每根纵横轴的延长线上，属于细部放样。距离指标桩是在控制网各边上按一定距离测设，以便对厂房进行细部放样。距离指示桩在控制网各边每隔若干柱间距埋设一个，其间距一般为厂房柱距的倍数。下面介绍根据建筑方格网，采用直角坐标法测设厂房矩形控制网的方法。

如图 4-19 所示，M、N、P、Q 四点是厂房的房角点，从设计图样中可知 M、N 两点的坐标。D、E、F、G 为布置在基础开挖边线以外的厂房矩形控制网的四个角点，称为**厂房控制桩**。厂房矩形控制网的边线到厂房轴线的距离为 4m，厂房控制桩 D、E、F、G 的坐标，按厂房角点的设计坐标计算可得。测设方法如下：

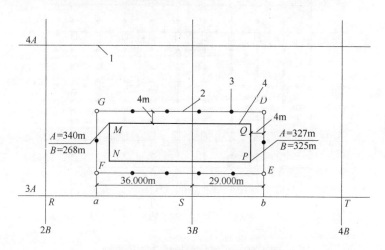

图 4-19　厂房矩形控制网的测设

1—建筑方格网　2—厂房矩形控制网　3—距离指标桩　4—厂房轴线

1. 计算测设数据

根据厂房控制桩 D、E、F、G 的坐标，计算利用直角坐标法进行测设时，所需测设数据，计算结果标注在图 4-19 中。

2. 厂房控制点的测设

1）从 S 点起沿 SR 方向量取 36m，定出 a 点；沿 ST 方向量取 29m，定出 b 点。

2）在 a 与 b 上安置经纬仪，分别瞄准 R 与 S 点，顺时针方向测设 90°，得两条视线方向，沿视线方向量取 23m，定出 F、E 点。再向前量取 21m，定出 G、D 点。

3）为了便于进行细部的测设，在测设厂房矩形控制网的同时，还应沿控制网测设距离指标桩，如图 4-19 所示，距离指标桩的间距一般等于柱子间距的整倍数。

3. 检查

（1）检查 ∠G、∠D 是否等于 90°，其误差不得超过 ±10″。

（2）检查 GD 是否等于设计长度，其误差不得超过 1/10000。

以上这种方法适用于中小型厂房，对于大型或设备复杂的厂房，应先测设厂房控制网的主轴线，再根据主轴线测设厂房矩形控制网。

4.4.3 厂房柱列轴线与柱基施工测量

1. 厂房柱列轴线测设

根据厂房平面图上所注的柱间距和跨距尺寸，用钢尺沿矩形控制网各边量出各柱列轴线控制桩的位置，如图 4-20 中的 1′, 2′, …，并打入大木桩，桩顶用小钉标出点位，作为柱基测设和施工安装的依据。丈量时应以相邻的两个距离指标桩为起点分别进行，以便检核。

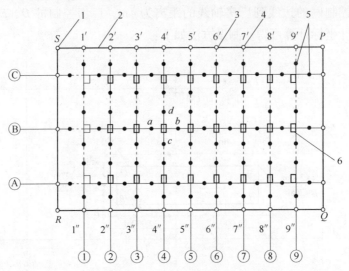

图 4-20　厂房柱列轴线和柱基测量

1—厂房控制桩　2—厂房矩形控制网　3—柱列轴线控制桩　4—距离指标桩

5—定位小木桩　6—柱基础

2. 柱基定位和放线

1）安置两台经纬仪，在两条互相垂直的柱列轴线控制桩上，沿轴线方向交会出各柱基的位置（即柱列轴线的交点），此项工作称为柱基定位。

2）在柱基的四周轴线上，打入四个定位小木桩 a、b、c、d，如图 4-20 所示，其桩位应在基础开挖边线以外，比基础深度大 1.5 倍的地方，作为修坑和立模的依据。

3）按照基础详图所注尺寸和基坑放坡宽度，用特制角尺，放出基坑开挖边界线，并撒出白灰线以便开挖，此项工作称为基础放线。

4）在进行柱基测设时，应注意柱列轴线不一定都是柱基的中心线，而一般立模、吊装等习惯用中心线，此时，应将柱列轴线平移，定出柱基中心线。

3. 柱基施工测量

（1）基坑开挖深度的控制　当基坑挖到一定深度时，应在基坑四壁，距离基坑底设计标高 0.5m 处，测设水平桩，作为检查基坑底标高和控制垫层的依据。

（2）杯形基础立模测量　杯形基础立模测量有以下三项工作：

1）基础垫层打好后，根据基坑周边定位小木桩，用拉线吊锤球的方法，把柱基定位线投测到垫层上，弹出墨线，用红漆画出标记，作为柱基立模板和布置基础钢筋的依据。

2）立模时，将模板底线对准垫层上的定位线，并用锤球检查模板是否垂直。

3）将柱基顶面设计标高测设在模板内壁，作为浇灌混凝土的高度依据。

4.4.4　厂房预制构件安装测量

1. 柱子安装测量

（1）柱子安装应满足的基本要求　柱子中心线应与相应的柱列轴线一致，其允许偏差为±5mm。牛腿顶面和柱顶面的实际标高应与设计标高一致，其允许误差为±（5~8）mm，柱高大于5m时为±8mm。柱身垂直允许误差为：当柱高≤5m时，为±5mm；当柱高为5~10m时，为±10mm；当柱高超过10m时，则为柱高的1/1000，但不得大于20mm。

（2）柱子安装前的准备工作

1）在柱基顶面投测柱列轴线。柱基拆模后，用经纬仪根据柱列轴线控制桩，将柱列轴线投测到杯口顶面上，如图4-21所示，并弹出墨线，用红漆画出"▶"标志，作为安装柱子时确定轴线的依据。如果柱列轴线不通过柱子的中心线，应在杯形基础顶面上加弹柱中心线。

用水准仪在杯口内壁测设一条一般为 - 0.600m 的标高线（一般杯口顶面的标高为 - 0.500m），并画出"▼"标志，如图4-21所示，作为杯底找平的依据。

2）柱身弹线。柱子安装前，应将每根柱子按轴线位置进行编号。如图4-22所示，在每根柱子的三个侧面弹出柱中心线，并在每条线的上端和下端近杯口处画出"▶"标志。根据牛腿面的设计标高，从牛腿面向下用钢尺量出 - 0.600m 的标高线，并画出"▼"标志。

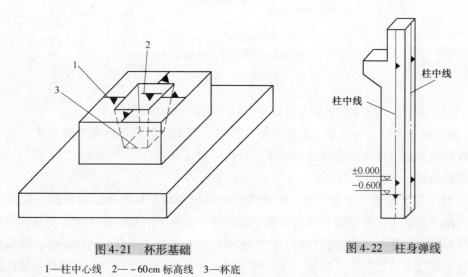

图 4-21　杯形基础　　　　　　　　　　　图 4-22　柱身弹线
1—柱中心线　2——60cm标高线　3—杯底

3）杯底找平。先量出柱子的 - 0.600m 标高线至柱底面的长度，再在相应的柱基杯口内，量出 - 0.600m 标高线至杯底的高度，并进行比较，以确定杯底找平厚度，用水泥砂浆根据找平厚度，在杯底进行找平，使牛腿面符合设计高程。

（3）柱子的安装测量　柱子安装测量的目的是保证柱子平面和高程符合设计要求，柱身铅直。

1）预制的钢筋混凝土柱子插入杯口后，应使柱子三面的中心线与杯口中心线对齐，如图4-23a所示，用木楔或钢楔临时固定。

2）柱子立稳后，立即用水准仪检测柱身上的 ±0.000m 标高线，其容许误差为 ±3mm。

3）如图4-23a所示，用两台经纬仪，分别安置在柱基纵、横轴线上，离柱子的距离不小于柱高的1.5倍，先用望远镜瞄准柱底的中心线标志，固定照准部后，再缓慢抬高望远镜观察柱子偏离十字丝竖丝的方向，指挥用钢丝绳拉直柱子，直至从两台经纬仪中，观测到的柱子中心线都与十字丝竖丝重合为止。

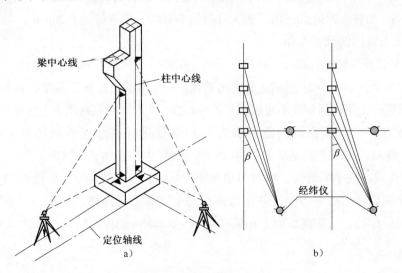

图 4-23　柱子垂直度校正
a）安装测量　b）垂直度校正

4）在杯口与柱子的缝隙中浇入混凝土，以固定柱子的位置。

5）在实际安装时，一般是一次把许多柱子都竖起来，然后进行垂直度校正。这时，可把两台经纬仪分别安置在纵横轴线的一侧，一次可校正几根柱子，如图4-23b所示，但仪器偏离轴线的角度，应在15°以内。

（4）柱子安装测量的注意事项　所使用的经纬仪必须严格校正，操作时，应使照准部水准管气泡严格居中。校正时，除注意柱子垂直外，还应随时检查柱子中心线是否对准杯口柱列轴线标志，以防柱子安装就位后，产生水平位移。在校正变截面的柱子时，经纬仪必须安置在柱列轴线上，以免产生差错。在日照下校正柱子的垂直度时，应考虑日照使柱顶向阴面弯曲的影响，为避免此种影响，宜在早晨或阴天校正。

2. 吊车梁安装测量

吊车梁安装测量主要是保证吊车梁中线位置和吊车梁的标高满足设计要求。

（1）吊车梁安装前的准备工作

1）在柱面上量出吊车梁顶面标高。根据柱子上的 ±0.000m 标高线，用钢尺沿柱面向上量出吊车梁顶面设计标高线，作为调整吊车梁面标高的依据。

2）在吊车梁上弹出梁的中心线。如图 4-24 所示，在吊车梁的顶面和两端面上，用墨线弹出梁的中心线，作为安装定位的依据。

图 4-24　在吊车梁上弹出梁的中心线

3）在牛腿面上弹出梁的中心线。根据厂房中心线，在牛腿面上投测出吊车梁的中心线，投测方法如下：

如图 4-25a 所示，利用厂房中心线 A_1A_1，根据设计轨道间距，在地面上测设出吊车梁中心线（也是起重机轨道中心线）$A'A'$ 和 $B'B'$。在吊车梁中心线的一个端点 A' 或 B' 上安置经纬仪，瞄准另一个端点 A' 或 B'，固定照准部，抬高望远镜，即可将吊车梁中心线投测到每根柱子的牛腿面上，并墨线弹出梁的中心线。

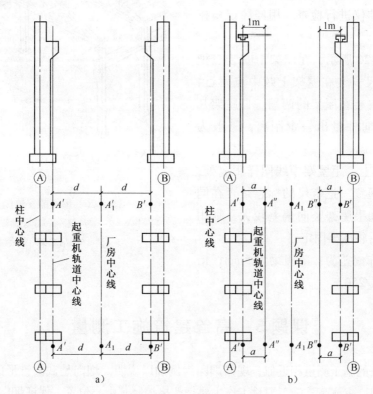

图 4-25　吊车梁的安装测量

a）弹出梁中心线　b）安装校正

（2）吊车梁的安装测量　安装时，使吊车梁两端的梁中心线与牛腿面梁中心线重合，对吊车梁进行初步定位。采用平行线法，对吊车梁的中心线进行检测，校正方法如下：

1）如图 4-25b 所示，在地面上，从吊车梁中心线，向厂房中心线方向量出长度 a（1m），得到平行线 $A''A''$ 和 $B''B''$。

2）在平行线一端点 A'' 或 B'' 上安置经纬仪，瞄准另一端点 A'' 或 B''，固定照准部，抬高望远镜进行测量。

3）此时，另外一人在梁上移动横放的木尺，当视线正对准尺上一米刻划线时，尺的零点应与梁面上的中心线重合。如不重合，可用撬杠移动吊车梁，使吊车梁中心线到 $A''A''$（或 $B''B''$）的间距等于 1m 为止。

吊车梁安装就位后，先按柱面上定出的吊车梁设计标高线对吊车梁面进行调整，然后将水准仪安置在吊车梁上，每隔 3m 测一点高程，并与设计高程比较，误差应在 3mm 以内。

3. 屋架安装测量

（1）屋架安装前的准备工作　屋架吊装前，用经纬仪或其他方法在柱顶面上，测设出屋架的定位轴线。在屋架两端弹出屋架中心线，以便进行定位。

（2）屋架的安装测量　屋架吊装就位时，应使屋架的中心线与柱顶面上的定位轴线对准，允许误差为 ±5mm。屋架的垂直度可用锤球或经纬仪进行检查。用经纬仪检校方法如下：

1）如图 4-26 所示，在屋架上安装三把卡尺，一把卡尺安装在屋架上弦中点附近，另外两把分别安装在屋架的两端。自屋架几何中心沿卡尺向外量出一定距离，一般为500mm，做出标志。

2）在地面上，距屋架中线同样距离处，安置经纬仪，观测三把卡尺的标志是否在同一竖直面内，如果屋架竖向偏差较大，则用机具校正，最后将屋架固定。

垂直度允许偏差为：薄腹梁为 5mm；桁架为屋架高的 1/250。

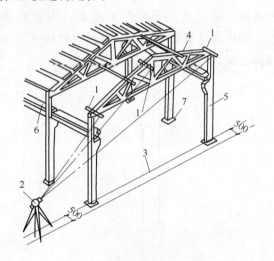

图 4-26　屋架的安装测量
1—卡尺　2—经纬仪　3—定位轴线　4—屋架
5—柱　6—吊车梁　7—柱基

课题 5　高耸建筑施工测量

烟囱和水塔的施工测量相近似，现以烟囱为例加以说明。烟囱是截圆锥形的高耸构筑物，其特点是基础小，主体高。施工测量工作主要是严格控制其中心位置，保证烟囱主体竖直。

4.5.1　烟囱的定位、放线

1. 烟囱的定位

烟囱的定位主要是定出基础中心的位置。定位方法如下：

1）按设计要求，利用与施工场地已有控制点或建筑物的尺寸关系，在地面上测设出烟囱的中心位置 O（即中心桩）。

2）如图 4-27 所示，在 O 点安置经纬仪，任选一点 A 作后视点，并在视线方向上定出 a 点，倒转望远镜，通过盘左、盘右分中投点法定出 b 和 B；然后，顺时针测设 90°，定出 d

和 D，倒转望远镜，定出 c 和 C，得到两条互相垂直的定位轴线 AB 和 CD。

3）A、B、C、D 四点至 O 点的距离为烟囱高度的 $1 \sim 1.5$ 倍。a、b、c、d 是施工定位桩，用于修坡和确定基础中心，应设置在尽量靠近烟囱而不影响桩位稳固的地方。

2. 烟囱的放线

以 O 点为圆心，以烟囱底部半径 r 加上基坑放坡宽度 s 为半径，在地面上用木尺画圆，并撒出灰线，作为基础开挖的边线。

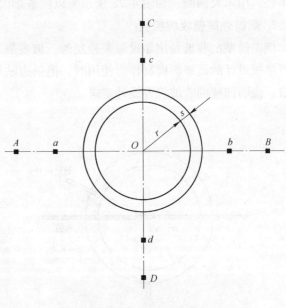

4.5.2　烟囱的基础施工测量

1）当基坑开挖接近设计标高时，在基坑内壁测设水平桩，作为检查基坑底标高和打垫层的依据。

图 4-27　烟囱的定位、放线

2）坑底夯实后，从定位桩拉两根细线，用锤球把烟囱中心投测到坑底，钉上木桩，作为垫层的中心控制点。

3）浇灌混凝土基础时，应在基础中心埋设钢筋作为标志，根据定位轴线，用经纬仪把烟囱中心投测到标志上，并刻上"＋"字，作为施工过程中，控制筒身中心位置的依据。

4.5.3　烟囱筒身施工测量

1. 引测烟囱中心线

在烟囱施工中，应随时将中心点引测到施工的作业面上。

1）在烟囱施工中，一般每砌一步架或每升模板一次，就应引测一次中心线，以检核该施工作业面的中心与基础中心是否在同一铅垂线上。引测方法为：在施工作业面上固定一根枋子，在枋子中心处悬挂 $8 \sim 12kg$ 的锤球，逐渐移动枋子，直到锤球对准基础中心为止。此时，枋子中心就是该作业面的中心位置。

2）另外，烟囱每砌筑完 10m，必须用经纬仪引测一次中心线。引测方法为：如图 4-27 所示，分别在控制桩 A、B、C、D 上安置经纬仪，瞄准相应的控制点 a、b、c、d，将轴线点投测到作业面上，并做出标记。然后，按标记拉两条细绳，其交点即为烟囱的中心位置，并与锤球引测的中心位置比较，以作校核。烟囱的中心偏差一般不应超过砌筑高度的 $1/1000$。

3）对于高大的钢筋混凝土烟囱，烟囱模板每滑升一次，就应采用激光铅垂仪进行一次烟囱的铅直定位，定位方法为：在烟囱底部的中心标志上，安置激光铅垂仪，在作业面中央安置接收靶。在接收靶上，显示的激光光斑中心，即为烟囱的中心位置。

4）在检查中心线的同时，以引测的中心位置为圆心，以施工作业面上烟囱的设计半径为半径，用木尺画圆，如图 4-28 所示，以检查烟囱壁的位置。

2. 烟囱外筒壁收坡控制

烟囱筒壁的收坡是用靠尺板来控制的。坡度靠尺板如图 4-29 所示，靠尺板两侧的斜边应严格按设计的筒壁斜度制作。使用时，把斜边贴靠在筒体外壁上，若锤球线恰好通过下端缺口，说明筒壁的收坡符合设计要求。

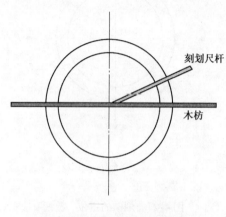

图 4-28　烟囱壁位置的检查

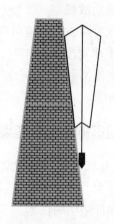

图 4-29　坡度靠尺板

3. 烟囱筒体标高的控制

一般是先用水准仪，在烟囱底部的外壁上，测设出 +0.500m（或任一整分米数）的标高线。以此标高线为准，用钢尺直接向上量取高度。

课题 6　建筑物变形观测

4.6.1　变形观测的概述

建筑物在施工过程和使用期间，因受地基的工程地质条件、地基处理方法、建（构）筑物上部结构的荷载等多种因素的综合影响，将引起基础及其四周地层发生变形，而建筑物本身因基础变形及其外部荷载与内部应力的作用，也要发生变形。这种变形在一定的范围内，可视为正常现象，但超出某一限度就会影响建筑物的正常使用，会对建筑物的安全产生严重影响，或使建筑物发生不均匀沉降而导致倾斜，或造成建筑物开裂，甚至造成建筑物整体坍塌。另外，在建筑物密集的城市修建高层建筑、地下车库时，往往要在狭窄的场地上进行深基坑的垂直开挖，在深基坑开挖和施工中，也应对支护结构和周边环境进行变形监测。

为保证建筑物在施工、使用和运行中的安全，以及为建筑物的设计、施工、管理及科学研究提供可靠的资料，在建筑物施工和运行期间，需要对建筑物的稳定性进行观测，这种观测称为**建筑物的变形观测**。

建筑物变形观测的主要内容有建筑物沉降观测、建筑物倾斜观测、建筑物裂缝观测和位移观测等。

监测的周期取决于变形值的大小和变形速度，以及监测的目的。通常监测的次数应既能反映出变化的过程，又不遗漏变化的时刻。在施工阶段，监测频率应大些，一般有 3 天、7 天、半个月等三种周期；到了竣工营运阶段，频率可小一些，一般有 1 个月、2 个月、3 个月、半年及一年等不同的周期。除了系统的周期监测以外，有时还应进行紧急监测。

4.6.2 建筑物的沉降观测

建筑物沉降观测是指用水准测量的方法，周期性地观测建筑物上的沉降观测点和水准基点之间的高差变化值。

1. 水准基点的布设与埋设

水准基点是沉降观测的基准，因此水准基点的布设应满足以下要求：

（1）要有足够的稳定性 水准基点必须设置在沉降影响范围和受振区域以外的安全地点。水准基点离开公路、铁路、地下管道和滑坡地带至少 5m，避免埋设在低洼易积水处及松软土地带。为防止水准点受到冻胀影响，水准点的埋设深度要在冰冻线以下 0.5m。在一般情况下，可以利用工程施工时使用的水准点，作为沉降观测的水准基点。如果由于施工场地的水准点离建筑物较远或条件不好，为了便于进行沉降观测和提高精度，可在建筑物附近另行埋设水准基点。

（2）要具备检核条件 为了保证水准基点高程的正确性，水准基点最少应布设三个，以便相互检核。

（3）要满足一定的观测精度 水准基点和观测点之间的距离应适中，相距太远会影响观测精度，一般应在 100m 范围内。

2. 沉降观测点的布设

进行沉降观测的建筑物，应埋设沉降观测点。沉降观测点的布设应满足以下要求：

（1）沉降观测点的位置 沉降观测点应布设在能全面反映建筑物及地基变形特征，并顾及地质情况和建筑结构特点的点位。点位宜选设在下列位置：

1）建筑物的四角、大转角处及沿外墙每 10~20m 处或每隔 2~3 根柱基上；高低层建筑、新旧建筑纵横墙等交接处的两侧。

2）建筑裂缝、后浇带和沉降缝两侧；基础埋深相差悬殊处；人工地基与天然地基接壤处；不同结构的分界处及填挖方分界处。

3）对于宽度大于等于 15m，或小于 15m 而地质复杂，或膨胀土地区的建筑，应在承重内隔墙中部设内墙点，并在室内地面中心及四周设地面点。

4）邻近堆置重物处；受振动有显著影响的部位及基础下的暗沟处。

5）框架结构建筑的每个或部分柱基上或沿纵横轴线上。

6）筏形基础、箱形基础底板或接近基础的结构部分的四角处及其中部位置。

7）重型设备基础和动力设备基础的四角、基础形式或埋深改变处以及地质条件变化处两侧。

8）对电视塔、烟囱、水塔、油罐、炼油塔、高楼等高耸建筑，应设在沿周边与基础轴线相交的对称位置上，点数不小于四个。

（2）沉降观测点的数量　一般沉降观测点是均匀布置的，它们之间的距离一般为10～20m。

（3）沉降观测点的设置形式　设置形式如图4-30所示。

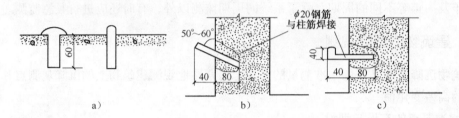

图4-30　沉降观测点的设置形式

a）铆钉或钢筋直立式　b）斜插式　c）弯钩式

3. 沉降观测

（1）观测周期　观测的时间和次数，应根据工程的性质、施工进度、地基地质情况及基础荷载的变化情况而定。

1）当埋设的沉降观测点稳固后，在建筑物主体开工前，进行第一次观测。

2）在建（构）筑物主体施工过程中，一般每盖1～2层观测一次。如中途停工时间较长，应在停工时和复工时进行观测。

3）当发生大量沉降或严重裂缝时，应立即或几天一次地连续观测。

4）建筑物封顶或竣工后，一般每月观测一次，如果沉降速度减缓，可改为2～3个月观测一次，直至沉降稳定为止。

（2）观测方法　观测时先后视水准基点，接着依次前视各沉降观测点，最后再次后视该水准基点，两次后视读数之差不应超过±1mm。另外，沉降观测的水准路线（从一个水准基点到另一个水准基点）应为闭合水准路线。

（3）精度要求　沉降观测的精度应根据建筑物的性质而定。

1）多层建筑物的沉降观测，可采用 DS_3 型水准仪，用普通水准测量的方法进行，其水准路线的闭合差不应超过 $\pm 2.0\sqrt{n}$mm（n 为测站数）。

2）高层建筑物的沉降观测，则应采用 DS_1 精密水准仪，用二等水准测量的方法进行，其水准路线的闭合差不应超过 $\pm 1.0\sqrt{n}$mm（n 为测站数）。

（4）工作要求　沉降观测是一项长期、连续的工作，为了保证观测成果的正确性，应尽可能做到四定，即固定观测人员，使用固定的水准仪和水准尺，使用固定的水准基点，按固定的实测路线和测站进行。

（5）沉降观测的成果整理

1）整理原始记录。每次观测结束后，应检查记录的数据和计算是否正确，精度是否合格，然后，调整高差闭合差，推算出各沉降观测点的高程，并填入"沉降观测表", 见表 4-4。

2) 计算沉降量。计算内容和方法如下:

① 计算各沉降观测点的本次沉降量:

沉降观测点的本次沉降量 = 本次观测所得的高程 − 上次观测所得的高程

② 计算累积沉降量:

累积沉降量 = 本次沉降量 + 上次累积沉降量

将计算出的沉降观测点本次沉降量、累积沉降量和观测日期、荷载情况等记入"沉降观测表"中。

表 4-4　沉降观测表

观测次数	观测时间	各观测点的沉降情况							施工进展情况	荷载情况/(t/m²)
		1			2			...		
		高程/m	本次下沉/mm	累积下沉/mm	高程/m	本次下沉/mm	累积下沉/mm	...		
1	2008.01.10	50.454	0	0	50.473	0	0	...	一层平口	
2	2008.02.23	50.448	−6	−6	50.467	−6	−6		三层平口	40
3	2008.03.16	50.443	−5	−11	50.462	−5	−11		五层平口	60
4	2008.04.14	50.440	−3	−14	50.459	−3	−14		七层平口	70
5	2008.05.14	50.438	−2	−16	50.456	−3	−17		九层平口	80
6	2008.06.04	50.434	−4	−20	50.452	−4	−21		主体完工	110
7	2008.08.30	50.429	−5	−25	50.447	−5	−26		竣工	
8	2008.11.06	50.425	−4	−29	50.445	−2	−28		使用	
9	2009.02.28	50.423	−2	−31	50.444	−1	−29			
10	2009.05.06	50.422	−1	−32	50.443	−1	−30			
11	2009.08.05	50.421	−1	−33	50.443	0	−30			
12	2009.12.25	50.421	0	−33	50.443	0	−30			

注: 水准点的高程　BM.1: 49.538mm; BM.2: 50.123mm; BM.3: 49.776mm。

3) 绘制沉降曲线。图 4-31 为沉降曲线图。沉降曲线分为两部分, 即时间与沉降量关系曲线和时间与荷载关系曲线。

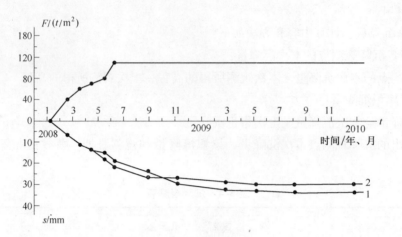

图 4-31 沉降曲线图

① 绘制时间与沉降量关系曲线。首先，以沉降量 s 为纵轴，时间 t 为横轴，组成直角坐标系；然后，以每次累积沉降量为纵坐标，每次观测日期为横坐标，标出沉降观测点的位置；最后，用曲线将标出的各点连接起来，并在曲线的一端注明沉降观测点号码，这样就绘制出了时间与沉降量关系曲线，如图 4-31 所示。

② 绘制时间与荷载关系曲线。首先，以荷载为纵轴，时间为横轴，组成直角坐标系；再根据每次观测时间和相应的荷载标出各点，将各点连接起来，即可绘制出时间与荷载关系曲线，如图 4-31 所示。

（6）观测工作结束后，应提交的成果

1）场地沉降观测点平面布置图。

2）场地沉降观测成果表。

3）相邻地基沉降的 d-s 曲线图。

4）场地地面等沉降曲线图。

4.6.3 建筑物的倾斜观测

用测量仪器来测定建筑物的基础和主体结构倾斜变化的工作，称为**倾斜观测**。

1. 一般建筑物主体的倾斜观测

建筑物主体的倾斜观测，应测定建筑物顶部观测点相对于底部观测点的偏移值，再根据建筑物的高度，计算建筑物主体的倾斜度，即：

$$i = \tan\alpha = \frac{\Delta D}{H} \tag{4-2}$$

式中　i——建筑物主体的倾斜度；

　　ΔD——建筑物顶部观测点相对于底部观测点的偏移值（m）；

　　H——建筑物的高度（m）；

　　α——倾斜角（°′″）。

由式（4-2）可知，倾斜测量主要是测定建筑物主体的偏移值 ΔD。偏移值 ΔD 的测定一般采用经纬仪投影法。具体观测方法如下：

1）如图 4-32 所示，将经纬仪安置在固定测站上，该测站到建筑物的距离为建筑物高度的 1.5 倍以上。瞄准建筑物 X 墙面上部的观测点 M，用盘左、盘右分中投点法，定出下部的观测点 N。用同样的方法，在与 X 墙面垂直的 Y 墙面上定出上观测点 P 和下观测点 Q。M、N 和 P、Q 即为所设观测标志。

2）相隔一段时间后，在原固定测站上，安置经纬仪，分别瞄准上观测点 M 和 P，用盘左、盘右分中投点法，得到 N' 和 Q'。如果 N 与 N'、Q 与 Q' 不重合，如图4-32所示，说明建筑物发生了倾斜。

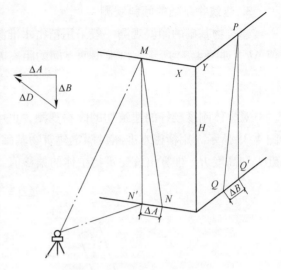

图 4-32　一般建筑物的倾斜观测

3）用尺子量出在 X、Y 墙面的偏移值 ΔA、ΔB，然后用矢量相加的方法，计算出该建筑物的总偏移值 ΔD，即：

$$\Delta D = \sqrt{\Delta A^2 + \Delta B^2} \tag{4-3}$$

根据总偏移值 ΔD 和建筑物的高度 H 用式（4-2）即可计算出其倾斜度 i。

2. 圆形建（构）筑物主体的倾斜观测

对圆形建（构）筑物的倾斜观测，是在互相垂直的两个方向上，测定其顶部中心对底部中心的偏移值。具体观测方法如下：

1）如图 4-33 所示，在烟囱底部横放一根标尺，在标尺中垂线方向上，安置经纬仪，经纬仪到烟囱的距离为烟囱高度的 1.5 倍。

2）用望远镜将烟囱顶部边缘两点 A、A' 及底部边缘两点 B、B' 分别投到标尺上，得读数为 y_1、y_1' 及 y_2、y_2'，如图 4-33 所示。烟囱顶部中心 O 对底部中心 O' 在 y 方向上的偏移值 Δy 为：

$$\Delta y = \frac{y_1 + y_1'}{2} - \frac{y_2 + y_2'}{2}$$

3）用同样的方法，可测得在 x 方向上，顶部中心 O 的偏移值 Δx 为：

$$\Delta x = \frac{x_1 + x_1'}{2} - \frac{x_2 + x_2'}{2}$$

4）用式（4-3）矢量相加的方法，计算出顶部中心 O 对底部中心 O' 的总偏移值 ΔD。

根据总偏移值 ΔD 和圆形建（构）筑物的高度 H 用式（4-2）即可计算出其倾斜度 i。

另外，也可采用激光铅垂仪或悬吊锤球的方

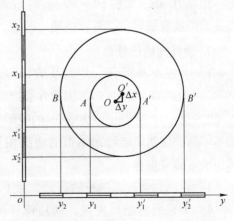

图 4-33　圆形建（构）筑物的倾斜观测

法，直接测定建（构）筑物的倾斜量。

3. 建筑物基础的倾斜观测

建筑物基础的倾斜观测一般采用精密水准测量的方法，定期测出基础两端点的沉降量差值 Δh，如图 4-34 所示，再根据两点间的距离 L，即可计算出基础的倾斜度：

$$i = \frac{\Delta h}{L} \tag{4-4}$$

对整体刚度较好的建筑物的倾斜观测，也可采用基础沉降量差值，推算主体偏移值。如图 4-35 所示，用精密水准测量测定建筑物基础两端点的沉降量差值 Δh，再根据建筑物的宽度 L 和高度 H，推算出该建筑物主体的偏移值 ΔD，即

$$\Delta D = \frac{\Delta h}{L} H \tag{4-5}$$

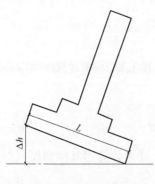

图 4-34 基础倾斜观测

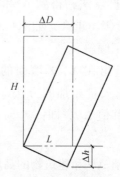

图 4-35 基础倾斜观测测定
建筑物的偏移值

4.6.4 建筑物的裂缝观测

当建筑物出现裂缝之后，应及时进行裂缝观测。常用的裂缝观测方法有以下两种：

1. 石膏板标志

用厚 10mm，宽约 50 ~ 80mm 的石膏板（长度视裂缝大小而定），固定在裂缝的两侧。当裂缝继续发展时，石膏板也随之开裂，从而观察裂缝继续发展的情况。

2. 镀锌薄钢板标志

1）如图 4-36 所示，用两块镀锌薄钢板，一片取 150mm × 150mm 的正方形，固定在裂缝的一侧。

2）另一片为 50mm × 200mm 的矩形，固定在裂缝的另一侧，使两块镀锌薄钢板的边缘相互平行，并使其中的一部分重叠。

3）在两块镀锌薄钢板的表面，涂上红色油漆。

4）如果裂缝继续发展，两块镀锌薄钢板将逐渐被拉开，露出正方形上原被覆盖没有涂油漆的部分，

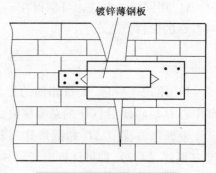

图 4-36 建筑物的裂缝观测

其宽度即为裂缝加大的宽度，可用尺子量出。

4.6.5　建筑物的位移观测

根据平面控制点测定建筑物的平面位置随时间而移动的大小及方向，称为**位移观测**。位移观测首先要在建筑物附近埋设测量控制点，再在建筑物上设置位移观测点。位移观测的方法有以下两种：

1. 角度前方交会法

利用单元 2 讲述的角度交会法，对观测点进行角度观测，计算观测点的坐标，利用两点之间的坐标差值，计算该点的水平位移量。

2. 基准线法

某些建筑物只要求测定某特定方向上的位移量，如大坝在水压力方向上的位移量，这种情况可采用基准线法进行水平位移观测。

课题 7　竣 工 测 量

竣工测量指的是工程竣工后，为编制工程竣工文件，对实际完成的各项工程进行的一次全面测量的作业，为建筑物的扩建、管理提供图样和数据资料。

4.7.1　编制竣工总平面图的目的

工业与民用建筑工程是根据设计总平面图施工的。在施工过程中，由于种种原因，建（构）筑物竣工后的位置与原设计位置不完全一致，所以需要编绘竣工总平面图。

编制竣工总平面图的目的一是为了全面反映竣工后的现状，二是为以后建（构）筑物的管理、维修、扩建、改建及事故处理提供依据，三是为工程验收提供依据。

竣工总平面图的编绘包括竣工测量和资料编绘两方面内容。

4.7.2　竣工测量

建（构）筑物竣工验收时进行的测量工作，称为**竣工测量**。

在每一个单项工程完成后，必须由施工单位进行竣工测量，并提出该工程的竣工测量成果，作为编绘竣工总平面图的依据。

1. 竣工测量的内容

（1）工业厂房及一般建筑物　测定各房角坐标和几何尺寸，各种管线进出口的位置和高程，室内地坪及房角标高，并附注房屋结构层数、面积和竣工时间。

（2）地下管线　测定检修井、转折点、起终点的坐标，井盖、井底、沟槽和管顶等的高程，附注管道及检修井的编号、名称、管径、管材、间距、坡度和流向。

（3）架空管线　测定转折点、节点、交叉点和支点的坐标，支架间距，基础面标高等。

（4）交通线路　测定线路起终点、转折点和交叉点的坐标，路面、人行道、绿化带界线等。

（5）特种构筑物　测定沉淀池的外形和四角坐标，圆形构筑物的中心坐标，基础面标高，构筑物的高度或深度等。

2. 竣工测量的方法与特点

竣工测量的基本测量方法与地形测量相似，区别在于以下几点：

（1）图根控制点的密度　一般竣工测量图根控制点的密度，要大于地形测量图根控制点的密度。

（2）细部点的实测　地形测量一般采用视距测量的方法，测定细部点的平面位置和高程；而竣工测量一般采用经纬仪测角、钢尺量距的极坐标法测定细部点的平面位置，采用水准仪或经纬仪视线水平测定细部点的高程；也可用全站仪进行测绘。

（3）测量精度　竣工测量的测量精度，要高于地形测量的测量精度。地形测量的测量精度要求满足图解精度，而竣工测量的测量精度一般要满足解析精度，应精确至 cm。

（4）测绘内容　竣工测量的内容比地形测量的内容更丰富。竣工测量不仅测地面的地物和地貌，还要测各种隐蔽工程，如上、下水及热力管线等。

4.7.3　竣工总平面图的编绘

1. 编绘竣工总平面图的依据

1）设计总平面图，单位工程平面图，纵、横断面图，施工图及施工说明。

2）施工放样成果，施工检查成果及竣工测量成果。

3）更改设计的图样、数据、资料（包括设计变更通知单）。

2. 竣工总平面图的编绘方法

1）在图样上绘制坐标方格网　绘制坐标方格网的方法、精度要求，与地形测量绘制坐标方格网的方法、精度要求相同。

2）展绘控制点　坐标方格网画好后，将施工控制点按坐标值展绘在图样上。展点对所临近的方格而言，其容许误差为 ±0.3mm。

3）展绘设计总平面图　根据坐标方格网，将设计总平面图的图面内容，按其设计坐标，用铅笔展绘于图样上，作为底图。

4）展绘竣工总平面图　对凡按设计坐标进行定位的工程，应以测量定位资料为依据，按设计坐标（或相对尺寸）和标高展绘。对原设计进行变更的工程，应根据设计变更资料展绘。对凡有竣工测量资料的工程，若竣工测量成果与设计值之比差，不超过所规定的定位容许误差时，按设计值展绘；否则，按竣工测量资料展绘。

3. 竣工总平面图的整饰

1）竣工总平面图的符号应与原设计图的符号一致。有关地形图的图例应使用国家地形图图示符号。

2）对于厂房应使用黑色墨线，绘出该工程的竣工位置，并应在图上注明工程名称、坐标、高程及有关说明。

3）对于各种地上、地下管线，应用各种不同颜色的墨线，绘出其中心位置，并应在图上注明转折点及井位的坐标、高程及有关说明。

4）对于没有进行设计变更的工程，用墨线绘出的竣工位置，与按设计原图用铅笔绘出的设计位置应重合，但其坐标及高程数据与设计值比较可能稍有出入。

随着工程的进展，逐渐在底图上，将铅笔线都绘成墨线。

4. 实测竣工总平面图

对于直接在现场指定位置进行施工的工程、以固定地物定位施工的工程及多次变更设计而无法查对的工程等，只好进行现场实测，这样测绘出的竣工总平面图，称为**实测竣工总平面图**。

──────────────── 【单元小结】 ────────────────

本单元主要介绍了建筑工程施工控制测量、场地平整测量、民用建筑施工测量、工业建筑施工测量、高耸建筑施工测量、建筑物变形观测、竣工测量等，主要内容有：

1. 建筑工程施工控制测量

1）建筑区控制测量：施工控制网的分类、建筑物施工平面控制网布设的原则、建筑施工控制网的布设要求、建筑基线、建筑方格网等。

2）施工场地的高程控制测量：施工场地高程控制网的建立、基本水准点、施工水准点等。

2. 场地平整测量

平整场地的概念、方格网法等。

3. 民用建筑施工测量

1）民用建筑定位放线：测设前的准备工作（熟悉与测设有关的图样、现场实地踏勘、施工场地整理、制订测设方案、计算测设数据并绘制测设草图、准备仪器和工具等）；建筑物的定位、放线的概念和方法。

2）基础工程施工测量：基槽开挖边线放线；测设水平桩，控制基槽开挖深度（设置水平桩、水平桩的测设方法）；垫层标高控制；垫层中线的投测；基础墙标高的控制；基础面标高的检查等。

3）主体施工测量：首层楼房墙体施工测量（墙体轴线测设、墙体各部位标高测设）；二层以上楼房墙体施工测量（墙体轴线投测、墙体高程传递）。

4）高层建筑施工测量：高层建筑施工测量的特点；高程建筑施工控制网的布设（测设施工方格网、测设主轴线控制桩）；高层建筑基础施工测量（测设基坑开挖边线、基坑开挖时的测量工作、基础放线及标高控制）；高程建筑物的轴线投测（外控法、内控法）。

4. 工业建筑施工测量

1）厂房矩形控制网测设。

2）厂房柱列轴线与柱基施工测量：厂房柱列轴线测设；柱基定位和放线；柱基施工测量。

3）厂房预制构件安装测量：柱子安装测量；吊车梁安装测量；屋架安装测量。

5. 高耸建筑施工测量

1）烟囱的定位、放线。

2) 烟囱的基础施工测量。

3) 烟囱筒身施工测量。

6. 建筑物变形观测

1) 变形观测的概念、种类、作用。

2) 建筑物的沉降观测：水准基点的布设与埋设；沉降观测点的布设；沉降观测。

3) 建筑物的倾斜观测：一般建筑物主体的倾斜观测；圆形建（构）筑物主体的倾斜观测；建筑物基础倾斜观测。

4) 建筑物的裂缝观测：石膏板标志；镀锌薄钢板标志。

5) 建筑物位移观测：角度前方交会法；基准线法。

7. 竣工测量

1) 编制竣工点平面图的目的。

2) 竣工测量：竣工测量的内容；竣工测量的方法与特点。

3) 竣工总平面图的编绘：编绘竣工总平面图的依据；竣工总平面图的编绘方法；竣工总平面图的整饰。

───────────────── 【复习思考题】 ─────────────────

4-1 在_____阶段进行的测量工作，称为施工测量。

4-2 施工控制网分为_____和_____两种。

4-3 对于建筑物多为矩形且布置比较规则和密集的施工场地，可采用_____。

4-4 对于地势平坦且又简单的小型施工场地，可采用_____。

4-5 施工高程控制网采用_____。

4-6 施工控制测量的建筑基线和建筑方格网一般采用_____坐标系。

4-7 建筑基线的布设形式，应根据建筑物的分布、施工场地地形等因素来确定。常用的布设形式有_____字形、_____形、_____字形和_____形。

4-8 建筑基线上的基线点应不少于_____个，以便相互检核。

4-9 由正方形或矩形组成的施工平面控制网，称为_____，或称矩形网。

4-10 _____适用于按矩形布置的建筑群或大型建筑场地。

4-11 建筑物常以底层室内地坪高_____标高为高程起算面。

4-12 墙体轴线投测方法有_____和_____两种。

4-13 墙体高程传递一般有以下两种方法：_____和_____。

4-14 建筑物变形观测的主要内容有_____、_____、_____和_____等。

4-15 为防止水准点受到冻胀影响，水准点的埋设深度要在冰冻线以下_____。

4-16 常用的裂缝观测方法有以下两种：_____和_____。

4-17 位移观测的方法有以下两种：_____和_____。

4-18 高程建筑物的轴线投测有_____和_____两种。

4-19 施工放样的主要过程有：_____、_____和_____。

4-20　水准基点的布设应满足以下要求：_____、_____和_____。

4-21　（判断正误）施工放样的质量将直接影响到建筑物的尺寸和位置，对能否按设计施工，起着极为重要的作用。（　　）

4-22　（判断正误）测图的精度取决于测图比例尺大小，而施工测量的精度则与建筑物的大小、结构形式、建筑材料以及放样点的位置有关。（　　）

4-23　（判断正误）建筑基线上的基线点应不少于三个，以便相互检核。（　　）

4-24　（判断正误）建筑物常以底层室内地坪高 ±0.000 标高为高程起算面。（　　）

4-25　（判断正误）施工控制测量的建筑基线和建筑方格网一般采用施工坐标系。（　　）

4-26　（判断正误）建筑基线是建筑场地的施工控制基准线，即在建筑场地布置一条或几条轴线。它适用于建筑设计总平面图布置比较简单的小型建筑场地。（　　）

4-27　（判断正误）建筑基线的布设形式，应根据建筑物的分布、施工场地地形等因素来确定。（　　）

4-28　（判断正误）建筑方格网适用于按矩形布置的建筑群或大型建筑场地。（　　）

4-29　（判断正误）水平桩可作为挖槽深度、修平槽底和打基础垫层的依据。（　　）

4-30　（判断正误）沉降观测的时间和次数，应根据工程的性质、施工进度、地基地质情况及基础荷载的变化情况而定。（　　）

4-31　建筑基线的含义是什么？

4-32　建筑方格网的含义是什么？

4-33　建筑物的定位的含义是什么？

4-34　建筑物的放线的含义是什么？

4-35　建筑物的变形观测的含义是什么？

4-36　与测设有关的图样有哪些？

4-37　沉降观测点的布设应满足哪些要求？

4-38　什么是施工测量？

4-39　什么是建筑基线？建筑基线布设形式有哪几种？

4-40　建筑场地上水准点 A 的高程为 138.416m，欲在待建房屋近旁的电杆上测设出 ±0.000m 的标高，±0.000m 的设计高程为 139.000m。设水准仪在水准点 A 所立水准尺上的读数为 1.034m，试说明测设的方法。

4-41　A、B 为建筑场地已有的控制点，已知 $\alpha_{AB} = 300°04'$，A 点的坐标为 $X_A = 14.22m$，$Y_A = 86.71m$；P 点为待测设点，其设计坐标为 $X_P = 42.22m$，$Y_P = 85.73m$，试用极坐标法计算从 A 点测设 P 点所需的数据。

单元 **5**

线路工程测量

━━ 单元概述 ━━

　　线路工程测量是工程测量的主要组成部分，是线路工程在勘测设计、施工建设和竣工验收及营运管理阶段进行的测量工作。本单元主要讲述了在线路工程各阶段所进行的测量工作，需掌握其测量方法，以及施工测量的组织实施和成果评价。

学习目标

1. 了解线路初测及定测阶段所进行的测量工作。
2. 掌握定线测量、中线测量的具体测量方法。
3. 掌握线路纵横断面图的测量及绘制方法。
4. 了解并掌握圆曲线主点测设及详细测设。
5. 掌握铁路、桥隧、管道架空输电线路等线路施工测量。
6. 了解施工测量的组织实施和成果评价。

课题 1　线路工程测量概述

　　线路工程是指长宽比很大，呈线性的建筑工程，主要包括公路、铁路、输电线、输油线和各种用途的管道工程等，这些工程可能延伸十几公里以至几百公里。线路工程在勘测设计、施工建设和竣工验收及营运管理阶段进行的测量工作统称为**线路工程测量**，简称**线路测量**。

5.1.1　线路工程测量的任务和内容

　　线路工程测量是为线路工程建设服务的，其任务主要体现在两个方面：一是为线路工程在立项、方案选择、设计方面提供带状地形图、纵横断面图及相关的测量资料；二是为线路工程的施工提供必要的点、线和面，例如桥梁基础桥墩的定位、公路中线的测设和地下建筑的贯通测量等，进而指导线路工程施工的进行以及竣工测量。

　　按照线路工程的不同阶段，线路工程测量的内容主要包括以下几个方面：

　　1）在勘测设计阶段，根据线路项目计划任务书中的修改原则和线路的基本走向，通过对中小比例尺地形图中确定的几条线路进行实地踏勘，从而确定出其中最佳的一条线路，并对其进行带状地形图的测绘等工作，为编制初步设计文件提供相应的地形资料支持。

2）在线路施工阶段，根据设计方案，将线路确定的最佳线路和建筑物、构筑物的位置测设到实地。主要包括中线测量、高程测量和纵横断面测量。

3）竣工验收和运营管理阶段，其主要的测量工作为：进行中线位置和里程桩的标定，测绘线路中心线纵横断面图，在大型建筑物、构筑物及复杂地形结构地段附近设置平面和高程控制点，进行沉降、位移等变形观测。

5.1.2　线路工程测量的特点

线路工程测量贯穿于线路工程建设的各个阶段，测量工作开始于施工之前，深入于施工之中，结束于施工之后。施工之前需要进行线路的踏勘选线，施工过程中需要进行施工测量指导施工的进行，工程竣工后要进行竣工测量及变形监测。

线路工程从项目立项到规划设计经历了一个从粗到细的过程，线路工程的设计是逐步实现的。需要线路测量与设计的紧密结合才能完成。

课题 2　公路工程测量

根据公路工程的不同阶段可将公路工程测量分为勘测设计阶段的测量工作、施工阶段的测量工作和竣工验收阶段的测量工作。

5.2.1　勘测设计阶段的测量工作

勘测设计阶段的测量工作主要是为了满足设计的需要，为设计的正常进行提供相应的地形资料，主要可分为初测和定测两个阶段。

1. 初测阶段

初测是**初步测量**或**踏勘测量**的简称，是沿着在小比例尺地形图上初步给定的线路范围进行导线控制测量和水准测量并绘制大比例尺带状地形图，为进行精密的纸上选线即确定公路工程的具体位置和走向提供支持，同时也为线路方案比选和编制初步设计文件提供依据。

线路大比例尺带状地形图的比例尺一般为 1∶2000 和 1∶1000，对于地物、地貌简单的平坦地区，比例尺可采用 1∶5000。测绘宽度为线路中线两侧各 100～200m。地形点的分布及密度应能反映出地形的变化，若地面横坡大于 1∶3 时，地形点的图上间距一般不大于图上15mm；反之，则一般不大于图上 20mm。

2. 定测阶段

定测的主要任务是把图样上初步设计的公路测设到实地，并进一步收集相关资料，为下一步的施工设计及工程计算等有关施工技术文件的编制提供依据。其主要工作可分为中线测量和道路纵横断面测量。

（1）中线测量　中线测量的主要任务是将设计图样上的中线位置测设到实地地面上，主要是进行中线交点 *JD* 和转点 *ZD* 的测设，测量交点上的转折角和中桩测设，如图5-1所示。

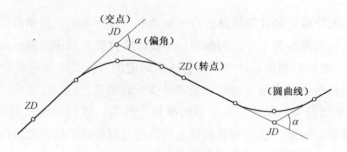

图 5-1　线路的中线

1）交点和转点的测设。

① 交点测设。线路不同方向的转折点又称**交点**，用 JD 表示。交点是线路中线的重要控制点，是放样曲线主点和推算各点里程的依据。

对于低等级公路，可在现场直接标定交点；对于高等级公路，则应根据前期初测阶段布设的导线及在大比例尺地形图中定出的线路路线，用图解的方法求出测设数据采用穿线法测设交点。

先将中线的直线段测设到地面上，然后将相邻直线延长相交，定出地面交点桩位置。如图 5-2 所示，做导线点 14、15、16、17 的垂线，与线路中线相交于 P_1、P_2、P_3、P_4。图解大比例尺地形图求的各导线点对应支距 l_1、l_2、l_3、l_4，在施工现场以相应导线点为垂足，用经纬仪或方向架定出垂线方向，测设支距，放出各临时点 P_1、P_2、P_3、P_4。放出的各临时点理论上应在一条直线上。由于误差的存在，在实际测

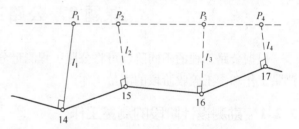

图 5-2　支距法测设点位

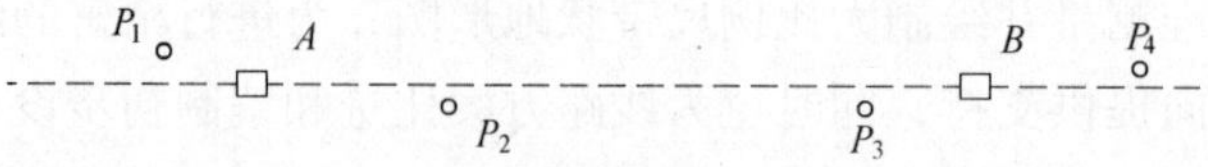

设过程中，各临时点并不能严格在一条直线上，如图 5-3 所示。

图 5-3　穿线

在这种情况下，可采用目估定线穿线或经纬仪视准法穿线，定出一条尽可能多地穿过或靠近临时点的直线 AB。最后在 AB 或者其方向上打下两个以上的转点桩，取消临时点桩，该过程即为穿线过程。

当两条相交的直线 AB、CD 在地面上确定之后，可进行交点位置的确定。如图 5-4 所示，将经纬仪架设在 B 点瞄准 A 点，倒镜得到 AB 方向，在交接交点位置打下骑马桩 a、b，并钉上小钉，挂上细线。仪器移至 C 点，重复上述操作，定出 c、d 两点并挂上细线，则两细线相交位置即为 JD 点。

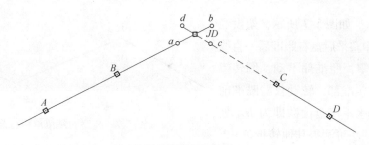

图 5-4 交点

② 转点测设。当相邻两交点互相不通视时，需要在其连线上，测设一点或数点，以供交点、测转折点、量距或延长直线时瞄准之用，这样的点称为**转点**（*ZD*）。转点的测设方法有两种：在两交点之间测设转点和在两交点延长线上测设转点。

在两交点之间测设转点，如图 5-5 所示。JD_5、JD_6 为相邻不通视的两点，ZD' 为粗略定出的转点位置。架设经纬仪于 ZD'，用正倒镜分中法延长直线于 JD'，若 JD' 与 JD 重合或偏差 f 在容许范围之内，则转点位置即为 ZD。这时应将 JD_6 移至 JD_6'。当偏差 f 超过容许范围或 JD_6 不许移动时，则需重新设置转点。设 e 为 ZD' 横向移动的距离，a、b 为 ZD' 到前后两交点的距离，则 $e = \dfrac{a}{a+b}f$，ZD' 沿偏差

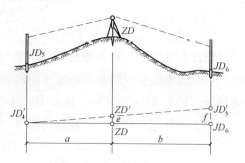

图 5-5 两交点间测设转点

反方向移动距离 e 至 ZD。将仪器架设在 ZD 点进行检核，看偏差 f 在容许范围之内或视线是否通过 JD_6。若不允许，则再次设置转点，直至符合要求为止。

在两交点延长线上测设转点，如图 5-6 所示。JD_8、JD_9 为相邻不通视的两点，ZD' 为粗略定出的转点位置。将经纬仪架设于 ZD'，盘左、盘右分别照准 JD_8，俯视 JD_9 范围的两点，取两点的中点为 JD_9'，若 JD_9 与 JD_9' 重合或偏差 f 在容许范围之内，则仪器架设位置即为 ZD，否则应调整 ZD' 的位置。设 e 为 ZD' 横向移动的距离，a、b 分别为 JD_8 至 ZD'、JD_9 至 ZD' 的距离，则 $e = \dfrac{a}{a-b}f$，ZD' 沿偏差反方向移动距离 e 至 ZD。然后将仪器移至 ZD，重复上述操作，直至 f 值小于或等于容许值为止，并标出转点位置。

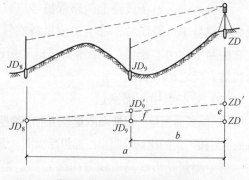

图 5-6 延长线上测设转点

2）转折角测量。线路两相邻直线段所成的右夹角通常称为**转折角**，用 α 表示。从线路的前进方向看，线路的转折角可分为左偏角和右偏角，如图 5-7 所示。

转折角的测量可分为直接测量和间接测量两种。

① 直接测量。如图 5-7 所示，架设经纬仪于 JD_1，对中整平后盘右照准后一直线方向，水平度盘零，照准部不动，倒转望远镜镜筒，松开照准部，转动仪器瞄准前一直线方向，则水平度盘读数即为 JD_1 处的转折角 $\alpha_右$，同法可测得其他转折角。

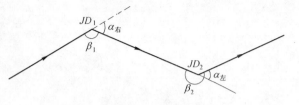

图 5-7　线路的左偏角和右偏角

② 间接测量是通过观测线路右侧的水平夹角 β，进而计算出转折角，架设仪器于 JD_1，用测回法观测一个测回，得到水平角 β。当 $\beta > 180°$ 时为左偏角，当 $\beta < 180°$ 时为右偏角。左偏角和右偏角的计算公式如下：

$$\begin{cases} \alpha_右 = \beta - 180° \\ \alpha_左 = 180° - \beta \end{cases} \tag{5-1}$$

3) 中桩测设。为了测定线路的长度，从线路起点开始，需沿线路方向在地面上测设整桩和加桩，这项工作称为**中桩测设**。整桩和加桩也被称为**中线桩**或**里程桩**。中桩上写有桩号，表示该中桩至线路起点的水平距离。如中桩距线路起点的水平距离为 1567.56m，则该桩桩号可记作 K1 + 567.56，桩号中 "+" 之前为公里数，"+" 之后为米数。

整桩是从起点开始，按规定每隔某一整数设一桩，此为整桩。根据不同的线路，整桩之间的距离也不同，一般为 20m、30m、50m 等（曲线上根据不同半径设，每隔 20m、10m 或 5m 设一桩），如百米桩和公里桩均属于整桩。加桩是为了详细显示地形变化、地物地貌特点而在中线上相邻整桩之间线路穿越的重要地物处（如铁路、公路、原有管道等）及地面坡度变化处设置的里程桩，主要可分为地物加桩、地形加桩、曲线加桩和关系加桩。

在钉桩时，对于交点桩、转点桩、距线路起点每隔 500m 处的整桩、重要地物加桩（如桥、隧道位置桩），以及曲线主点桩，都要打下 6cm × 6cm 的方桩，桩顶露出地面约 2cm，在其旁边钉一指示桩，指示桩上标明该桩的桩名和里程。

一般来讲，整条线路上的路程桩号应该是连续的，但是当出现局部改线，或者在事后发现距离测量中有错误时，都会造成里程桩号所表示的里程数和实际线路长度不一致的情况，这在线路中称为"**断链**"。断链有长链和短链之分，当路线桩号里程长于地面实际里程时称为**短链**，反之称为**长链**。

（2）道路纵横断面测量

1) 纵断面测量。**纵断面测量**是用水准测量的方法测出道路中线上各里程桩的高程，根据里程桩的桩号按一定的比例绘制出线路纵断面图。纵断面测量一般分为基平测量和中平测量两个部分。

基平测量是沿线路中线方向每隔一定距离设置一个水准点，水准点点位一般应选择在距离线路中线 30~50m，不受施工影响，使用方便且易于保存的地方，并按四等水准测量的方法测定其高程。点位密度应恰当，一般每隔 1~2km 设置一个，在桥涵、隧道等构筑物附近应加设水准点，作为施工引测高程的依据。

中平测量是根据基平测量中的水准点测量线路中线上各个里程桩点所在地面的高程，按符合水准路线逐点施测中桩的地面高程。为了防止因地形原因而引起的中桩四周高差不一，一般规定立尺应紧靠中线桩不写字的一侧。由于中桩之间的距离一般不大，实际测量过程中，可采用视线高法和高差法水准测量相结合，在一个测站上测量多个中桩点。

纵断面图一般是以中桩里程为横坐标、中桩高程为纵坐标绘制而成的，由于纵横坐标数值变化量差距很大，在绘图时通常要求高程比例尺比里程比例尺大 10 倍。

2）横断面测量。**横断面测量**是测量线路中桩处垂直于线路中线方向的两侧地面地形起伏变化的高差以及与中线桩的水平距离，然后按照一定的比例尺绘制成横断面图。横断面图主要是为了满足线路上隧道、桥涵等构筑物的设计和土石方量计算等方面的需要。

横断面的宽度以满足工程需要为准，一般要求为中线两侧各 15～30m。横断面的方向在线路直线部分应与中线垂直，曲线部分应与曲线的切线相垂直。

绘制横断面图时，一般以中桩高程为准，以各特征点与中桩之间的水平距离为横坐标，高差为纵坐标，采用相同的比例尺缩绘而成。比例尺通常用 1∶100 或 1∶200。

5.2.2　施工阶段的测量工作

公路工程施工阶段的测量工作主要包括：恢复中线测量，施工控制桩、路基边桩和竖曲线的测设。从工程勘测开始，经过工程设计到开始施工这段时间里，往往会有一部分中线桩被碰动或丢失，为了保证线路中线位置的正确可靠，施工前应进行一次复核测量，即**恢复中线测量**。将已经丢失或碰动过的交点桩、里程桩恢复和校正好，其方法与中线测量相同。

图 5-8　平行线法测设施工控制桩

1. 施工控制桩的测设

在公路施工过程中，中线桩往往会被挖掉或掩埋，为了保证施工测量工作的正常进行，需要布设施工控制桩来控制中线桩。施工控制桩一般布设在不易受到施工破坏且便于保存桩位的地方，通常采用平行线法和延长线法两种方法布设。

平行线法是在设计路基宽度之外，测设两排平行于中线的施工控制桩，如图 5-8 所示。控制桩的间距一般为 10～20m。

延长线法是在线路转折处的中线延长线上以及曲线中点至交点的延长线上测设施工控制桩。如图 5-9 所示，控制桩与交点之间的距离应进行丈量并记录。

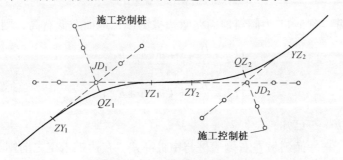

图 5-9　延长线法测设施工控制桩

2. 路基边桩的测设

路基边桩的测设是根据设计横断面图，把路基两旁的边坡与原地面的交点测设出来的过程。在边坡与地面的交点处钉设的木桩称为**边桩**。边桩测设的方法主要有图解法和解析法两种方法。

图解法是将线路横断面图与路基设计断面图缩绘在同一张图样上，直接在图上量取中桩至边桩的距离，然后在实地测设出来的过程。

解析法是通过计算求得路基中桩与边桩之间的距离的一种方法，由于实际地面地形的不同，解析法可分为平坦地面和倾斜地面两种情况。

（1）平坦地面　如图5-10所示，其中图 a 为填方路基，称为**路堤**；图 b 为挖方路基，称为**路堑**。

路堤计算公式为：

$$l_左 = l_右 = \frac{B}{2} + mh \tag{5-2}$$

式中　$l_左$、$l_右$——道路中桩至左、右边桩的距离（m）；

$\quad\quad B$——路基宽度（m）；

$\quad\quad m$——路基础边坡率；

$\quad\quad h$——填土或挖土深度（m）。

路堑计算公式为：

$$l_左 = l_右 = \frac{B}{2} + s + mh \tag{5-3}$$

式中　S——路堑边沟顶宽（m）。

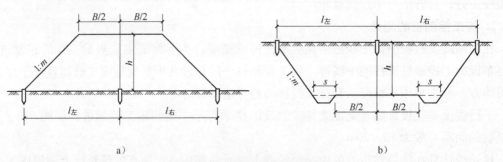

图 5-10　平坦地面路基边桩测设

a）路堤计算　b）路堑计算

（2）倾斜地面　图5-11为倾斜地面路堑边桩测设，地面左低右高，则由图可知：

$$\begin{cases} l_左 = \frac{B}{2} + s + m(h - h_左) \\ l_右 = \frac{B}{2} + s + m(h + h_右) \end{cases} \tag{5-4}$$

式中　B、s、m、h——已知；

$\quad\quad h_左$、$h_右$——倾斜坡左右侧边桩与中桩高差，在边桩未定之前则为未知数。

实际工作中可采用逐步趋近的方法在实地测设边桩。先根据地面实际情况，确定过渡点，测出该点与中桩高差，并以此作为 $h_左$、$h_右$ 带入式（5-4）计算 $l_左$、$l_右$，定出其实际位置。若估算位置与实际位置相符或相差在 0.1m 以内，则得边桩位置。否则应该实测资料，重新定位，重复上述操作，直至符合要求。

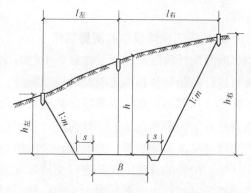

图 5-11 倾斜地面路堑边桩测设

倾斜地面路堤边桩测设与路堑边桩测设基本相同，这里就不再做详细说明。

课题 3 铁路工程测量

5.3.1 铁路工程概述

1. 铁路工程初识

铁路工程是指铁路上的各种土木工程设施，包括与铁路有关的土木（轨道、路基、桥梁、隧道、站场）、机械（机车、车辆）和信号等工程，也是指修建铁路的勘测设计、施工、养护、改建各环节所运用的科学和技术，是土木工程的重要组成部分。铁路工程包括地上铁路（图 5-12）和地下铁路（地铁）两部分。

图 5-12 京广铁路

1）线路的路基和轨道。路基是轨道的基础，包括路基本体、排水设备和防护加固建筑物等。轨道包括钢轨、轨枕、道床、连接零件、防爬设备、附属设备和道岔等。

2）桥梁是铁路线路跨越河流、渠道、山谷或公路铁路交通线时的主要建筑。桥梁的种类按桥梁的结构类型分为：梁式桥；拱桥；刚架桥；斜拉桥。桥梁的结构分为上部结构和下部结构。上部结构是桥台以上各部分的总称，也称为**桥跨结构**，一般包括梁、拱、桥面和支座等；下部结构包括桥墩、桥台和它们的基础。此外，桥头锥体防护建筑也属于桥梁范围。

3）涵洞是当线路跨过较小的溪流或水渠时，设置在路基下的过水构筑物。

4）隧道是在山区修建铁路时从山体中凿出的一个地下通道，使线路能比较直顺而平缓地通过。隧道一般由以下几部分组成：洞身；衬砌；洞门。

2. 铁路建设的基本程序

铁路建设的基本程序划分为三个大的阶段：第一阶段为前期项目策划阶段，以可行性研究为核心，确定建设规模和概算；第二阶段为设计施工的基本建设项目实施阶段，是测量工作的主要集中阶段，包括初步设计和施工设计；第三阶段为验收通车投产与投资效果反馈阶段。

3. 铁路工程建设中的测量工作

勘测设计阶段是测量工作最集中的时期，有草测、初测和定测等不同阶段的工作。草测时要进行视距导线和小比例尺的地形测绘。初测在初步设计阶段以前进行，包括插大旗、导线测量、高程测量和地形测量。初测目前较多采用航测方法测绘地形图，有时也采用地面摄影测量方法。定测在施工设计前进行，包括交点放线、中线测设（直线和曲线测设）、纵断面测量和横断面测量等。勘测设计阶段的测量任务由设计部门负责。

施工阶段的首项工作是进行交桩和复测。路基施工前要进行路基边桩的放样。在施工过程中要随时进行中线和高程方面的检测。对于大型桥隧工程，施工前需做施工控制网。施工阶段的测量主要由承担工程的工程局负责。

验收阶段的测量任务是进行贯通全线的竣工测量，辅助验收部门检查施工质量，提交施工成果、图样资料等。

运营阶段经常需要进行线路的维修和改扩建，也需要一系列的测量，包括既有线路的详细测量和施工放样等，与新建铁路设计施工阶段测量任务一样，只是其集中程度不同。

5.3.2 铁路工程初测

1. 铁路初测中的插大旗

插大旗具有双重任务：一方面要选定线路的基本走向，另一方面又要选出导线点的位置。

2. 铁路初测中的导线测量

（1）布设导线的基本要求 初测导线是测绘线路带状地形图和定测放线的基础。导线布设应首先满足这两项基本要求，同时还要便于导线本身的测角和量边。

（2）导线测量方法 水平角测量主要应用 J2 和 J6 经纬仪，测量一个测回。边长测量应用光电测距仪往返测量各一测回，每测回读数两次。

（3）导线的检核 《新建铁路工程测量规范》（TB 10101—1999）规定在导线的起讫点以及导线中间，与国家平面控制点或同等精度的其他平面控制点不远于 30km 时应联测。联测可采用后方交会、前方交会或侧方交会等方法。线路测量的平面坐标很难完全采用国家统一坐标，因为采用统一坐标的投影，使导线长度产生变形，而采用实际长度更切合工程设计的使用。联测计算导线总闭合差时须进行投影换算。计算导线总闭合差时应将导线测量成果改化到大地水准面和高斯平面上去，最后用经过改化的坐标增量来计算导线的闭合差。

当附合导线两端点的已知控制点不在同一投影带时，应先将邻带的控制点换算到同一带，然后再进行计算。

3. 铁路初测中的水准测量

在铁路初测阶段所进行的水准测量任务有两类：一是沿线建立高程控制点，为地形测量和以后定测、施工测量、竣工测量等服务；二是测定导线点的高程。初测中的水准测量按五等（等外水准）的要求进行。水准测量在铁路测量中习惯上称作"**抄平**"。根据工作目的和精度的不同，水准测量又分为水准点高程测量（通称**基平**，即水准基点的抄平）和中桩高程测量（通称**中平**，即中线桩的抄平）。

（1）基平　基平的任务是在沿线附近建立水准点并测定其高程。水准路线应起始并闭合于国家水准控制点上，线路较长时应与国家水准点联测。

（2）中平　中平在初测中的任务是测定导线点的高程。中桩高程测量采用单程水准路线，附合于水准基点。在地形起伏较大的地段，可采用三角高程测量。

4. 铁路初测中的地形测量

铁路初测中的地形测量是测量沿线带状地形图，作为线路设计和方案比较的依据。比例尺一般为 1∶2000，地形简单的地区可用 1∶5000，地形复杂的地区使用 1∶1000。测量宽度，在平坦地区为每侧 200～300m，丘陵地区为 150～200m。测量方法同一般地形测量的细部测量。

5.3.3　铁路定线测量

定线测量的任务是把图样上设计好的线路中心线（即纸上定线）或在野外实地选定的线路中心线（即实地定线）的位置在地面上标定出来，也就是要把确定线路各直线段的控制点和交点测设到地面。

1. 穿线法放线

穿线法放线就是先根据控制导线测设出线路直线上必要的转点，然后用经纬仪检查这些标定点是否在一条直线上，并延长相邻两直线得到直线的交点，从而达到定线的目的。

（1）放线的步骤　室内选点；计算标定要素；现场放线；穿线；确定交点。

（2）穿线法放线的特点

1）每一条直线是根据初测的导线独立放出的，一条直线的误差不会影响到下一条直线，测量误差不会积累，精度比较均匀。

2）适用于地形起伏较大、直线端点通视不良的地段。

3）要求设计路线与初测导线相距较近，若很远，则将影响放线精度和效率。

4）步骤多，工序较复杂，工效较低。

2. 拨角法放线

拨角法放线是根据纸上定线先计算出各交点的转向角和相邻交点间的距离，然后在野外按照标定要素依次测设各交点。其测设的步骤为：

1）计算标定要素。

2）现场放线。首先根据标定要素定出线路交点 A；然后在 A 点设站，根据标定要素得到交点 B，同时测设直线上的中线桩、转点桩等；接下来将仪器搬到 B 点，根据标定要素得到交点 C 点，如此继续下去。

3）连续测设 3～5km 后与初测导线附合一次，进行检查。

3. 中线测设

中线测设的任务是把线路中线的位置在地面上详细标定出来。在地面上标定线路是用一系列木桩钉在中心线上，这些桩称为**中线桩**（简称**中桩**）。中桩除了标定线路的平面位置外，还标记着线路的里程。所谓**里程**是指从线路起点到该桩点的距离，通常用 K3＋492.17

这种形式表示该点里程为3492.17m。

直线段的中桩测设方法是,将测距仪设在直线段起始控制点,瞄准直线另一端的控制点,然后在二者中间每隔一定距离标定中桩位置。

5.3.4 铁路曲线测设

在线路转向处(两条直线相交处)应设置平面曲线。线路的平面曲线有圆曲线、缓和曲线和回头曲线等。圆曲线又分为单曲线和复曲线两种。在变坡点处,必须用曲线连接不同坡度,此种曲线称为竖曲线(图5-13),这里主要讲圆曲线。

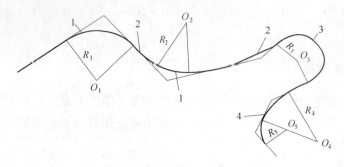

图5-13 铁路曲线测设

圆曲线测设分两步:首先测设曲线的主点,即直圆点(ZY)、曲线中点(QZ)和圆直点(YZ);然后进行曲线的详细测设,即在曲线上每相距10m或20m测设一个曲线桩。

1. 圆曲线标定要素及其计算

(1)圆曲线半径 我国《新建铁路测量工程规范》(TB 10101—1999)和《铁路技术管理规程》中规定:在正线上采用的圆曲线半径为4000m、3000m、2500m、2000m、1800m、1500m、1200m、1000m、800m、700m、600m、550m、500m、450m、400m和350m;各级铁路曲线的最大半径为4000m;Ⅰ、Ⅱ级铁路的最小半径在一般地区分别为1000m和800m,在特殊地段为400m;Ⅲ级铁路的最小半径在一般地区为600m,在特殊困难地区为350m。

(2)圆曲线主点标定要素 圆曲线的半径R、线路转向角α、切线长T、曲线长L、外矢距E及切曲差q等称为圆曲线的标定要素,如图5-14所示。

(3)圆曲线主点标定要素的计算 α和R分别根据实际测定和线路设计时选定,可按公式法或查表法确定圆曲线的要素T、L、E。

1)公式法。计算公式如下:

切线长:
$$T = R\tan\frac{\alpha}{2}$$

曲线长:
$$L = R\alpha\frac{\pi}{180}$$

外矢距:
$$E = R\left(\sec\frac{\alpha}{2} - 1\right)$$

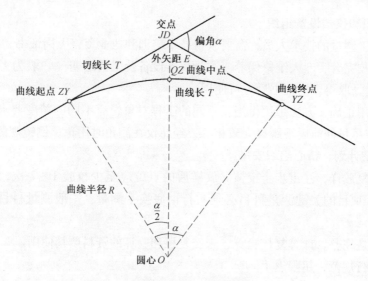

图 5-14   圆曲线标定要素

切曲差：
$$q = 2T - L$$

[例 5-1] 已知 $\alpha = 55°43'24''$，$R = 500\mathrm{m}$，求圆曲线各要素 T、L、E。

解： 由公式法可得：$T = 264.31\mathrm{m}$；$L = 486.28\mathrm{m}$；$E = 65.56\mathrm{m}$。

2）查表法。在《铁路曲线测设用表》中以 α、R 为引数，查得相应的圆曲线要素。

2. 圆曲线主点里程的计算

圆曲线的主点必须标记里程，里程增加的方向为 $ZY \to QZ \to YZ$。如 [例 5-1] 中，若已知 ZY 点的里程为 K37 + 553.24，则 QZ 及 YZ 的里程计算如下：

$$
\begin{array}{ll}
ZY & 37 + 553.24 \\
+\dfrac{L}{2} & 243.14 \\
\hline
QZ & 37 + 796.38 \\
+\dfrac{L}{2} & 243.14 \\
\hline
YZ & 38 + 039.52
\end{array}
$$

3. 主点测设

测设主点时，在转向点 JD 安置经纬仪，以望远镜顺次瞄准两切线方向，沿切线方向丈量切线长 T，标定曲线的起点 ZY 和终点 YZ。然后再照准 ZY 点，测设（$180° - \alpha$）/2 角，得分角线方向，沿此方向丈量外矢距 E_0，即得曲线中点 QZ。这三个主点规定用方桩加钉小钉标志点位。

5.3.5 铁路施工测量的组织实施

铁路施工测量是指在铁路工程施工阶段所进行的测量工作。目的是根据施工的需要，将设计的线路、桥涵、隧道、站场等建筑物的平面位置和高程，按设计要求以一定的精度敷设在地面上。测量贯穿于施工的全过程。

1. 人员组织和仪器设备组织

1）铁路施工测量的技术人员，需要获得技术培训和执业资格上岗证书，方可上岗。

2）仪器检校完善，专人维修保养。测量仪器设备及工具定期（一般为1年）到国家计量部门进行检定，取得合格证书后方可使用。

3）仪器选用正确，方法采用得当。不同的工程对象，有不同的精度要求。水准仪进行水准测量时，应尽量使前后视距离大致相等；经纬仪在测角时用正、倒镜观测取均值等。

2. 做好周密计划，精心组织安排

1）做到反复放样，注重步步校核。放样后的点位应至少校验1~2次，必要时进行换手测量。对工程项目的关键测量科目必须实行彻底换手测量。一般测量科目实行同级换手测量。

2）记录清楚完整，计算复核验算，未经复核和验算的资料严禁使用。

3）严格执行规范，超限返工。

4）及时整理测量资料，做好技术总结。

5.3.6　铁路施工测量成果评价

评价的参考依据是国家标准《工程测量规范》（GB 50026—2007）、铁道部行业标准《新建铁路工程测量规范》（TB 10101—1999）和《既有铁路测量技术规则》（TBJ 105—1988）。

1. 施工测量的检查、验收

施工测量实行二级检查、一级验收制。施工单位对质量实行过程检查和最终检查，过程检查由测量队（班）检查人员承担，最终检查由施工单位的质量管理机构负责实施。

验收工作一般由监理单位组织实施。

2. 质量评价

采用百分制，按缺陷扣分法和加权平均法计算测量成果综合得分。

课题4　桥隧工程测量

5.4.1　桥梁施工测量

为满足铁路、公路和城市道路等交通运输工程，我国在江河上修建了大量桥梁，有铁路桥梁、公路桥梁、铁路公路两用桥梁。陆地上的立交桥和高架道路也属于桥梁结构。这些桥梁在勘测设计、建筑施工和运营管理期间都需要进行大量的测量工作。

桥梁按其轴线长度一般分为特大型桥（＞500m）、大型桥（100~500m）、中型桥（30~100m）和小型桥（＜30m）四类。桥梁施工测量的方法及精度要求随桥梁轴线长度、桥梁结构而定，主要内容包括平面控制测量、高程控制测量、墩台定位、轴线测设、桥梁细部放样、变形观测和竣工测量等。以下按小型桥梁、大中型桥梁分别介绍桥梁施工测量的主要内容。

建设一座桥梁，需要进行各种测量工作，其中包括：勘测、施工测量、竣工测量等；在施工过程中及竣工通车后，还要进行变形观测工作。根据不同的桥梁类型和不同的施工方法，测量的工作内容和测量方法也有所不同。

1. 桥梁勘测

（1）桥梁勘测的目的和任务　桥梁勘测的目的是为选择桥址和设计工作提供地形和水文资料。桥梁勘测的主要任务包括：桥渡线跨河长度测量；桥址纵断面测量；地面地形测量；水下地形测量；水文断面和流速测量；洪水位和水面比降测量等。

（2）水下地形测量　水下地形测量中平面测量的方法主要有断面法和交会法。断面法适用于流速较慢的河流；交会法则适用于水流较急的河流。

水下地形测量中高程测量分两步，首先测量水面高程，然后测量水深。常用的水深测量工具有测深杆、测深锤或回声测深仪等。

（3）水文断面和流速测量　水文断面应设在河道顺直、河滩较窄、河床稳定且靠近桥轴线的位置，断面与水流方向垂直。测量流速的仪器有浮标和流速仪等。

（4）洪水位和水面比降测量　**水面比降**也称**水面坡度**，等于同一瞬间两处水面高程之差与两处的距离之比。沿水流方向的比降称**纵比降**，垂直于水流方向的比降称**横比降**。水面比降随水位变化而变化，水位低时比降小，水位高则比降大。测量水面比降要在不同的水位进行。

2. 桥梁施工测量

（1）桥轴线及控制桩的测设　测设时，首先在线路中线上，依桥位桩号准确地标出桥台和桥墩的中心桩，在河道两岸测设桥位控制桩；然后分别在点上安置经纬仪，测设桥台和桥墩的中心线，并在两侧各设两个以上控制桩。如果桥台、桥墩中心不能安置仪器，则可在两岸先布设控制点，然后用交会法定出各轴线。

（2）基础施工测量　根据桥台和桥墩的中心线，标出基坑的开挖边界线。基坑上口的尺寸，应依坑深、坡度、土质情况和施工方法而定。当基坑挖到一定深度以后，应在坑壁上设置水平桩。水平桩距基坑设计底面为 1m，作为控制挖深和基础施工中掌握高程的依据。

（3）墩、台顶部施工测量　为控制桥墩台的砌筑高度，当桥墩台砌筑到一定高度时，应根据水准点在墩台的每侧测设一条距顶部一定高度的水平线。在墩帽、顶帽施工时，则应用水准仪依水准点控制其高程，使其误差在 ±10mm 以内；用经纬仪依中线桩检查墩台的两个方向的中线位置，其偏差应在 ±10mm 以内；用钢尺检查墩、台间距，相对误差应小于 1/5000。

3. 墩台定位及轴线测设

在桥梁施工中，最主要的工作是测设出墩、台的中心位置和它的纵横轴线。桥梁墩台定位测量是桥梁施工测量中的关键性工作。水中桥墩基础施工定位采用方向交会法，这是由于水中桥墩基础一般采用浮运法施工，目标处于浮动中的不稳定状态，在其上无法使测量仪器稳定。在已稳固的墩台基础上定位时，可以采用方向交会法、距离交会法或极坐标法。同样，桥梁上层结构的施工放样也可以采用这些方法。

（1）方向交会法 如图 5-15 所示，AB 为桥轴线，C、D 为桥梁平面控制网中的控制点，P_i 点为第 i 个桥墩设计的中心位置（待测设的点）。在 A、C、D 三点上各安置一台经纬仪。A 点上的经纬仪照准 B 点，定出桥轴线方向；C、D 两点上的经纬仪均先照准 A 点，并分别测设根据 P_i 点的设计坐标和控制点坐标计算的 α、β 角，以正倒镜分中法定出交会方向线。

由于测量误差的影响，从 C、A、D 三点指来的三条方向线一般不可能正好交会于一点，而是构成误差三角形 $\Delta P_1 P_2 P_3$。如果误差三角形在桥轴线上的边长 $P_1 P_3$ 在容许范围之内（对于墩底放样为 2.5cm，对于墩顶放样为 1.5cm），则取 C、D 两点指来方向线的交点 P_2 在桥轴线上的投影 P_i 作为桥墩的中心位置。在桥墩施工中，随着桥墩的逐渐筑高，桥墩中心的放样工作需要重复进行，而且要迅速和准确。为此，在第一次求得正确的桥墩中心位置 P_i 以后，将 CP_i 和 DP_i 的方向线延长到对岸，设立固定的照准标志 C'、D'，如图 5-16 所示。以后每次做方向交会法放样时，从 C、D 点直接照准 C'、D' 点，即可恢复对 P_i 点的交会方向。

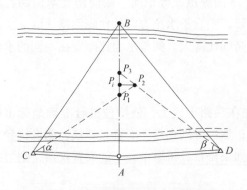 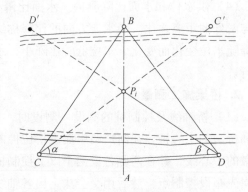

图 5-15　三方向交会中的误差三角形　　　　图 5-16　方向交会的固定瞄准标志

（2）极坐标法 在使用全站仪并在被测设的点位上可以安置棱镜的条件下，用极坐标法放样桥墩中心位置更为精确和方便。对于极坐标法，原则上可以将仪器安置于任意控制点上，按计算的放样数据——角度和距离测设点位。

但是，若是测设桥墩中心位置，最好是将仪器安置于桥轴线点 A 或 B 上，照准另一轴线点作为定向，然后指挥棱镜安置在该方向上，测设 AP_i 或 BP_i 的距离，即可测定桥墩中心位置 P_i 点。

4. 桥梁架设施工测量

桥梁架设是桥梁施工的最后一道工序。桥梁梁部结构比较复杂，要求对墩台方向、距离和高程用较高的精度测定，作为架梁的依据。

墩台施工时，对其中心点位、中线方向、垂直方向以及墩顶高程都做了精密测定，但当时是以各个墩台为单元进行的。架梁时需要将相邻墩台联系起来，考虑其相关精度，要求中心点间的方向、距离和高差符合设计要求。

桥梁中心线方向的测定，在直线部分采用准直法，用经纬仪正倒镜观测，在墩台上刻划出方向线。如果跨距较大（＞100m），应逐墩观测左、右角。在曲线部分，则采用偏角法。

相邻桥墩中心点之间的距离用光电测距仪观测，适当调整使中心点里程与设计里程完全一致。在中心标板上刻划里程线，与已刻划的方向线正交形成十字交线，表示墩台中心。

墩台顶面高程用精密水准测定，构成水准线路，附合到两岸基本水准点上。

大跨度钢桁架或连续梁采用悬臂或半悬臂安装架设。安装开始前，应在横梁顶部和底部的中点做出标志，架梁时，用来测量钢梁中心线与桥梁中心线的偏差值。

在梁的安装过程中，应不断地测量以保证钢梁始终在正确的平面位置上，高程（立面）位置应符合设计的大节点挠度和整跨拱度的要求。

如果梁的拼装是两端悬臂并在跨中合拢，则合拢前的测量重点应放在两端悬臂的相对关系上，中心线方向偏差、最近节点高程差和距离差要符合设计和施工的要求。

全桥架通后，做一次方向、距离和高程的全面测量，其成果可作为钢梁整体纵、横移动和起落调整的施工依据，称为**全桥贯通测量**。

5. 桥梁变形监测

桥梁墩台变位不仅影响结构的几何形态，对超静定结构还会改变其内力状态，严重的有可能发生主梁、墩身开裂，甚至引发坍塌事故。在对桥梁承载力评定时，应注意对墩台与基础变位情况进行调查。引起墩台变位的原因主要是地质条件的变化（水土流失、河床水位变化等）和超载车辆的作用等。桥梁变形监测包括墩台的沉降观测水平位移观测，必要时进行墩台的倾斜和扭转观测。

桥梁变形观测通常有三种方法：一是大地控制测量方法；二是特殊测量方法，包括倾斜测量和激光准直测量；三是地面立体摄影测量方法。大地控制测量方法能够提供桥墩台和桥梁跨越结构的变形情况，能够以网格的形式进行测量并对测量结果进行精度评定。

（1）墩台的沉降观测　加工一个站立平台，使平台高出最高水面，并重新安装沉降观测标，以便测量人员进行仪器操作及立尺。另考虑到沉降观测的精度要求高，站立平台范围小，测量仪器灵敏度高，如果在操作平台上架设仪器，观测过程中，就很可能使仪器产生振动，影响观测效果，因此可以将置仪平台与站立平台分开。

（2）墩台的水平位移观测　各墩台在上下游的水平位移观测称为**横向位移观测**；各墩台沿桥轴线方向的水平位移观测称为**纵向位移观测**。

6. 小型桥梁工程施工测量

建造跨度较小的小型桥梁，一般是临时筑坝截断河流或选在枯水季节进行，以便于桥梁的墩台定位和施工。

（1）桥梁中轴线和控制桩的测设　小型桥梁的中轴线一般由线路工程的中线来决定。

如图 5-17 所示，先根据桥位桩号在线路工程中线上测设出桥台和桥墩的中心桩位 A、B、C 三点，并在河道两岸测设桥位控制桩 K_1、K_2、K_3、K_4；然后分别在 A、B、C 三点上安置经纬仪，在与桥的中轴线垂直的方向上测设桥台和桥墩控制桩位 a_1、a_2、a_3、a_4，…，c_1、c_2、c_3、c_4，每侧要有两个控制桩。测设时量距要用经过检定的钢尺，并加尺长、温度和高差改正，或用光电测距仪，测距精度应高于 1：5000，以保证桥的上部结构安装能正确就位。

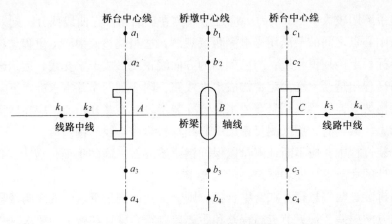

图 5-17　小型桥梁施工控制桩

（2）基础施工测量　根据桥台和桥墩的中心线定出基坑开挖界线。基坑上口尺寸应根据坑深、坡度、地质情况和施工方法而定。基坑挖到一定深度后，根据水准点高程在坑壁测设距基坑底设计面有一定高差（如1m）的水平桩，作为控制挖深及基础施工中控制高程的依据。

基础完工后，应根据上述的桥位控制桩和墩台控制桩，用经纬仪在基础面上测设出墩台中心及其相互垂直的纵、横轴线。根据纵、横轴线即可放样桥台、桥墩砌筑的外轮廓线，并弹出墨线，作为砌筑桥台、桥墩的依据。

7. 大、中型桥梁施工测量

建造大、中型桥梁时，河道宽阔，桥墩在河水中建造，且墩台较高，基础较深，墩间跨距大，梁部结构复杂，对桥轴线测设、墩台定位要求精度较高，所以需要在施工前布设平面控制网和高程控制网，用较精密的方法进行墩台定位和架设梁部结构。

（1）平面控制测量　桥梁平面控制网网形一般为包含桥轴线的双三角形和具有对角线的四边形或双四边形，如图5-18所示，图中点画线为桥轴线。如果桥梁有引桥，则平面控制网还应向两岸延伸。

观测平面控制网中所有的角度，边长测量则可视实地情况而定，但至少需要测定两条边长。最后计算各平面控制点（包括两个轴线点）的坐标。大型桥梁的平面控制网也可以用全球定位系统（GPS）测量技术布设。

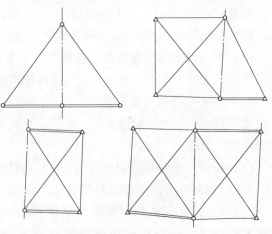

图 5-18　桥梁平面控制网

（2）高程控制测量　在桥址两岸布设一系列基本水准点和施工水准点，用精密水准测量联测，组成桥梁高程控制网。从河的一岸测到另一岸时，由于过河距离较长，用水准仪在水准尺上读数困难，而且前、后视距相差悬殊，水准仪误差（视准轴不平行于水准管轴）、地球曲率及大气折光的影响都会增加。此时，可以采用过河水准测量的方法或光电测距三角高程测量方法。

1）过河水准测量。过河水准测量用两台水准仪同时做对向观测，两岸测站点和立尺点布置成如图 5-19 所示的对称图形。图中，A、B 为立尺点，C、D 为测站点，要求 AD 与 BC 长度基本相等，AC 与 BD 长度基本相等且不小于 10m。用两台水准仪做同时对向观测，在 C 站先测本岸 A 点尺上读数，得 a_1，然后测对岸 B 点尺上读数 2~4 次，取其平均值得 b_1，高差为 $h_1 = a_1 - b_1$。同时，在 D 站先测本岸 B 点尺上读数，得 b_2，然后测对岸 A 点尺上读数 2~4 次，取其平均值得 a_2，高差为 $h_2 = a_2 - b_2$。取 h_1 和 h_2 的平均值，即完成一个测回。一般进行四个测回。

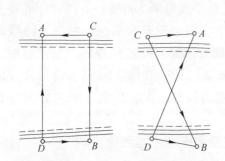

图 5-19　过河水准测量的测站和立尺点布置

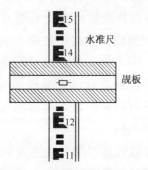

图 5-20　过河水准测量的觇板

由于过河水准测量的视线长，远尺读数困难，可以在水准尺上安装一个能沿尺面上下移动的觇板，如图 5-20 所示。观测员指挥司尺员上下移动觇板，使觇板中横线被水准仪横丝平分，司尺员根据觇板中心孔在水准尺上读数。

2）光电测距三角高程测量。如果有电子全站仪，则可以用光电测距三角高程测量的方法。在河的两岸布置 A、B 两个临时水准点，在 A 点安置全站仪，量取仪器高 i；在 B 点安置棱镜，量取棱镜高 l。全站仪照准棱镜中心，测得垂直角 α 和斜距 S，计算 A、B 两点间的高差。由于距离较长且穿过水面，高差测定会受到地球曲率和大气垂直折光的影响，但是大气结构在短时间内不会突变，因此可以采用对向观测的方法，能有效地抵消地球曲率和大气垂直折光的影响。对向观测的方法是：在 A 点观测完毕后，将全站仪与棱镜位置对调，用同样的方法再进行一次测量，取对向观测高差的平均值作为 A、B 两点间的高差。

8. 桥梁竣工测量

1）测量墩距，采用钢尺量距、激光测距仪、电磁波测距仪测距和报话机做线路前后联络，采用可编程序计算器进行数据处理，工效和测绘精度将大大提高。

2）丈量墩台各部尺寸，通常采用钢尺量距。

3）测量支承垫石顶面的高程的方法有水准测量法、电磁波测距、三角高程测量法、气压高程测量，常用的是水准测量法。

5.4.2　隧道施工测量

1. 隧道工程测量概述

隧道是线路工程穿越山体等障碍物的通道，或是为地下工程施工所做的地面与地下联系的通道。隧道施工是从地面开挖竖井或斜井、平硐进入地下的。为了加快工程进度，通常采取多井开挖以增加工作面的办法。在对向开挖的隧道贯通面上，中线不能吻合，这种偏差称为**贯通误差**。贯通误差包括纵向误差 Δt、横向误差 Δu、高程误差 Δh。其中，纵向误差仅影响隧道中线的长度，容易满足设计要求。因此，根据具体工程的性质、隧道长度和施工方法的不同，一般只规定贯通面上横向误差及高程误差的限差：$\Delta u <$（$50 \sim 100$）mm，$\Delta h <$（$30 \sim 50$）mm。在隧道工程施工过程中，需要利用测量技术指定隧道的开挖井位、开挖方向，控制隧道的贯通误差等。为了做好这些工作，首先要进行地面控制测量。地面控制测量分平面控制和高程控制两部分。

测量放样先放出路中心线及路边线，模板中心线每隔 5m 测一点高程，并检查调平层标高和横坡。在路中心线上每隔 20m 设一中心桩，还要在胀缝、缩缝、曲线起始点处加设一中心桩。桩采用长度不小于 40cm 的螺纹钢筋。冲击钻在调平层上打眼，竖直插入并固定钢筋桩，水准仪测量桩顶标高，根据设计标高确定桩顶下返尺寸，用线连接各桩下返尺寸位置。临时水准桩每隔 50m 左右设置一个，以便于施工时就近对路面进行标高复核。

在隧道的施工测量中主要包括洞内、外测量和推进控制测量。

2. 洞外地面控制测量

（1）平面控制测量　隧道工程平面控制测量的主要任务是测定各洞口控制点的平面位置，以便根据洞口控制点将设计方向导向地下，指引隧道开挖，并能按规定的精度进行贯通。因此，平面控制网中应包括隧道的洞口控制点。一般来说，平面控制测量有以下几种方法。

1）直接定线法。对于长度较短的直线隧道，可以采用直接定线法。

如图 5-21 所示，A、D 两点是设计的直线隧道洞口点，直接定线法就是把直线隧道的中线方向在地面标定出来，即在地面测设出位于 AD 直线方向上的 B、C 两点，作为洞口点 A、D 向洞内引测中线方向时的定向点。

在 A 点安置经纬仪，根据概略方位角 α 定出 B' 点。搬经纬仪到 B' 点，用正倒镜分中法延长直线到 C' 点。搬经纬仪至 C' 点，同法再延长直线到 D 点的近旁 D' 点。在延长直线的同时，用经纬仪视距法或用测距仪测定 AB'、$B'C'$ 和 $C'D'$ 的长度，量出 $D'D$ 的长度。计算 C 点的位移量。在 C' 点垂直于 $C'D'$ 方向量取 $C'C$，定出 C 点。安置经纬仪于 C

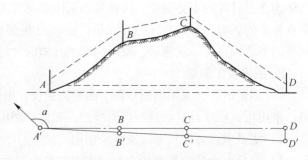

图 5-21　直接定线法地面控制

点，用正倒镜分中法延长 DC 至 B 点，再从 B 点延长至 A 点。如果不与 A 点重合，则进行第二次趋近，直至 B、C 两点正确位于 AD 方向上。B、C 两点即可作为在 A、D 点指明掘进方向的定向点，A、B、C、D 的分段距离用测距仪测定，测距的相对误差不应大于 1∶5000。

2）导线测量法。连接两隧道口布设一条导线或大致平行的两条导线，导线的转折角用 DJ$_2$ 级经纬仪观测，距离用光电测距仪测定，相对误差不大于 1∶10000。经洞口两点坐标的反算，可求得两点连线方向的距离和方位角，据此可以计算掘进方向。

3）三角网法。对于隧道较长、地形复杂的山岭地区，地面平面控制网一般布置成三角网形式，如图 5-22 所示。测定三角网的全部角度和若干条边长或全部边长，使之成为边角网。三角网的点位精度比导线高，有利于控制隧道贯通的横向误差。

4）GPS 法。用全球定位系统 GPS 技术做地面平面控制时，只需要布设洞口控制点和定向点且相互通视，以便施工定向之用。不同洞口之间的点不需要通视，与国家控制点或城市控制点之间的联测也不需要通视。因此，地面控制点的布设灵活方便，且定位精度目前已优于常规控制方法。

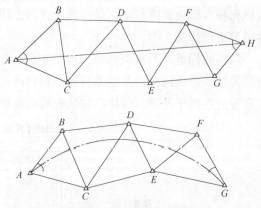

图 5-22 三角网法地面控制

（2）高程水准控制测量 高程控制测量的任务是按规定的精度施测隧道洞口（包括隧道的进出口、竖井口、斜井口和平峒口）附近水准点的高程，作为高程引测进洞的依据。高程控制通常采用三、四等水准测量的方法施测。

水准测量应选择连接洞口最平坦和最短的线路，以期达到设站少、观测快、精度高的要求。每一洞口埋设的水准点应不少于两个，且以安置一次水准仪即可联测为宜。两端洞口之间的距离大于 1km 时，应在中间增设临时水准点。每一开挖口附近都应设立平面和高程控制点。

3. 洞内、洞外的联系测量

在隧道开挖之前，必须根据洞外控制测量的结果，测算洞口控制点的坐标和高程，同时按设计要求计算洞内待定点的设计坐标和高程，并放样出洞门内的待定点点位，这就是**洞外和洞内的联系测量**（也称**进洞测量**）。进洞测量将洞外的坐标、方向和高程引测到隧道内，使洞内和洞外建立了统一坐标和高程系统。

1）洞外平面控制测量和隧道洞外控制复测采用全站仪测量系统来提高测量的精度，洞外控制采用 B 级，高程采用三等水准进行复测。

2）洞外联测，应选在阴天，气温稳定，无大风情况下进行。

3）洞内控制测量采用闭合环的方式，每个导线环边数不大于 6 条。

4）坚持三级复测制。

4. 隧道洞内的施工测量

隧道洞内的施工测量包括洞内平面控制测量和洞内高程控制测量。隧道洞内施工测量的工作内容主要包括：洞门的施工放样、洞内中线测量、腰线的测设、掘进方向的测设、开挖断面及结构物的施工放样等。为确保隧道高精度地贯通，洞内平面控制拟采用二等导线测角精度进行放测，平均边长 600m。隧道内导线按等边直伸导线布置，且形成导线网。

5. 隧道施工的位移观测

（1）浅埋隧道地表下沉量的测定　现场一般埋设标志点采用精密水准仪观测。

（2）新奥法施工拱部下沉测量　现场一般采取埋设星形观测点，采用收敛仪观测。

6. 盾构法掘进隧道施工测量

盾构法是隧道施工采用的一项综合性施工技术，它是将隧道的定向掘进、运输、衬砌、安装等各工种组合成一体的施工方法。其工作深度可以很深，不受地面建筑和交通的影响，机械化和自动化程度很高，是一种先进的土层隧道施工方法，广泛用于城市地下铁道、越江隧道等工程的施工中。

盾构的标准外形有圆筒形，也有矩形、半圆形等与隧道断面相近的特殊形状。图 5-23 所示为圆筒形盾构掘进及隧道衬砌。切口环是盾构掘进的前沿部分，利用沿盾构圆环四周均匀布置的推进千斤顶，顶住已拼装完成的衬砌管片（钢筋混凝土预制），使盾构向前推进。

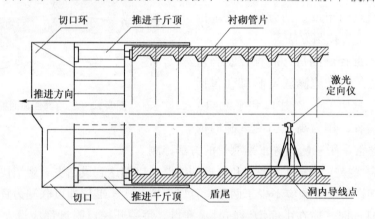

图 5-23　圆筒形盾构掘进及隧道衬砌

1）盾构法掘进隧道施工测量应包括盾构井（室）测量、盾构拼装测量、盾构实时姿态测量和衬砌环片测量。盾构施工测量主要是控制盾构的位置和推进方向。利用洞内导线点测定盾构的位置（当前空间位置和轴线方向），用激光经纬仪或激光定向仪指示推进方向，用千斤顶编组施以不同的推力，进行纠偏，即调整盾构的位置和推进方向。

2）应按照规范的要求，采用联系测量将测量控制点传递到盾构井（室）中，并应利用测量控制点测设出线路中线点和盾构安装时所需的测量控制点。测设值与设计值较差应小于 3mm。

3）安装盾构导轨时，测设同一位置的导轨方向、坡度和高程与设计值较差应小于 2mm。

4）盾构拼装竣工后，应进行盾构纵向轴线和径向轴线测量，其主要测量内容包括刀口、机头与盾尾连接点中心、盾尾之间的长度测量；盾构外壳长度测量；盾构刀口、盾尾和支承环的直径测量。

5）盾构机掘进实时姿态测量应包括其与线路中线的平面偏离、高程偏离、纵向坡度、横向旋转和切口里程的测量，各项测量误差应满足相应的规定。测定盾构机实时姿态时，最少应测量一个特征点和一个特征轴，一般应选择其切口中心为特征点，纵轴为特征轴。

6）应利用隧道施工控制导线测定盾构纵向轴线的方位角，该方位角与盾构本身陀螺方位角的较差应为陀螺方位角改正值，并以此修正盾构掘进方向。

7）衬砌环片测量应包括测量衬砌环的环中心偏差、环的椭圆度和环的姿态。衬砌环片必须不少于 3~5 环测量一次，测量时每环都应测量，并应测定待测环的前端面。相邻衬砌环测量时应重合测定 2~3 环环片。环片平面和高程测量允许误差为 ±15mm。

8）盾构测量资料整理后，应及时编制测量成果报表，报送盾构操作人员。

7. 竖井联系测量

在隧道施工中，除了通过开挖平峒、斜井以增加工作面外，还可以采用开挖竖井的方法来增加工作面，将整个隧道分成若干段，实行分段开挖。例如，城市地下铁道的建造，每个地下站是一个大型竖井，在站与站之间用盾构进行开挖，并不受城市地面密集的建筑物和繁忙交通的影响。

为了保证地下各方向的开挖面能准确贯通，必须将地面控制网中的点位坐标、方位和高程，通过竖井传递到地下，这项工作称为**竖井联系测量**。

竖井施工前，根据地面控制点把竖井的设计位置测设于地面。竖井向地下开挖，其平面位置用悬挂大锤球或用垂准仪测设铅垂线，可以将地面的控制点垂直投影至地下施工面。工作原理和方法与高层建筑的平面控制点垂直投影完全相同。高程控制点的高程传递可以用钢卷尺垂直丈量法或全站仪天顶测距法。

竖井施工到达设计底面以后，应将地面控制点的坐标、高程和方位做最后的精确传递，以便能在竖井的底层确定隧道的开挖方向和里程。由于竖井的井口直径（圆形竖井）或宽度（矩形竖井）有限，用于传递方位的两根铅垂线的距离相对较短（一般仅为 3~5m），垂直投影的点位误差会严重影响井下方位定向的精度。

如图 5-24 所示，V_1、V_2 是圆形竖井井口的两个投影点，垂直投影至井下。由于投点误差，至井底偏移到 V_1'、V_2'。设 $V_1V_1' = V_2V_2'$，则产生的方位角误差为：

$$\Delta\alpha = 2\rho V_1V_1'/V_2V_2'$$

式中 ρ——206265″。

设 $V_1V_2 = 5\mathrm{m}$，$V_1V_1' = 1\mathrm{m}$，则产生的方位角误差 $\Delta\alpha = 1'23''$。一般要求投点误差应小于 0.5mm。两垂直投影点的距离越大，则投影边的方位角误差越小。该边的方位角要作为地下洞内导线的起始方位角。因此，在竖井联系测量工作中，方位角传递是一项关键性工作，主要有一井定向、两井定向、陀螺经纬仪定向等方法。

8. 隧道竣工测量

隧道工程竣工后，为了检查工程是否符合设计要求，并为设备安装和运营管理提供基础信息，需要进

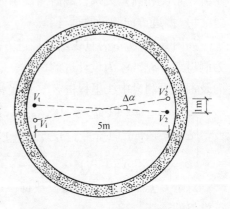

图 5-24   竖井中方位角传递误差

行竣工测量，绘制竣工图。由于隧道工程是在地下，因此隧道竣工测量具有独特之处。主要内容有：隧道净空断面测量、中线基桩和永久性高程点的测设。

验收时检测隧道中心线。在隧道直线段每隔 50m，曲线段每隔 20m 检测一点。地下永久性水准点至少设置两个，长隧道中每千米设置一个。

隧道竣工时，还要进行纵断面测量和横断面测量。纵断面应沿中线方向测定底板和拱顶高程，每隔 10～20m 测一点，绘出竣工纵断面图，在图上套绘设计坡度线进行比较。直线隧道每隔 10m、曲线隧道每隔 5m 测一个横断面。横断面测量可以用直角坐标法或极坐标法。

如图 5-25a 所示，用直角坐标法测量隧道竣工横断面。测量时，是以横断面的中垂线为纵轴，以起拱线为横轴，量出起拱线至拱顶的纵距 x_i 和中垂线至各点的横距 y_i，还要量出起拱线至底板中心的高度 x' 等，依此绘制竣工横断面图。

如图 5-25b 所示，用极坐标法测量竣工横断面。用一个 $0°～360°$ 刻度的圆盘，将圆盘上 $0°～180°$ 刻度线的连线方向放在横断面中垂线位置上，圆盘中心的高程从底板中心高程量出。用长杆挑一钢卷尺零端指着断面上某一点，量取至圆盘中心的长度，并在圆盘上读出角度，即可确定点位。在一个横断面上测定若干特征点，就能据此绘出竣工横断面图。

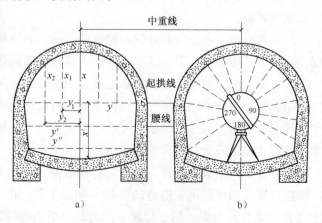

图 5-25　隧道竣工横断面测量

a）直角坐标法　b）极坐标法

（1）隧道掘进的方向、里程和高程测设　洞外平面和高程控制测量完成后，即可求得洞口点（各洞口至少有两个）的坐标和高程，根据设计参数，计算洞内中线点的设计坐标和高程，再通过坐标反算得到测设数据，即洞内中线点与洞口控制点之间的距离、角度和高差关系，最后测设洞内中线点位。

1）掘进方向测设数据计算。

如图 5-26 所示为直线隧道掘进方向，A、B、C、$\cdots$、G 为地面平面控制点。其中 A、C 为洞口点，S_1、S_2 为设计进洞的第一、第二个中线里程桩。为了求得 A 点洞口中线掘进方向及掘进后测设中线里程桩 S_1，用坐标反算公式求测设数据：

$$\begin{cases} \alpha_{AB} = \arctan \left[(y_B - y_A)/(x_B - x_A) \right] \\ \alpha_{AG} = \arctan \left[(y_G - y_A)/x_G - x_A) \right] \\ D_{A-S1} = \sqrt{(x_{S1} - x_A)^2 + (y_{S1} - y_A)^2} \end{cases}$$

对于 G 点洞口的掘进测设数据，可以进行类似的计算。

对于中间具有曲线的隧道，如图 5-27

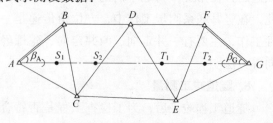

图 5-26　直线隧道掘进方向

所示，隧道中线转折点 C 的坐标和曲线半径 R 已由设计文件给定。因此，可以计算两端进洞中线的方向和里程并测设。当掘进达到曲线段的里程以后，按照测设线路工程平面圆曲线的方法测设曲线上的里程桩。

2）洞口掘进方向标定。隧道贯通的横向误差主要由隧道中线方向的测设精度所决定，而进洞时的初始方向尤为重要。因此，在隧道洞口，要埋设若干个固定点，将中线方向标定于地面，作为开始掘进及以后与洞内控制点联测的依据。如图 5-28 所示，用

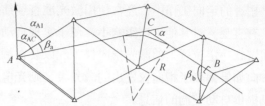

图 5-27 曲线隧道掘进方向

1、2、3、4 标定掘进方向，再在洞口点 A 与中线垂直方向上埋设 5、6、7、8 桩。所有固定点应埋设在不易受施工影响的地方，并测定 A 点至 2、3、6、7 点的平距。这样，在施工过程中可以随时检查或恢复洞口控制点的位置和进洞中线的方向及里程。

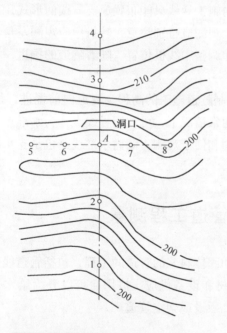

图 5-28 洞口控制点和掘进方向的标定

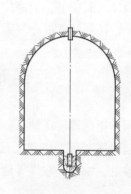

图 5-29 隧道中线桩

3）洞内中线和腰线的测设。

① 中线测设：根据隧道洞口中线控制桩和中线方向桩，在洞口开挖面上测设开挖中线，并逐步往洞内引测中线上的里程桩。一般来说，当隧道每掘进 20m 要埋设一个中线里程桩。中线桩可以埋设在隧道的底部或顶部，如图 5-29 所示。

② 腰线测设：在隧道施工中，为了控制施工的标高和隧道横断面的放样，在隧道岩壁上，每隔一定距离（5～10m）测设出比洞底设计地坪高出 1m 的标高线，称为**腰线**。腰线的高程由引入洞内的施工水准点进行测设。由于隧道的纵断面有一定的设计坡度，因此，腰线的高程按设计坡度随中线的里程而变化，它与隧道的设计地坪高程

线是平行的。

4）掘进方向指示。隧道的开挖掘进过程中，洞内工作面狭小，光线暗淡。因此，在隧道掘进的定向工作中，经常使用激光准直经纬仪或激光指向仪，以指示中线和腰线方向。它具有直观、对其他工序影响小、便于实现自动控制等优点。例如，采用机械化掘进设备，用固定在一定位置上的激光指向仪，配以装在掘进机上的光电接收靶，当掘进机向前推进中，方向如果偏离了指向仪发出的激光束，则光电接收靶会自动指出偏移方向及偏移值，为掘进机提供自动控制的信息。

（2）洞内施工导线和水准测量

1）洞内导线测量。测设隧道中线时，通常每掘进 20m 埋设一个中线桩。由于定线误差，所有中线桩不可能严格位于设计位置上。所以，隧道每掘进至一定长度（直线隧道约每隔 100m，曲线隧道按通视条件尽可能放长）布设一个导线点，也可以利用埋设的中线桩作为导线点，组成洞内施工导线。导线的转折角采用 DJ$_2$ 级经纬仪至少观测两个测回。距离用经过检定的钢尺或光电测距仪测定。洞内施工导线只能布置成支导线的形式，并随着隧道的掘进逐渐延伸。支导线缺少检核条件时，观测应特别注意，转折角应观测左角和右角，边长应往返测量。根据导线点的坐标来检查和调整中线桩位置。随着隧道的掘进，导线测量必须及时跟上，以确保贯通精度。

2）洞内水准测量。用洞内水准测量控制隧道施工的高程。隧道向前掘进，每隔 50m 应设置一个洞内水准点，并据此测设腰线。通常情况下，可利用导线点作为水准点，也可将水准点埋设在洞顶或洞壁上，但都应力求稳固和便于观测。洞内水准线路也是支水准线路，除应往返观测外，还须经常进行复测。

课题 5　管道工程测量

管道工程是指建设输送油品、天然气和固体料浆的管道的工程，包括管道线路工程、站库工程和管道附属工程，广义上还包括器材和设备供应。按用途可以分为给水、排水、热力、煤气、输电、输油、输煤等地下和地上敷设或架空管道。

5.5.1　管道工程的测量任务

管道工程一般属于地下构筑物。在较大的城镇及工矿企业中，各种管道常相互上下穿插，纵横交错。因此在施工过程中，要严格按设计要求进行测量，并做到"步步有校核"，这样才能确保施工质量。管道测量的主要任务是：

1）为管道工程的设计提供必要的资料。

2）按设计要求，将管道位置施测于实地，指导施工。根据工程进度的要求，为施工测设各种基准标志，以便在施工中能随时掌握中线方向和高程位置。

管道施工测量的主要内容有：

1）收集资料：规划区域的地形图以及原有管道的平面图和断面图。

2）踏勘定线：实地踏勘并测量管道带状地形图。

3）中线测量：按照设计定出地面上管道中心线位置。

4）纵横断面测量：测量并绘制纵横断面图。

5）管道施工测量。

6）竣工测量。

5.5.2　管道施工前的测量工作

1. 熟悉图样和现场情况

施工前，要认真研究图样，了解设计意图及工程进度安排。到现场找到交点桩、转点桩、里程桩及水准点位置。

2. 校核中线并测设施工控制桩

中线测量时所钉各桩，在施工过程中会丢失或被破坏一部分。为保证中线位置准确可靠，应根据设计及测量数据进行复核，并补齐已丢失的桩。

在施工时由于中线上各桩要被挖掉，为便于恢复中线和其他附属构筑物的位置，应在不受施工干扰、引测方便和易于保存桩位处设置施工控制桩。施工控制桩分中线控制桩和附属构筑物的位置控制桩两种，如图 5-30 所示。

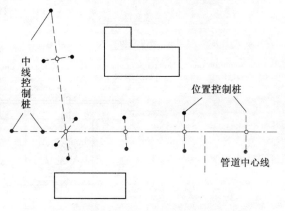

图 5-30　管道的施工控制桩

3. 加密控制点

为便于施工过程中引测高程，应根据原有水准点，在沿线附近每隔 150m 增设一个临时水准点。

4. 槽口放线

槽口放线就是按设计要求的埋深和土质情况、管径大小等计算出开槽宽度，并在地面上定出槽边线位置划出白灰线，以便开挖施工。

5.5.3　管道施工测量

1. 设置坡度板及测设中线钉

管道施工中的测量工作主要是控制管道中线设计位置和管底设计高程。为此，需设置坡度板。如图 5-31 所示，坡度板跨槽设置，间隔一般为 10 ~ 20m，编以板号。根据中线控制桩，用经纬仪把管道中心线投测到坡度板上，用小钉作标记，称为中线钉，以控制管道中心的平面位置。

2. 测设坡度钉

为了控制沟槽的开挖深度和管道的设计高程，还需要在坡度板上测设设计坡度。为此，在坡度横板上设一坡度立板，一侧对齐中线，在竖面上测设一条高程线，其高程与管底设计高程相差一整分米数，称为**下反数**。在该高程线上横向钉一小钉，称为**坡度钉**，以控制沟底挖土深度和管子的埋设深度。如图 5-31 所示，用水准仪测得桩号为 0 + 100 处的坡度板中线处的板顶高程为 45.292m，管底的设计高程为 42.800m，从坡度板顶向下量 2.492m，即为管底高程。为了使下反数为一整分米数，坡度立板上的坡度钉应高于坡度板顶 0.008m，使其高程为 45.300m。这样，由坡度钉向下量 2.5m，即为设计的管底高程。

3. 管道中线测量

管道中线测量的任务就是测设管道的主点、中桩、管道转向角以及绘制里程桩手簿等。**管道中线测量**就是将已确定的管道中线位置测设于实地，并用木桩标定之。

管道的主点是指管道的起点、转向点、终点等。主点的位置及管道方向在设计时确定。

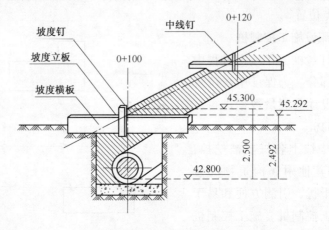

图 5-31　坡度板的设置

（1）管道主点的测设

1）主点测设数据的准备。

① 图解法。当管道规划设计图的比例较大，管道主点附近有较为可靠的地物点时，可直接从设计图上量取数据，如图 5-32 示。

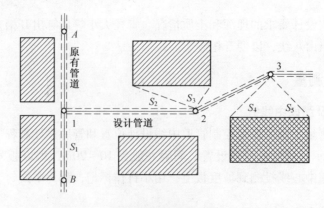

图 5-32　图解法

② 解析法。当管道规划设计图上已给出管道主点坐标，而且主点附近有测量控制点时，

可以用解析法求出测设所需数据。如图 5-33 所示，A、B、C 等为测量控制点，1、2、3 等为管道规划的主点，根据控制点和主点的坐标，可以利用坐标反算公式计算出用极坐标法测设主点所需的距离和角度。

2）主点的测设。管道主点的测设是利用上述准备好的数据，采用直角坐标法、极坐标法、角度交会法和距离交会法等将管道主点在现场确定下来。具体测设时，各种方法可独立使用或配合使用。

主点测设完毕后，必须进行校核工作。校核的方法是：通过主点的坐标，计算出相邻主点间的距离，然后实地进行量测，看其是否满足工程的精度要求。

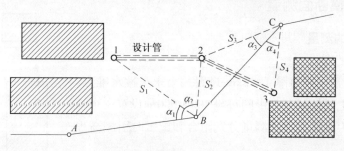

图 5-33　解析法

在管道建筑规模不大且无现成地形图可供参考时，也可由工程技术人员现场直接确定主点位置。

（2）中桩测设　从管道的起点开始，沿中线设置整桩和加桩，这项工作称为**中桩测设**。每隔某一整数设置一桩，这种桩称为整桩。整桩间距为 20m、30m 或 50m。

在整桩间如有地面坡度变化以及重要地物（铁路、公路、桥梁、旧有管道等），都应增设加桩。

整桩和加桩的桩号是它距离管道起点的里程，一般用红油漆写在木桩的侧面。例如某一加桩距管道起点的距离为 3154.36m，则其桩号为 K3 + 154.36，即千米数 + 米数。

常见的管道起点有：给水管道以水源为起点；排水管道以下游出水口为起点；煤气、热力等管道以来气方向为起点；电力、电信管道以电源为起点。

（3）管道转向角测量　管道改变方向时，转变后的方向与原方向之间的夹角称为**转向角**（或称**偏角**），以 α 表示。转向角有左、右之分，偏转后的方向位于原来方向右侧时，称为右转向角；偏转后的方向位于原来方向左侧时，称为左转向角，如图 5-34 示。

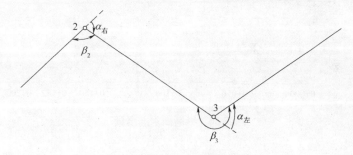

图 5-34　管道转向角测量

（4）绘制管线里程桩图　在中桩测设和转向角测量的同时，应将管线情况标绘在已有的地形图上，如无现成地形图，应将管道两侧带状地区的情况绘制成草图，这种图称为**里程桩图**或**里程桩手簿**，如图 5-35 所示。带状地形图的宽度一般以中线为准，左、右各 20m，如遇建筑物，则需测绘到两侧建筑物，并用统一图示表示。测绘的方法主要用钢尺以距离交会法或直角坐标法为主进行，也可用钢尺配合罗盘仪以极坐标法进行测绘。

5.5.4　管道纵横断面测量

1. 纵断面图的测量

（1）水准点的布设

1）一般在管道沿线每隔 1～2km 设置一个永久性水准点，作为全线高程的主要控制点，中间每隔 300～500m 设置一个临时性水准点，作为纵断面水准测量分别附合和施工时引测高程的依据。

2）水准点应布设在便于引点，便于长期保存，且在施工范围以外的稳定建（构）筑物上。

3）水准点的高程可用附合水准路线自高一级水准点，按四等水准测量的精度和要求进行引测。

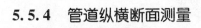

图 5-35　管线里程桩图

（2）纵断面水准测量　纵断面测量通常以相邻两水准点为一测段，从一个水准点出发，逐点测量各中桩的高程，再附合到另一水准点上，进行校核。

实际测量中，可采用中间点法。由于转点起传递高程的作用，故转点上读数应读至 mm，中间点读数只是为了计算本点的高程，读数至 cm 即可，如图 5-36 所示。测量记录手簿见表 5-1。

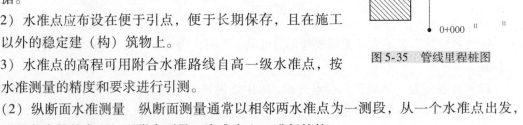

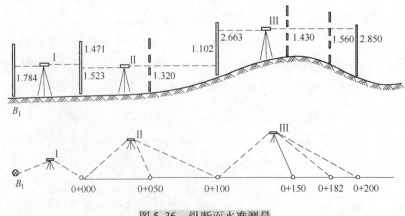

图 5-36　纵断面水准测量

120

表 5-1　管道纵断面水准测量记录手簿

测站	测点	水准尺读数/m			视线高程/m	高程/m	备注
		后视	前视	中间视			
I	BM1	1.784			130.526	128.742	水准点
	0+000		1.523			129.003	BM1=128.742
II	0+000	1.471			130.474	129.003	
	0+050			1.32		129.15	
	0+100		1.102			129.372	
III	0+100	2.663			132.035	129.372	
	0+150			1.43		130.60	
	0+182			1.56		130.48	
	0+200		2.850			129.185	
…	…	…	…	…	…	…	…

（3）纵断面图的绘制　一般绘制在毫米方格纸上，横坐标表示管道的里程，纵坐标则表示高程。

里程比例尺有 1:5000、1:2000 和 1:1000 三种，一般高程比例尺是里程比例尺的 10 倍或 20 倍。

纵断面图分为上下两部分。图的上半部绘制原有地面线和管道设计线；下半部分则填写有关测量及管道设计的数据。

管道纵断面图绘制步骤如下：

1）打格制表。

2）填写数据。

3）绘地面线。

4）标注设计坡度线。

5）计算管底设计高程。

6）绘制管道设计线。

7）计算管道埋深。

8）在图上注记有关资料。

2. 横断面图的测量

在中线各整桩和加桩处，垂直于中线的方向，测出两侧地形变化点至管道中线的距离和高差，依此绘制的断面图，称为**横断面图**。横断面反映的是垂直于管道中线方向的地面起伏情况，它是计算土石方和施工时确定开挖边界等的依据。

距离和高差的测量方法可用：标杆钢尺法，水准仪钢尺法，经纬仪视距法等。

横断面图一般绘制在毫米方格纸上。为了方便计算面积，横断面图的距离和高差采用相同的比例尺，通常为 1:100 或 1:200。

绘图时，先在适当的位置标出中桩，注明桩号。然后，由中桩开始，按规定的比例分左、右两侧，按测定的距离和高程，逐一展绘出各地形变化点，用直线把相邻点连接起来，即绘出管道的横断面图，如图 5-37 所示。测量记录手簿见表 5-2。

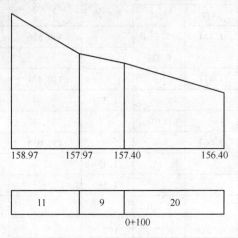

图 5-37　横断面图的测量

表 5-2　管道横断面水准测量记录手簿

测站	桩号	水准尺读数/m			仪器视线高程/m	高程/m	备注
		后视	前视	中间视			
3	0 + 100	1.970			159.367	157.397	
	左 9			1.40		157.97	
	左 20			0.40		158.97	
	右 20			2.97		156.40	
	0 + 200		1.848			157.519	

依据纵断面的管底埋深、纵坡设计以及横断面上的中线两侧地形起伏，可以计算出管道施工时的土石方量。

5.5.5　顶管施工测量

当地下管道需要穿越其他建筑物时，不能用开槽方法施工，就采用顶管施工法。在顶管施工中要做的测量工作有以下两项：

1. 中线测设

挖好顶管工作坑，根据地面上标定的中线控制桩，用经纬仪将中线引测到坑底，在坑内标定出中线方向，如图 5-38 所示。在管内前端水平放置一把木尺，尺上有刻划并标明中心点，用经纬仪可以测出管道中心偏离中线方向的数值，依此在顶进中进行校正。如果使用激光准直经纬仪，则沿中线方向发射一束激光。激光是可见的，所以管道顶进中的校正更为方便。

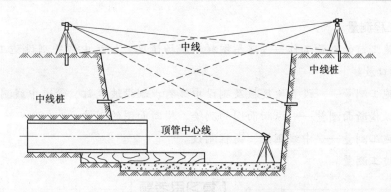

图 5-38　顶管中心线方向测设

2. 高程测设

在工作坑内测设临时水准点，用水准仪测量管底前、后各点的高程，可以得到管底高程和坡度的校正数值。测量时，管内使用短水准标尺。如果将激光准直经纬仪安置的视准轴倾斜坡度与管道设计中心线重合，则可以同时控制顶管作业中的方向和高程。

5.5.6　管道竣工测量

管道竣工测量包括管道竣工平面图和管道竣工纵断面图的测绘。竣工平面图主要测绘管道的起点、转折点、终点、检查井及附属构筑物的平面位置和高程，测绘管道与附近重要地物（永久性房屋、道路、高压电线杆等）的位置关系。管道竣工纵断面图的测绘，要在回填土之前进行，用水准测量方法测定管顶的高程和检查井内管底的高程，距离用钢尺丈量。使用全站仪进行管道竣工测量将会提高效率。

───────────────────　【单元小结】　───────────────────

1. 线路工程测量概述

了解线路工程测量的任务、内容、特点。

2. 公路工程测量

1）勘测设计阶段的测量工作——初测、定测阶段。

2）施工阶段的测量工作——施工控制桩的测设和路基边桩测设。

3. 铁路工程测量

1）铁路工程概述。

2）铁路工程初测——大旗组、导线测量、水准测量、地形测量。

3）铁路定线测量——穿线法放线、拨角法放线、中线测设。

4）铁路曲线测设——圆曲线主点标定要素及其计算、圆曲线主点里程的计算、主点测设。

4. 桥隧工程测量

1）桥梁施工测量——桥梁勘测、桥梁施工测量、墩台定位及轴线测设、桥梁架设施工测量、桥梁变形监测、小型桥梁工程施工测量、大、中型桥梁施工测量、桥梁竣工测量等。

2）隧道施工测量——洞外地面控制测量、洞内（洞外）的联系测量、隧道洞内的施工测量、隧道施工的位移观测、盾构法掘进隧道施工测量、竖井联系测量、隧道竣工测量。

5. 管道工程测量

1）管道施工前的测量工作——熟悉图样和现场情况、校核中线并测设施工控制桩、加密控制点、槽口放线。

2）管道施工测量——设置坡度板及测设中线钉、测设坡度钉、管道中线测量。

3）管道纵横断面测量——纵断面图的测绘、横断面图的测量。

4）顶管施工测量——中线测设、高程测设。

5）管道竣工测量。

─────────────── 【复习思考题】 ───────────────

5-1 铁路工程建设中的测量工作分为_____、_____、_____三个阶段。

5-2 对于铁路曲线测设，在线路转向处（两条直线相交处）应设置_____。线路的平面曲线有_____、_____、_____等。圆曲线又分为_____和_____两种。

5-3 桥梁施工中，在已稳固的墩台基础上定位时，可以采用_____、_____、_____等方法。

5-4 隧道工程平面控制测量的主要任务是测定_____的平面位置。

5-5 管道施工中的测量工作主要是控制管道_____和_____。

5-6 （判断正误）铁路定线测量的任务是把图样上设计好的线路中心线（即纸上定线）或在野外实地选定的线路中心线（即现地定线）的位置在地面上标定出来。　　（　　）

5-7 （判断正误）管道中线的测量任务就是测设管道的主点、中桩测设、管道转向角测量以及里程桩手簿的绘制等。　　（　　）

5-8 （判断正误）隧道洞内的施工测量包括洞内平面控制测量和洞内高程控制测量。
　　（　　）

5-9 （判断正误）桥梁竣工测量墩距，采用钢尺量距、激光测距仪、电磁波测距仪测距和报话机做线路前后联络。　　（　　）

5-10 （判断正误）盾构法不是隧道施工采用的一项综合性施工技术，它是将隧道的定向掘进、运输、衬砌、安装等各工种组合成一体的施工方法。　　（　　）

5-11 怎样进行路基横断面设计？

5-12 学习测量误差基本知识的目的是什么？

5-13 微倾式水准仪各轴线间应满足什么样的关系？

5-14 十字丝成像不清晰可能是由什么原因引起的？

5-15 路基横断面设计应做哪些准备工作？

5-16 管道施工中所进行的测量工作有哪些？

5-17 如何恢复路线中桩？

5-18 请简述管道中心线的测设过程。

5-19 隧道的施工测量有几种？

水利工程测量

单元概述

　　水利工程测量是测量学在水利工程中的应用，有其自己的特点和要求。本单元在对水利工程进行简要阐述的基础上，对地形图在水利水电工程规划中的应用、渠道测量、河道测量、水利工程施工测量以及水工建筑物的变形观测等内容进行了介绍。

学习目标

　　1. 初步了解水利工程，对地形图在水利工程规划中的应用进行了解。

　　2. 掌握渠道测量的内容、程序和方法。

　　3. 能够在专业测量人员指导下完成水工建筑物的施工测量工作，并进行其变形观测的相关工作。

　　4. 能够在专业测量人员的指导下完成河道测量有关工作。

课题1　水利工程概述

6.1.1　水利工程的任务和分类

　　为防止洪水泛滥成灾，扩大灌溉面积，充分利用水能发电等，需采取各种工程措施对河流的天然径流进行控制和调节，从而合理使用和调配水资源。这些措施中，需修建一些工程结构物，这些工程统称水利工程。

　　修建水利工程主要体现在三个方面：首要任务是消除水旱灾害，防止大江大河的洪水泛滥成灾，保障广大人民群众的生命财产安全；其次是利用水资源发展灌溉，增加粮食产量，减少旱涝灾害对粮食生产的影响；最后是利用水力发电、城镇供水、交通航运、旅游、生态恢复和环境保护等。

　　水利工程按其作用可以分为防洪治河、农田水利、水力发电、城镇供水排水、航运及渔业、水土保持、水污染及防治和水生态及旅游等工程。

6.1.2 水利工程的特点

1）有很强的系统性和综合性。单项水利工程是同一流域和同一地区内各项水利工程的有机组成部分，这些工程既相辅相成，又相互制约。单项水利工程自身往往是综合性的，各服务目标之间既紧密联系，又相互矛盾。水利工程和国民经济的其他部门也是紧密相关的。规划设计水利工程必须从全局出发，系统地、综合地进行分析研究，才能得到最为经济合理的优化方案。

2）对环境有很大影响。水利工程不仅通过其建设任务对所在地区的经济和社会发生影响，而且对江河、湖泊以及附近地区的自然面貌、生态环境、自然景观，甚至对区域气候，都将产生不同程度的影响。这种影响有利有弊，规划设计时必须对这种影响进行充分估计，努力发挥水利工程的积极作用，消除其消极影响。

3）工作条件复杂。水利工程中各种水工建筑物都是在难以确切把握的气象、水文、地质等自然条件下进行施工和运行的，它们又多承受水的推力、浮力、渗透力、冲刷力等的作用，工作条件较其他建筑物更为复杂。

4）水利工程的效益具有随机性，根据每年水文状况不同而效益不同，农田水利工程还与气象条件的变化有密切联系，影响面广。水利工程规划是流域规划或地区水利规划的组成部分，而一项水利工程的兴建，对其周围地区的环境将产生很大的影响，既有兴利除害有利的一面，又有淹没、浸没、移民、迁建等不利的一面。为此，制定水利工程规划，必须从流域或地区的全局出发，统筹兼顾，以期减免不利影响，收到经济、社会和环境的最佳效果。

5）水利工程一般规模大，技术复杂，工期较长，投资多，兴建时必须按照基本建设程序和有关标准进行。

6.1.3 水利枢纽及其分类

通常一个水利工程项目由多个不同功能的建筑物组成，这些建筑物统称**水工建筑物**。而由不同作用的水工建筑物组成的协同运行的工程综合群体称为**水利枢纽**。

水利枢纽按其主要作用分为蓄水枢纽、发电枢纽、引水枢纽等。

1）蓄水枢纽是在河道来水年际或年内变化较大，不能满足下游防洪、灌溉、引水等用水要求时，通过修建大坝挡水，利用水库拦蓄洪水，用于枯水期灌溉、城镇用水等。

2）发电枢纽是以发电为水库的主要任务，利用河道中丰富的水量和水库形成的落差，安装水力发电机组，将水能转变为电能。

3）引水枢纽是在天然河道来水量或水位较低不能满足引水需要时，在河道上修建较低的拦河闸（坝）等水工建筑物来调节水位和流量，以保证引水的质量和数量。

6.1.4 水工建筑物的分类

水工建筑物可按使用期限和功能进行分类。

1）**按使用期限**可分为永久性水工建筑物和临时性水工建筑物。永久性水工建筑物是指工程运行期间长期使用的水工建筑物，如坝、堤、水闸等；临时性水工建筑物是指在施工期短时间内发挥作用的水工建筑物，如围堰、导流隧洞、导流明渠等。

2）按功能可分为通用性水工建筑物和专门性水工建筑物两大类。

通用性水工建筑物主要有：挡水建筑物、泄水建筑物、进水建筑物、输水建筑物、河道整治建筑物等。

专门性水工建筑物主要有：水电站建筑物、渠系建筑物、港口水工建筑物、过坝设施。

有些水工建筑物的功能并非单一，难以严格区分其类型，如各种溢流坝，既是挡水建筑物，又是泄水建筑物；闸门既能挡水和泄水，又是水力发电、灌溉、供水和航运等工程的重要组成部分。有时施工导流隧洞可以与泄水或引水隧洞等结合。

6.1.5　水利工程等级划分

根据《水利水电工程等级划分及洪水标准》（SL 252—2000）的规定，根据工程规模、效益以及工程在国民经济中的重要性，将水利水电工程划分为五等，见表6-1。

表 6-1　水利水电工程等级划分

工程等别	工程规模	水库总库容/$10^8 m^3$	防洪		治涝	灌溉	供水	发电
			保护城镇及工矿企业的重要性	保护农田/10^4亩	治涝面积/10^4亩	灌溉面积/10^4亩	供水对象重要性	装机容量/10^4 kW
I	大（1）型	≥10	特别重要	≥500	≥200	≥150	特别重要	≥120
II	大（2）型	10~1.0	重要	500~100	200~60	150~50	重要	120~30
III	中型	1.0~0.10	中等	100~30	60~15	50~5	中等	30~5
IV	小（1）型	0.1~0.01	一般	30~5	15~3	5~0.5	一般	5~1
V	小（2）型	0.01~0.001	—	<5	<3	<0.5	—	<1

注：1. 水库总库容是指水库最高水位以下的静库容。

　　2. 治涝面积和灌溉面积均是指设计面积。

对于综合利用的水利水电工程，当按各综合利用项目的分等指标确定的等别不同时，其工程等别应按其中的最高等别确定。

水利水电工程中水工建筑物的级别，反映了工程对水工建筑物的技术要求和安全要求。应根据所属工程的等别及其在工程中的作用和重要性分析确定。

1. 永久性水工建筑物级别

水利水电工程的永久性水工建筑物的级别应根据建筑物所在工程的等别，以及建筑物的重要性确定为五级，分别为1、2、3、4、5级，见表6-2。

表 6-2　永久性水工建筑物级别

工程等别	主要建筑物	次要建筑物	工程等别	主要建筑物	次要建筑物
I	1	3	IV	4	5
II	2	3	V	5	5
III	3	4	—	—	—

2. 临时性水工建筑物级别

对于临时性水工建筑物的级别，按表6-3确定。对于同时分属于不同级别的临时性水工建筑物，其级别应按照其中最高级别确定。但对于3级临时性水工建筑物，符合该级别规定的指标不得少于两项。

表6-3　临时性水工建筑物级别

级别	保护对象	失事后果	使用年限/年	临时性水工建筑物规模	
				高度/m	库容/$10^8 m^3$
3	有特殊要求的1级永久性水工建筑物	淹没重要城镇、工矿企业、交通干线或推迟总工期及第一台（批）机组发电，造成重大灾害和损失	>3	>50	>1.0
4	1、2级永久性水工建筑物	淹没一般城镇、工矿企业、交通干线或影响总工期及第一台（批）机组发电，造成较大经济损失	3~1.5	50~15	1.0~0.1
5	3、4级永久性水工建筑物	淹没基坑，但对总工期及第一台（批）机组发电影响不大，经济损失较小	<1.5	<15	0.1

课题2　地形图在水利工程规划设计中的应用

水利工程建设的各个阶段都要用到地形图，在水利水电工程的规划、设计、施工等不同阶段使用的地形图的比例是不一样的，一般来讲：作流域规划时，要选用1:5万或1:10万比例尺的地形图，以计算流域面积，研究流域的综合开发利用。在修建水库时，要选用1:1万或1:2.5万比例尺的地形图，以计算水库库容。用于工程布置及地质勘查，要选用1:5000、1:10000比例尺的地形图。对于水工建筑物的设计，要选用1:1000、1:2000、1:5000比例尺的地形图。在施工阶段，一般要选用1:100、1:200、1:500比例尺的施工详图。

需要注意的是在设计阶段，设计人员应根据设计建筑物的平面位置和高程的精度要求，选用合适的比例尺的地形图。

6.2.1　在地形图上绘制某方向的断面图

如图6-1a所示，沿直线 AB 方向绘制断面图。绘制时，以横坐标轴 AQ 代表水平距离，纵坐标轴 AH 代表高程，如图6-1b所示。先将直线 AB 与图上等高线的交点标出，如 b、c、…；然后在地形图上，沿 AB 方向量取 b、c、…、p、B 各点至 A 点的水平距离，将这些距离按比例尺展绘在横坐标轴 AQ 线上，得 A、b、c、…、p、B 各点；再通过这些点做 AQ 的垂线，在垂线上，按高程比例尺（一般大于距离比例尺）分别截取 A、b、c、…、p、B 各点的高程；最后将各垂线上的高程点连接起来，就得到直线 AB 方向上的断面图，如图6-1b所示。

6.2.2 在地形图上确定汇水面积

为了防洪、发电、灌溉等目的，需要在河道上适当的地方修筑拦河坝，在坝的上游形成水库，以便蓄水。坝址上游分水线所围成的面积，称为**汇水面积**。如图 6-2 所示，汇集的雨水，都流入坝址以上的河道或水库中，图中虚线所包围的部分就是汇水面积。

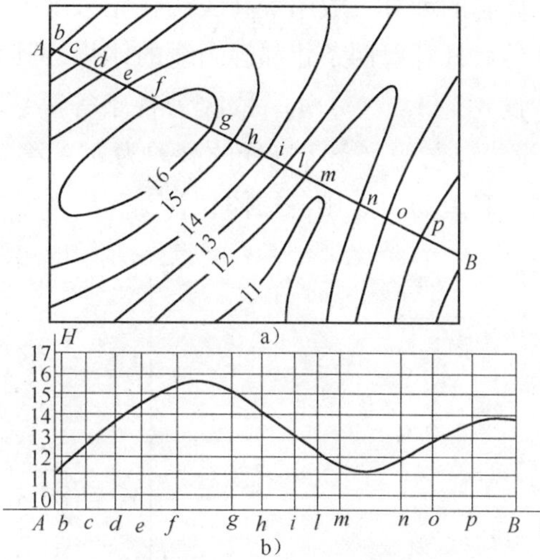

确定汇水面积时，应懂得勾绘分水线（山脊线）的方法，勾绘的要点是：

1）分水线应通过山顶、鞍部及凸向低处等高线的拐点，在地形图上应先找出这些特征的地貌，然后进行勾绘。

2）分水线与等高线正交。

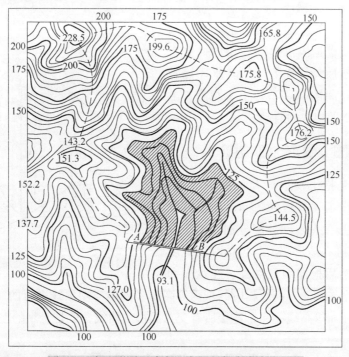

图 6-1 利用地形图绘制断面图

a）某地形图 b）坐标轴绘制

3）边界线由坝的一端开始，最后回到坝的另一端，形成一闭合环线。闭合环线所围的面积（km²），就是流经某坝址的汇水面积。

图 6-2 在地形图上确定汇水面积与水库库容示例

6.2.3 库容计算

水库设计时，如果溢洪道的高程已定，则水库的淹没面积也随之而定。如图 6-2 中的阴影面积部分，淹没面积内的蓄水量即是库容，单位为 m³。

库容的计算一般用等高线法。先求出图 6-2 阴影部分每条等高线与坝轴线所围成的面积，然后计算每两条相邻等高线的体积，其总和即是库容。

设 A_1，A_2，…，A_{n+1} 依次为各条等高线所围成的面积，h 为等高距。设第一条等高线（淹没线）与第二条等高线的高差为 h'，第 $n+1$ 条等高线（最低一条等高线）与库底最低点间的高差为 h''，则各层体积为：

$$\begin{cases} V_1 = \dfrac{1}{2}(A_1 + A_2)h' \\[2mm] V_2 = \dfrac{1}{2}(A_2 + A_3)h \\[2mm] \qquad\vdots \\[2mm] V_n = \dfrac{1}{2}(A_n + A_{n+1})h \\[2mm] V'_n = \dfrac{1}{3}A_{n+1}h'' \ (库底体积) \end{cases} \tag{6-1}$$

则水库的库容为：

$$\begin{aligned} V &= V_1 + V_2 + \cdots + V_n + V'_n \\ &= \frac{1}{2}(A_1 + A_2)h' + \left(\frac{A_2}{2} + A_3 + \cdots + A_n + \frac{A_{n+1}}{2}\right)h + \frac{1}{3}A_{n+1}h'' \end{aligned} \tag{6-2}$$

如溢洪道高程不等于地形图上某一条等高线的高程时，就要根据溢洪道高程用内插法求出水库淹没线，然后计算库容。这时水库淹没线与下一条等高线间的高差不等于等高距，上面的计算公式也要做相应的改动。

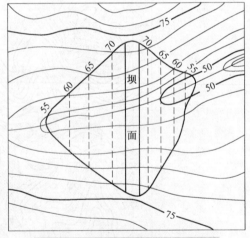

图 6-3 在地形图上确定土坝坡脚线

6.2.4 在地形图上确定土坝坡脚

土坝坡脚线是指土坝坡面与地面的交线。如图 6-3 所示，设坝顶高程为 73m，坝顶宽度为 4m，迎水面坡度及背水面坡度分别为 1:3 及 1:2。先将坝轴线画在地形图上，再按坝顶宽度画出坝顶位置。然后根据坝顶高程、迎水面和背水面坡度，画出与地面等高线相应的坝面等高线（图中与坝顶线平行的一组虚线），相同高程的等高线与坡面等高线相交，连接所有交点而得的曲线，就是土坝的坡脚线。

课题 3 河 道 测 量

6.3.1 河道测量概述

为了开发河流水利资源，进行防洪、灌溉、航运和水力发电等工程的规划与设计，必须知道河流水面坡降和过水断面的大小，了解水下地形情况。河道测量以河道为测量对象，采用的控制测量方法与陆地上相同，最大的区别在于陆地上的地形特征点是可见到的，而河道上水下地形特征点是看不见的。

河道测量的主要任务和目的是：进行河道纵、横断面测量和水下地形测量，为工程规划与设计提供必要的河道纵、横断面图和水下地形图。

河道纵断面图是河道纵向各个最深点（又称深泓点）组成的剖面图，图上包括河床深泓线、归算至某一时刻的同时水位线、某一年代的洪水位线、左右堤岸线以及重要的近河建筑物等要素。河道横断面图是垂直于河道主流方向的河床剖面图，图上包括河谷横断面、施测时的工作水位线和规定年代的洪水位线等要素。河道横断面图及其观测成果同时是绘制河道纵断面图和水下地形图的直接依据，**特别是河道纵断面图，完全是依据河道横断面图绘制的。**

在河道测量中，除了部分陆上测量工作外，主要是水下部分的测量工作。由于人们不能直接观察到水下地形情况，因此不能依靠直接测定地形特征点来绘制河道纵横断面图和水下地形图，必须采用均匀测点法来进行绘制。水下地形点的平面位置和高程也不像陆上地面点那样可以直接测量，而必须通过水上定位和水深测量进行确定。在深水区和水面很宽的情况下，水深测量和测深点平面位置的确定是一项比较困难的工作，需要采用特殊的仪器设备和观测方法。因此，本课题在介绍河道纵横断面和水下地形测量前，必须重点介绍水位测量、水深测量和测深点的定位方法。

为了能使测点分布均匀、不漏测、不重复，在实际工程中常采用散点法或者测深断面布设测深点。

6.3.2　水位测量

水位即水面高程。在河道测量中，水下地形点的高程是根据测深时的水位减去水深求得的，因此，测深时必须进行水位观测。这种测深时的水位值称为**工作水位**。由于河流水位受各种因素的影响而时刻变化，为了准确地反映一个河段上的水面坡降，需要测定该河段上各处同一时刻的水位，这种水位称为**同时水位**或**瞬时水位**。此外，由于大量降雨或融雪的影响，河水超过滩地或漫出两岸地面时的水位，称为**洪水位**。洪水位是进行水利工程设计和沿河安全防护必不可少的基本依据，在河道测量时必须进行洪水调查测量，提供某一年代的最大洪水高程。

1. 工作水位的测定

在进行河道横断面或水下地形测量时，如果作业时间很短，河流水位又比较稳定，可以直接测定水边线的高程作为计算水下地形点高程的起算依据。如果作业时间较长，河流水位变化不定时，则应设置水尺随时进行观测，以保证提供测深时的准确水面高程。

水尺一般用搪瓷制成，长 1m，尺面刻划与水准尺相同。设置水尺时，先在岸边水中打入一个长木桩，桩侧钉上水尺，使水尺零点浸入水面以下 0.3~0.5m，尺面侧向岸边以便观测，如图 6-4 所示；然后根据邻近水准点，用四等水准测量接测水尺零点的高程。水位观测时，将水面所截的水尺读数加上水尺零点高程即为水位。

2. 同时水位的测定

测定同时水位的目的，是为了了解河段上的水面坡降。

对于较短河段，为了测定其上、中、下游各处的同时水位，可由几人约定按同一时刻分别在这些地方打下与水面齐平的木桩，再用四等水准测量从就近的已知水准点引测确定各桩顶的高程，即得各处的同时水位。

在较长河段上，各处的同时水位通常由水文站或水位站提供，不需另行测定。如果各站没有同一时刻的直接观测资料，则须根据水位过程线和水位观测记录，按内插法求得同一时刻的水位。

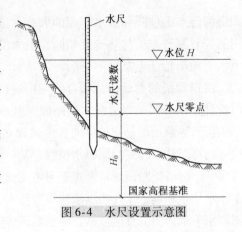

图 6-4　水尺设置示意图

6.3.3　水深测量

水深即水面至水底的垂直距离。为了求得地形点的高程，必须进行水深测量。水深测量常用的工具有测深杆、测深锤和回声测声仪等。

1. 测深杆

测深杆简称测杆，如图 6-5a 所示。一般用长 6 ~ 8m、直径 5cm 左右的竹竿制成。从杆的底端起，以不同颜色相间标出每分米分划，每 1m 处都有注记。底部为直径 10 ~ 15cm 的铁制底盘，用以防止测深时测杆下陷而影响测深精度。测杆宜在水深 5m 以内，流速和船速不大的情况下使用。测深时，将测杆斜向上游插入水中，当杆端到达河底且与水面成垂直时读取水面所截杆上读数，即为水深。

2. 测深锤

测深锤又称水铊如图 6-5b 所示，由重约 4 ~ 8kg 的铅锤和长约 10m 的测绳组成。铅锤底部通常有一凹槽，测深时在槽内涂上牛油，可以粘取水底泥沙，借以判明水底泥沙性质，验证测锤是否到水底。测绳由纤维制成，以分米为间隔，标有不同颜色的分米标记，在整米处扎以皮条，注记米数。测深锤适用于水深 10m 以内，流速小于 1m/s 的河道测深。

3. 回声测深仪

（1）回声测深仪的主要构造和测深原理　回声测深仪是根据超声波能在均匀介质中匀速直线传播，达到不同介质面则产生反射的特性设计制造的一种测深仪器，如图 6-6 所示，主要由激发器、换能器、放大器、记录显示设备和电源等部件组成。由激发器产生的电脉冲经换能器转换为超声波发射到水底，声波从水底反射回来又被换能器接收转换为电脉冲。从声波发射到接收这段时间 t，由发声脉冲信号和收声脉冲信号推动记录器进行记录，并根据声波在水中的传播速度 v（平均 1500m/s）自动转换为水深 h，以数字形式或图像形式显示出来。声速 v，往返时间 t 与水深 h 的关系为：

$$h = vt/2 \tag{6-3}$$

按照使用要求的不同，回声测深仪可以设计成便携式和固定式。便携式测深仪用于非固定船只上，将激发器、放大器和记录显示器装配在一个机壳内（称为主机），发射和接收共用一个换能器，因此整个仪器比较小巧轻便。固定式测深仪用于专业测量船及自动导航船上，激发器、放大器和记录显示器设计成分离式，分别安装在舱内的桌上或墙上；发射和接收各用一个换能器，分别安装在船底左右两边同一水平线上。

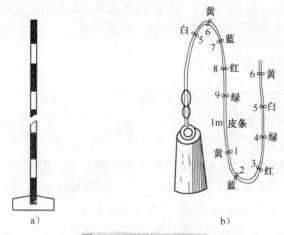

图 6-5 测深杆和测深锤

a）测深杆 b）测深锤

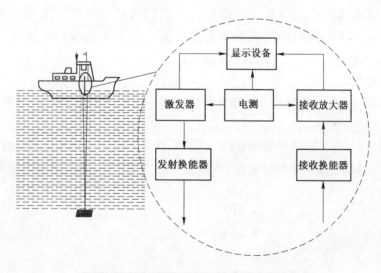

图 6-6 回声测深仪的主要构造和测深原理

按照水深显示方法，回声测深仪可分为直读式和记录式两种；但现代回声测深仪一般同时具备直读和记录两种功能。直读式回声测深仪以数字连续显示水深，直接从数码管上读取，使用比较简单。

（2）回声测深仪的使用 回声测深仪类型较多，具体用法在相应产品说明书中都有说明。下面对两个较重要的问题进行阐述：

1）水温影响改正。因声速随水温变化，在测深时应进行水温改正。一般采取调整电动机转速，使测深时的转速 n 适应于现场水温下的声速 v，达到自动改正以求得正确水深的目的。令设计时采用的声速为 v_0，电动机转速为 n_0，则测深时的转速应调为：

$$n = vn_0 / v_0 \tag{6-4}$$

2）换能器的安置。水中气泡能阻止和吸收超声波，为了避免气泡干扰，换能器应固定在离开船头约为船长 1/3 ~ 1/2 的地方，并浸入水面 0.5m 左右。此时，在所测水深中应加入换能器的吃水深度。

6.3.4 河道纵横断面测量

在河道纵横断面测量中，主要工作是横断面图的测绘。河道横断面图及其观测成果即是绘制河道纵断面图的直接依据。

1. 河道横断面图的测绘

（1）断面基点的测定 代表河道横断面位置并用作测定断面点平距和高程的测站点，称为**断面基点**。在进行河道横断面测量之前，首先必须沿河布设一些断面基点，并测定它们的平面位置和高程。

1）平面位置的测定。断面基点平面位置的测定有两种情况：

① 专为水利、水能计算所进行的纵、横断面测量。通常利用已有地形图上的明显地物点作为断面基点，对照实地打桩标定，并按顺序编号，不再另行测定它们的平面位置。对于无明显地物可作断面基点的横断面，它们的基点须在实地另行选定，再在相邻两明显地物点之间用视距导线测量测定这些基点的平面位置，并按量角器展点法在地形图上展绘出这些基点。根据这些断面基点可以在地形图上绘出与河道主流方向垂直的横断面方向线。

② 在无地形图可利用的河流上，须沿河的一岸每隔 50 ~ 100m 布设一个断面基点。这些基点的排列应尽量与河道主流方向平行，并从起点开始按里程进行编号，如图 6-7 所示。各基点间的距离可按具体要求分别采用视距、量距、解析法测距或红外仪测距的方法测定；在转折点上应用经纬仪观测水平角（左角），以便在必要时（如需测绘水下地形图时）按导线计算各断面点的坐标。

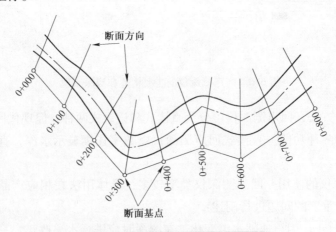

图 6-7 河道测量横断面基点的布设

2）高程的测定。断面基点和水边点的高程，应用五等水准测量从邻近的水准基点进行引测确定。如果沿河没有水准基点，则应先沿河进行四等水准测量，每隔 1~2km 设置一个水准基点。

（2）横断面方向的确定　在断面基点上安置经纬仪，照准与河道主流垂直的方向，倒转望远镜在本岸标定一点作为横断面后视点，如图 6-8 所示。由于相邻断面基点的连线不一定与河道主流方向恰好平行，所以横断面不一定与相邻基点连线垂直，应在实地测定其夹角，并在横断面测量记录手簿上绘一略图注明角值，以便在平面图上标出横断面方向。为使测深船在航行时有定向的依据，应在断面基点和后视点插上花杆。

（3）陆地部分横断面测量　在断面基点上安置经纬仪，照准断面方向，用视距法依次测定水边点、地形变换点和地物点至测站点的平距及高差，并算出高程。在平缓的匀坡断面上，应保证图上每隔 1~3cm 有一个断面点。每个断面都要测至最高洪水位以上；对于不可到达处的断面点，可利用相邻断面基点按前方交会法进行测定。

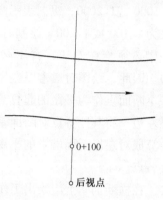

图 6-8　横断面方向的标定

（4）水下部分横断面测量　横断面的水下部分，需要进行水深测量，根据水深和水面高程计算断面点的高程。水下断面点（水深点）的密度视河面宽度和设计要求而定，通常应保证图上每隔 0.5~1.5cm 有一点，并且不要漏测深泓线点。这些点的平面位置（即对断面基点的距离）可用下述方法测定：

1）视距法。当测船沿断面方向驶到一定位置需测水深时，即将船稳住，竖立标尺，向基点测站发出信号，双方各自同时进行有关测量和记录（包括视距、截尺、天顶距、水深）的工作，并互报点号和对照检查，以免观测成果与点号不符。断面各点水深观测完后，须将所测水深按点号转抄到测站记录手簿中。

2）角度交会法。由于河面较宽或其他原因不便进行视距测量时，可以采用角度交会法测定水深点至基点的距离。

3）断面索法。如图 6-9 所示，先在断面方向靠两岸水边打下定位桩，在两桩间水平地拉一条断面索，以一个定位桩作为断面索的零点，从零点起每隔一定间距（如 2m）系一布条，在布条上注明至零点的距离。测深船沿断面索测深，根据索上的距离加上定位桩至断面基点的距离即得水深点至基点的距离。

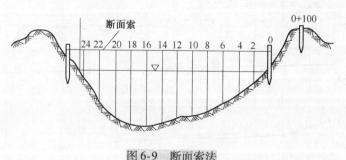

图 6-9　断面索法

河道横断面测量记录时要分清断面点的左右位置：以面向下游为准，位于基点左侧的断面点按左 1、左 2、…的顺序编号；位于基点右侧的断面点按右 1、右 2、…的顺序编号。

（5）河道横断面图的绘制 河道横断面图的绘制方法与渠道横断面图的绘制方法基本相同，也是用印有毫米方格的坐标纸绘制。横向表示平距，比例尺一般为1∶1000或1∶2000；纵向表示高程，比例尺为1∶100或1∶200。绘制时应当注意：左岸必须绘在左边，右岸必须绘在右边。因此，绘图时通常以左岸最末端的一个断面点作为平距的起算点，标绘在最左边，将其他各点对断面基点的平距换算成对左岸断面端点的平距，再去展绘各点。

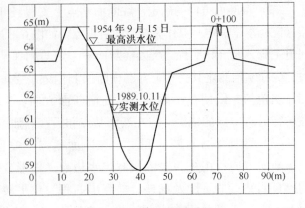

图6-10　河道横断面图

在横断面图上应绘出工作水位（即实测水位）线；调查了洪水位的地方应绘出洪水位线，如图6-10所示。

2. 河道纵断面图的绘制

河道纵断面图是根据各个横断面的里程桩号（或从地形图上量得的横断面间距）及河道深泓点、岸边点、堤顶（肩）点等的高程绘制而成。在坐标纸上以横向表示平距，比例尺为1∶1000～1∶10000；纵向表示高程，比例尺为1∶100～1∶1000。为了绘图方便，应事先编制纵断面成果表，表中除列出里程桩号和深泓点、左右岸边点、左右堤顶的高程等外，还应根据设计需要列出同时水位和最高洪水位。绘图时，从河道上游断面桩起，依次向下游取每一个断面中的最深点展绘到图上，连成折线即为**河底纵断面**。按照类似方法绘出左右堤岸线或岸边线、同时水位线和最高洪水位线，如图6-11所示。

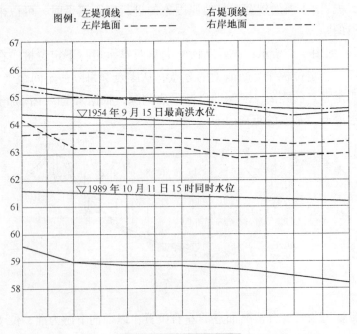

图6-11　河道纵断面图

里程桩号	0+000	0+100	0+200	0+300	0+400	0+500	0+600
深泓点高程	59.52	59.00	58.90	58.87	58.75	58.55	58.27
左堤坝高程	65.27	64.98	64.95	64.81	64.60	64.40	64.51
右堤坝高程	65.18	65.14	65.00	64.89	64.70	64.63	64.63
左地面高程	63.69	63.74	63.71	63.59	63.50	63.37	63.50
右地面高程	64.15	63.25	63.20	63.20	62.90	62.90	63.00

图 6-11　河道纵断面图（续）

课题 4　渠 道 测 量

渠道是水利建设中较常见的工程。无论农田灌溉、防洪排涝、引水发电，都需要修建渠道。在渠道的勘测、设计和施工中所要进行的测量工作称为**渠道测量**。渠道测量是线路测量的一种，其主要内容包括：选线测量、中线测量、纵横断面测量、土方计算和渠道边坡放样。

6.4.1　选线测量

渠道选线是根据水利工程规划的渠道路线、引水设计高程和坡度，以及地形地质和水文等因素，在实地确定既经济又符合设计要求的渠道中心线位置。选线测量一般分为内业选线和外业定线。

1. 内业选线

内业选线是根据任务书的要求和测绘资料的搜集情况，当搜集的地形图比例尺和图面精度均适合选线测量时，可沿设计的渠道方向绘制纵、横断面图，在室内进行图上选线，无须再做外业测量工作。若无适用的地形图，一般要进行纵、横断面测量。当条件具备且有必要时，也可沿线测绘 1:5000 或 1:10000 比例尺的带状地形图或实测放大图，再进行选线测量。

2. 外业定线

外业定线是根据设计的要求，将勘测或室内图上选线的结果转移到实地上。选线人员应结合实际情况，对勘测或图上选线的结果进行研究和补充修改，尤其对关键性地段或控制性点位，更应反复勘测，认真研究，从而选择合理的路线。外业定线工作包括：

1）根据路线说明书和所附的路线平面位置设计图，在实地选定路线转折点位置。需要埋设固定点时，还应同时选定埋设标石或标志的位置。

2）在实地选定建筑物的中心位置。

3）确定中心导线以及纵断面水准路线的起闭点。

4）如果大段的渠、堤中心线在水内，为便于测量工作，可以平行移开，选设辅助中心线。

5）测设平面圆曲线。渠道转弯处，外侧常易受到冲刷，内侧易淤积，甚至产生涡流及紊流，为了减少冲刷和淤积，在转弯处一般设置平面圆曲线。

为了使所选的路线既经济又合理，应注意贯彻如下原则：路线要稳定可靠、施工方便、行水安全；合理布局、综合利用、控制灌溉面积要大；路线要顺直，尽量减少弯道；避免穿过村庄、建筑物或特高地，以减少拆迁费用和土石方的开挖数量，节约投资，提高效益。要实现以上原则，选线者应口勤、眼勤、腿勤，认真做好工作，力争选出经济、合理、稳固、适用的渠道路线。

3. 标石埋设和中心线桩的编号

为便于在施工放样中寻找和恢复已选定的路线，定线测量时，应在中心线附近埋设一定数量的标石或布设标志。对于平面埋石点，一般每隔 1～5km 选一条导线边，并在其两端各埋设一个标石或固定标志。拟建的主要建筑物附近，应有不少于 2 个可供定位用的标石或标志。对于高程埋石点，应沿中心线每隔 1～3km 在施工范围以外埋设一个固定标石或布设临时标志。在露头岩石上及固定地物上凿刻标记，或在大树根上打入圆帽钉，均可作为临时标志。

渠道中心线的转折点、里程桩、需设站测设圆曲线的起点和终点，均应用大木桩标定。为便于计算渠道长度和绘制纵断面图，沿渠道中心线从渠首、分水建筑物的中心，或筑堤的起点，不论直线或曲线，均应用小木桩标定里程，这些木桩称为里程桩。木桩的间距一般为 100m 或 50m，自上游向下游累计编号。里程编号写在木桩侧面，起点里程为 0＋000，加号前为公里数，加号后为米数。若终点里程编号为 24＋650，即渠道总长度为 24.650km。这种按相等间隔设置的木桩称为整桩。在实际工作中，遇到特殊情况时，还应设置加桩。整桩和加桩均属于里程桩。

为了注记地表性质和中心线经过的主要地物，必要时可绘制路线草图。

6.4.2　中线测量

渠道中线测量的任务主要是在渠道起点和终点间进行定线，测定渠道中心线长度，用一系列的里程桩标定渠线经过的位置。在平原区，渠道转折处需要测定转折角和测设圆曲线；在山丘区，渠道的高程位置需要进行探测确定。

1. 平原区的中线测量

从渠道起点开始，朝着终点或转折点方向用花杆和钢卷尺进行定线和量距（现在多采用全站仪或 RTK 测量），按照规定间距打桩标定中线位置，以该桩对起点的距离作为桩号，注在桩侧，即为里程桩。在相邻两里程桩之间的重要地物（如道路）和坡度突变的位置上，应加设木桩，称为加桩；加桩也按对起点的距离进行编号，但不是规定间距的整倍数。当桩定到转折点上时，应用经纬仪测定转折角 α（即来水方向的延长线转至去水方向的角值，有左转和右转两种情况），并按设计要求测设圆曲线。

2. 山丘区的中线测量

从渠首起点开始，用钢卷尺或 RTK 沿着山坡等高线向前量测，按规定要求标定里程桩和加桩，每测 50m 或 100m 用水准测量测定一下桩位高程，看渠线位置是否偏低或偏高。如

图 6-12 所示，假设丈量到了 A 点，离渠首距离为 D，若渠首进水底板设计高程为 $H_进$，设计渠深（包括水深和安全超高）为 h，渠底设计坡度为 i。据此可以算得 A 点的渠岸地面高程应为

$$H_A = H_进 + h - Di \tag{6-5}$$

再按照高程测设方法，根据附近的水准点 BM 引测高程标定 A 点在山坡上的位置或者用 RTK 直接在 A 点附近测定高程是 H_A 的位置。但为了保证盘山渠道外边坡的稳定性，尽量减少填方，一般应根据山坡的坡度将桩位适当提高，即将木桩打在略高于 A 点的位置上。

图 6-12　山丘区渠道高程位置的测定

6.4.3　纵断面测量

渠道纵断面测量的任务，就是测出中心线上各里程桩和加桩的地面高程，了解纵向地面高低的情况，并绘制纵断面图，其工作包括外业和内业。

1. 纵断面高程测量的内容和要求

纵断面高程测量就是利用间视法测量路线中心线上里程桩和曲线控制桩的地面高程。根据施工放样的要求，还应测定沿线水准点的高程及联测沿线居民地、建筑物、水系和主要地物的关键性部位高程。

纵断面高程测量的要求如下：

1）进行纵断面高程测量时，应起闭于基本高程控制点。用间视法观测时，成像应清晰稳定，所有埋石点和重要建筑物的高程，应作为转点纳入水准路线进行平差计算。

2）纵断面高程测量，一般由两台水准仪同时施测，其中一台仪器测定标石点及临时水准点高程；另一台仪器观测里程桩及沿线主要地物点高程。这样做较为灵活主动，不会因一台仪器观测超限而全部重测。

3）穿过沟道、河渠时的加桩，应联测高程，并结合横断面测量，将河床、沟槽形状展绘在纵断面图上。穿过铁路时，应测出铁轨面高程。穿过公路时，应测路面高程，同时应测出道路宽度。

4）木桩与地面高差小于 2cm 时，可以桩顶高代替地面高程，否则，应测出桩旁地面高程。

2. 间视法测量的基本方法

按先观测转点，后观测间视点的程序进行水准测量的方法称为**间视法**。其具体步骤

如下：

如图6-13所示，从水准点BM₁开始，经过2个测站连续测出起点（0+000）桩的高程，选择适当位置，再安置水准仪（第三站），后视（0+000）桩上的水准尺，得读数为2.444m，前视（0+300）桩的尺上读数为1.622m；然后，分别在（0+000）、（0+200）和（0+235）桩上立尺并读数，这些立尺点称为**间视点**或称**中间点**，其读数称为**间视读数**。由于间视点的高程只是为了绘制纵断面图，精度要求不高，一般只读至cm，所以间视点的读数分别为1.95m、1.60m和1.96m。

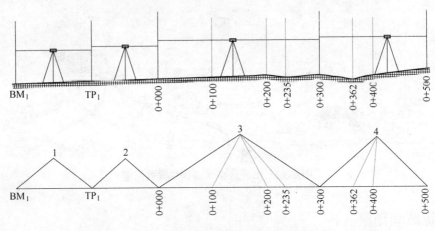

图6-13　间视法水准测量示意图

第三站观测结束后，将水准仪置于（0+300）桩和（0+500）桩之间即第四站，（0+300）桩的前视尺转变为后视尺，（0+000）桩的后视尺移至（0+500）桩，变为前视尺，接着观测后、前视水准尺的读数，再观测间视点（0+362）桩和（0+400）桩上水准尺上读数，按上述方法施测，直至附合到水准点BM₂上。以上观测的所有读数，应现场记入测量手簿，其格式见表6-4。

表6-4　间视法水准测量记录表

名称：　　　　　　　　　仪器型：　　　　　　　　观测者：

日期：　　　　　　　　　天　气：　　　　　　　　记录者：

测　站	桩　号	后视点/m	视线高/m	中间点/m	前视点/m	高程/m	备　注
1	BM₁	1.620	359.265			357.645	已知
	TP₁				0.896	358.369	
2	TP₁	1.735	360.104			358.369	
	0+000				2.014	358.090	
3	0+000	2.444	360.534			358.090	
	0+100			1.95		358.580	
	0+200			1.60		358.930	
	0+235			1.96		358.570	
	0+300				1.622	358.912	

（续）

测　站	桩　号	后视点/m	视线高/m	中间点/m	前视点/m	高程/m	备　注
4	0 + 300					358.912	
	0 + 362	2.108	361.020	2.85	0.925	358.170	
	0 + 400			2.06		358.960	
	0 + 500					360.095	
5	0 + 500					360.095	
	0 + 565	0.683	360.778	0.25	2.275	360.530	
	0 + 600			2.47		358.310	
	0 + 676					358.503	
6	0 + 676					358.503	
	0 + 700	1.916	360.419	2.38	0.898	358.040	
	0 + 800			1.96		358.460	
	0 + 838					359.521	
7	0 + 838					359.521	
	0 + 900	1.434	360.955	1.23	1.623	359.720	
	0 + 950			1.35		359.600	
	1 + 000					359.332	
8	1 + 000	1.203	360.535		1.850	359.332	
	TP$_2$					358.685	
9	TP$_2$	1.325	360.010		1.662	358.685	已知
	BM$_2$					358.348	358.310
校核	14.468				13.765	358.348	
	−13.765					−357.645	
	+ 0.703					+ 0.703	

3. 手簿检核与里程桩高程的计算

若后视读数总和与前视读数总和之差，等于已知的 BM$_2$ 高程与已知点 BM$_1$ 高程之差，即等于 + 0.703m，证明本页记录计算正确，见表 6-4。然后，按不同方法分别计算高程，即水准埋石点或临时水准标志，根据平差后的高差推算其高程。里程桩的高程可按水准点的高程分段推算。绘制纵断面图时，最后高程一律取至 cm。以表 6-4 为例，具体计算方法如下：

（1）高差闭合差的计算　从（0 + 000）至（1 + 000）桩水准路线附合在水准点 BM$_1$ 与 BM$_2$ 之间，两已知点的高差为 358.310m − 357.645m = + 0.665m，实测高差为 + 0.703m，故高差闭合差 f_h = + 0.703m − 0.665m = + 0.038m。五等水准测量限差为 ±40 $\sqrt{L}$ mm（式中 L 为水准路线长度，以 km 为单位）。表 6-4 中 L 为图 6-13 中四个测站分别到五个测点前视距和后视距之和，L = 1.5km，故高差闭合差限差为 ±40 $\sqrt{1.5}$ ≈ ±49mm，实测闭合差小于闭合差限差，本测段符合限差规定。

（2）里程桩高程的计算　本测段只有 1.5km（含连测段 350m），高差闭合差为 +38mm，故高差改正数对转点的高程影响甚微，可以不进行改正。即从已知点按视线高法直接推算里程桩高程。在表 6-4 中，水准点 BM_1 的高程为 357.645m，经过两测站求得（0+000）桩的高程为 358.090m。用视线高法推算间视点高程的步骤如下：

根据间视法水准测量原理，计算视线高程与间视点高程的公式为：

$$H_i = H_A + a \tag{6-6}$$
$$H_B = H_i - b \tag{6-7}$$

式中　H_i——视线高程（m）；

H_A——后视点 A 的高程（m）；

a——后视点 A 的水准尺读数（m）；

H_B——间视点 B 的高程（m）；

b——间视点 B 的水准尺读数（m）。

由式（6-6）得第三站的视线高程为：

$$H_i = (358.090 + 2.444) \text{ m} = 360.534 \text{m}$$

由式（6-7）得：（0+100）桩高程 =（358.090 - 1.95）m = 358.58m

（0+200）桩高程 =（358.090 - 1.60）m = 358.93m

（0+235）桩高程 =（358.090 - 1.96）m = 358.57m

由以上计算可知，无论一个测站上观测的间视点有多少，利用一个视线高程就很容易地求出各点高程，所以，纵断面高程测量时，在成像清晰、读数可靠的情况下，每个测站应尽量多观测几个间视点，以提高观测速度。

4. 纵断面图的绘制

（1）图面布局合理、使用方便，应预留渠、堤设计线和高程注记位置　要做到上述要求，应根据中心线桩的高程和中线长度，按照不同的建设阶段，既要突出地面起伏，又要使地面线居于适中位置。为此，应选择恰当的绘图比例尺。一般是水平比例尺较竖直比例尺小10 倍、20 倍，甚至 100 倍。在相同的建设阶段，长路线的水平比例尺应小些，短路线的水平比例尺可大些。在高程方面，高差大的，竖直比例尺可小些，高差小的，竖直比例尺应大些。

（2）绘制图表栏　图表栏是填写纵断面测量内、外资料及有关设计数据的位置，应绘在图样的左方，一般约占图样宽度的 2/5，填写时自上而下进行，其中包括渠底坡度、里程桩号、地面高程、渠底设计高程、中线挖深、填高以及平面草图等。

（3）选择高程起始注记　渠道所经地带，高程一般较大，或者沿线地面起伏。为了使用方便，节省图样，竖直比例尺的注记不从零开始，应尽量选择使路线最高与最低部分都能绘出的高程。如果地面高程一直增加，地面线连续绘下去将会超出图样，此时，可从某点起，将其高程沿同一坐标纵线降低 5~10cm，使之成一阶梯，再继续绘下去，个别点的高程有可能超出图样时，可采用绘断裂线，并注记其高程的方法。如果地面高程不断降低，则采用相反的措施。根据表 6-4 的计算成果，绘制图 6-14，该图渠道起始底面高程为 359.00m。

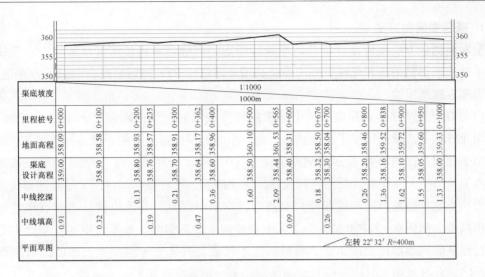

图 6-14　渠道纵断面图

（4）抄入资料，计算有关数据　根据选定的水平比例尺，按里程桩的间距，标出各桩点。从纵断面测量成果中，抄入各点的地面高程，如果渠底比降已经确定，也可计算各点的设计高程。例如：（0 + 000）桩的渠底设计高程为 359.00m，比降 $i = 1:1000$，整桩间距为 100m，故向下游每增加 100m 距离，渠底设计高程就减少 0.1m，所以图 6-14 中，渠底点设计高程分别为 358.90m、358.80m、…，（1 + 000）处的渠底设计高程为 358.00m。中心桩挖填数按式（6-8）计算，即：

$$\Delta h = H_{地} - H_{设}$$ 　　　　　　（6-8）

式中　Δh——挖填数，当 Δh 为正时，中心桩处即挖深，Δh 为负时，即填高；

　　　$H_{地}$——中心桩地面高程（m）；

　　　$H_{设}$——该中心桩的渠底设计高程（m）。

图 6-14 中，（0 + 000）桩、（0 + 100）桩和（0 + 200）桩的中心挖填数，按式（6-8）计算，分别为 -0.91m、-0.32m 和 +0.13m，前两桩处为填高，（0 + 200）桩处为挖深。

（5）绘图　依据里程桩的间距和各桩点的地面高程，按选定的竖直比例尺，沿方格纸的纵坐标，定出各点的位置，然后连接各同名点，即得地面线。渠底设计线或水面线的画法与此相同。

路线平面图和地表性质是根据草图并参考纵断面高程测量手簿、选线记录等资料绘制的。图 6-14 中（0 + 676）桩处左转 22°32′ 为路线向左的转折角，$R = 400m$ 为平面圆曲线的半径。

6.4.4　横断面测量

对垂直于路线中线方向的地面高低所进行的测量工作，称为**横断面测量**。路线上所有里程桩和加桩一般都应测量其横断面。横断面是确定渠道横向施工范围、计算土石方数量的必要资料。

1. 横断面测量方法

横断面测量方法视仪器设备和地形条件而定，一般可采用经纬仪视距法、水准仪量距法、手持水准仪量距法和花杆置平法等。利用全站仪或 RTK 进行横断面测量，方法更简单，精度更高，速度更快。

（1）花杆置平法。在丘陵地、山地横向坡度较大时，当横断面每侧宽度小于 30m 时，可采用花杆置平法或钢尺拉平法施测横断面。断面上两地形点间的距离与高差用花杆置平或钢尺拉平读取。如图 6-15 所示，欲测里程桩（0＋500）的横断面，一人将地形尺或花杆立于测点上，另一人从中心线桩用花杆或钢尺量至测点。花杆或钢尺可用简易水准器校定或目估水平。在花杆与地形尺（或花杆）交点处读出水平距离，并读出或量出交点至地面的高度即得高差。从图 6-15 中可见，如果从中心桩向上坡观测时，地形尺或花杆立于中心线桩上，高差从起端地形尺上读出；下坡时，地形尺或花杆先立于测点上，然后读取距离和高差。总之，花杆或钢尺只能一端与地面相交，另一端置平在地形尺上读数。

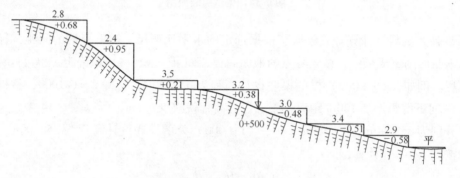

图 6-15　花杆置平法测量横断面（单位：m）

用花杆置平法测量横断面，记录格式见表 6-5，中心桩（0＋500）的高程 360.10m 是从纵断面测量成果中抄来的，它是推算横断面地形点高程的起始数据。地形点的编号仍按中心线前进方向进行，即以观测者面向渠道下游，用左、右手划分横断面的左、右分别记录，分式的分子表示横断面测点间高差，分母表示测点间间距。表中累计栏，分别是地形点对中心线桩高差与距离的总和。

表 6-5　花杆置平法横断面测量记录表

左 侧 断 面				中 心 桩	右 侧 断 面			
$\frac{+0.68}{2.8}$	$\frac{+0.95}{2.4}$	$\frac{+0.21}{3.5}$	$\frac{+0.38}{3.2}$	$\frac{0+500}{360.1}$	$\frac{-0.48}{3.0}$	$\frac{-0.51}{3.4}$	$\frac{-0.58}{2.9}$	平
$\frac{+2.22}{12.1}$	$\frac{+1.54}{9.3}$	$\frac{+0.59}{6.7}$	$\frac{+0.38}{3.2}$	累计	$\frac{-0.48}{3.0}$	$\frac{-0.99}{6.4}$	$\frac{-1.57}{9.3}$	平

横断面测量时可随测随绘，不做记录。测站点与断面地形点的距离读数、计算取位均为 0.1m；测站点高差读数、计算一般取位均为 0.01m，而地形点高程的计算取位则为 0.1m。

（2）经纬仪视距法　当横断面较宽时，可采用经纬仪视距法。测量时，经纬仪一般安置于中心桩上。当横断面一侧宽度小于 50m 时，容许用目测标定横断面方向；若大于 50m

时，用经纬仪标定方向。如果断面过长或视线遇到障碍必须转站，则转站点（即测站点）的平面位置和高程可以用视距法测定，其视距最大长度不得超过 200m。视距应用正、倒境和直、返觇观测，其往、返所测距离较差不得大于距离的 1/200；高差不符值应不大于 0.1m，山地可放宽为 0.2m；转站数不得超过 3 个；山地路线全长不应大于 600m；测站至断面上地形点的最大视距应不大于 200m，当仪器只在中心线桩上设站时，其视距长度可放宽到 300m。

2. 横断面图的绘制

横断面图的比例尺，应根据断面宽度、地形坡度等，按表 6-6 选用。绘图时，应自上游向下游按桩号顺序从左至右排列。同一列中各断面的中心线桩，应位于方格纸上粗线的同一条线上。

表 6-6　横断面宽度与绘图比例尺

横断面宽度/m	水平比例尺	竖直比例尺	
		平地	丘陵、山地
<100	>1:500	1:50～1:100	1:100～1:200
100～200	1:500～1:1000	1:50～1:100	1:100～1:200
200～500	1:1000～1:2000	1:50～1:200	1:100～1:500
>500	<1:2000	1:50～1:200	1:100～1:500

横断面图一般也可绘在透明方格纸的反面。为了便于土方计算，一般水平比例尺应与竖直比例尺相同。但是，如果地面起伏较大，为了节省图样，也可采用不同的比例尺。图 6-16 是根据表 6-6（0+800）桩的资料绘制的横断面图。

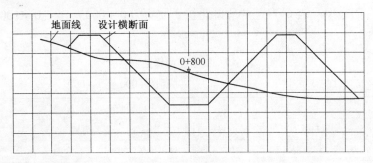

图 6-16　横断面图

横断面图是计算土方的必备资料，绘图时，应预留套绘设计断面线的位置。一条渠道短则数公里、数十公里，长则几百公里，其横断面少则几十个，多则上百个甚至以千计，所以绘图工作量往往很大。为了提高测绘横断面图的效率和质量，容许随测随绘，并且，如今使用计算机绘断面图已被普遍采用。

6.4.5　土方计算

渠道工程必须在地面上挖深、填高，使渠道断面符合设计要求，所填挖的体积，以 m³

为单位，称为**土方**，习惯上又称为几方土。土方计算方法虽然较简单，但是，计算工作量较大。土方的多少，往往是总工程量的重要指标。为了制订合理的施工方案，编制工程预算，必须认真做好土方计算。

土方计算常采用分段计算，然后求总和。而各段土方采用平均断面法计算。假设相邻两个挖方（或填方）横断面的面积分别为 A_1 和 A_2，两个横断面的间距（两桩里程之差）为 D，则其间的土方量 V 为

$$V = \frac{1}{2}(A_1 + A_2)D \tag{6-9}$$

间距 D 可从纵断面图上查取，面积 A_1、A_2 则需通过在横断面图上套绘渠道设计断面来确定。为此，应根据里程桩和加桩的挖深，先在横面图上标出设计渠底中心点的位置，再根据渠底宽度、边坡坡度、渠深和堤宽等尺寸画出设计断面，如图 6-16 所示。设计断面边线与自然地面线所包围的面积即为挖方或填方面积。

6.4.6 渠道边坡放样

从渠道路线勘测设计完成到开始施工，要相隔一段时间，在此期间有一部分转折点、里程桩可能丢失，因此，渠道边桩放样之前，应先将路线恢复起来。恢复路线的测量工作，一般包括转折点、里程桩、曲线细部测定和局部改线测量。具体工作方法与定线测量相同。

在渠道施工前，应将设计横断面与地形横断面的交点，测设到地面上，并用木桩标定，作为挖深或填高的依据。测设渠道横断面上有关边桩的工作称为**边坡放样**。当挖、填方不很大，而且地面较平坦时，渠道边坡的位置一般可采用简便的方法，直接套绘在断面图上，并量取中心桩至开口桩的距离，内、外肩桩和边坡脚桩的距离。为便于放样工作，应将图解的数据填入放样数据表中。表 6-7 为夹马口北扩 3 支渠（0 + 000）至（0 + 100）桩横断面的放样数据。

表 6-7 横断面放样数据表

工程名称 夹马口北扩 3 支渠　　　　　　测段 0 + 000 至 1 + 000

桩　号	各边桩至中心桩距离							
	开口桩		堤内肩桩		堤外肩桩		外坡脚桩	
	左侧	右侧	左侧	右侧	左侧	右侧	左侧	右侧
0 + 000	1.61	1.02	2.24	2.25	2.73	2.75	3.05	4.37
0 + 100	1.53	1.22	2.65	2.56	2.93	2.80	3.35	4.63
…	…	…	…	…	…	…	…	…

按照图解的数据进行放样，先沿中心线的垂直方向，用钢尺从中心桩向一侧量出至开口桩的距离，内、外肩桩和外坡脚桩的距离，并用木桩标定；然后，依同法再放出另一侧的边桩；最后，将相邻断面上同名木桩用白灰连接起来，即为**施工边线**。小型渠道一般每隔几百米竖立一个施工坡架，以便掌握断面形状，如图 6-17 所示。大、中型渠道采用机械化施工时，可用白灰线及控制桩标定有关边线。由于机械化施工对测量标志破坏性大，应及时补测。

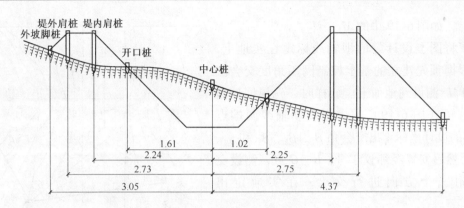

图 6-17　渠道边桩放样图

渠道测量内外业工作结束后，应整编上交的成果和资料有：各级平面、高程控制点测量手簿与计算资料；埋石标志、中心导线点成果表；曲线测设手簿与计算资料；纵横断面图与观测手簿；技术总结和检查验收报告等。各种测量记录手簿应统一编号、表头的各项内容均应填写，检查验收人员应签名等。

课题 5　水利枢纽工程测量

土坝、水闸、隧洞是最常见的水工建筑物，其施工测量也是水利工程建设中最常用的测量工作。土坝施工测量主要包括土坝控制测量、土坝清基开挖与坝体填筑施工测量。水闸施工测量主要包括水闸主轴线的放样和高程控制网的建立、基础开挖线的放样、水闸底板的放样。隧洞施工测量主要包括洞外控制测量、洞内施工测量。

6.5.1　土坝施工放样

土坝是一种较为普遍的坝型，图 6-18 是一种黏土心墙土坝的结构图。

1. 土坝控制测量

按照土坝建设的顺序，应首先进行施工控制测量，建立施工控制网是根据基本网确定坝轴线，然后以坝轴线为依据布设坝身控制网以控制坝体细部的放样。

（1）坝轴线的确定　对于中小型土坝的坝轴线，一般是由工程设计人员和勘测人员组成选线小组，深入现场进行实地踏勘，根据当地的地形、地质和建筑材料等条件，经过方案比较，直接在现场选定。

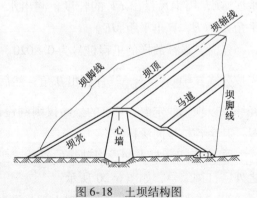

图 6-18　土坝结构图

对于大型土坝以及与混凝土坝衔接的土质副坝，一般经过现场踏勘，图上规划等多次调查研究和方案比较，确定建坝位置，并在坝址地形图上结合枢纽的整体布置，将坝轴线标于地形图上，如图 6-19 中的 M_1、M_2。

为了将图上设计好的坝轴线标定在实地上，一般可根据预先建立的基本控制网用角度交会法将 M_1 和 M_2 测设到地面上。放样时，先根据控制点 A、B、C（图 6-19）的坐标和坝轴线两端点 M_1、M_2 的设计坐标算出交会角 β_1、β_2、β_3 和 γ_1、γ_2、γ_3；然后安置经纬仪于 A、B、C 点，测设交会角，用三个方向进行交会，在实地定出 M_1、M_2。

坝轴线的两端点在现场标定后，应用永久性标志标明。为了防止施工时端点被破坏，应将坝轴线的端点延长到两面山坡上，如图 6-19 中的 M_1'、M_2'。

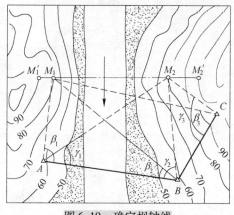

图 6-19　确定坝轴线

（2）建立平面控制网　直线型坝的放样控制网通常采用矩形网或正方形方格网作平面控制。网格的大小与坝体大小和地面情况有关。

1）测设坝轴垂直线。具体测设步骤和方法如下：

① 在坝轴线两端找出与坝顶设计高程相同的地面点（即坝顶端点）。为此，将经纬仪安置在坝轴线上，以坝轴线定向，从水准点向上引测高程，当水准仪的视线高达到略高于坝顶设计高程时，算出符合坝顶设计高程应有的前视标尺读数，再指挥标尺在坝轴线上移动寻找两个坝轴端点，并打桩标定，如图 6-20 中的 M 和 N。

② 以任一个坝顶端点作为起点，每隔一定距离设置里程桩，在坡度显著变化的地方设置加桩。当距离丈量有困难时，可采用交会法定出里程桩的位置。如图 6-20 所示，在便于量距的地方做坝轴线 MN 的垂线 EF，用钢尺量出 EF 的长度，测出水平角 $\angle MFE$，算出平距 ME。

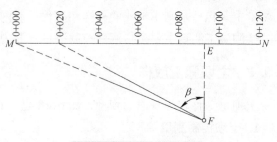

图 6-20　测设坝轴垂直线

这时，设欲放样的里程桩号为 0 + 020。

先按公式 $\beta = \tan^{-1}\dfrac{ME - 20}{EF}$ 计算出 β 角；然后用两台经纬仪分别在 M 点和 F 点设站，M 点的经纬仪以坝轴线定向，F 点的经纬仪则测设出 β 角，两仪器视线的交点即为 0 + 020 桩的位置。其余各桩按同法标定。

③ 在各里程桩上测设坝轴线的垂线。垂线测设后，应向上、下游延长至施工影响范围之外，打桩编号，如图 6-20 所示。

2）测设坝轴平行线。在河滩上选择两条便于量距的坝轴垂直线，根据所需间距，从坝轴里程桩起，沿垂线向上、下游丈量定出各点并按轴距（即至坝线的平距）进行编号，如上 10、上 20、…，下 10、下 20、…。两条垂线上编号相同的点连线即为坝轴平行线，应将其向两头延长至施工影响范围之外，打桩编号，如图 6-21 所示。在测设平行线的同时，还可一道放出坝顶肩线和变坡线，它们也是坝轴平行线。

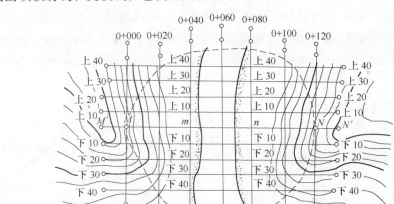

图 6-21　矩形平面控制网的建立

（3）高程控制网的建立　用于土坝施工放样的高程控制，可由若干永久性水准点组成基本网和临时作业水准点两级布设。基本网一般在施工影响范围之外布设水准点，用三等水准测量按环形路线（如图 6-22 中由 III_A 经 BM_1、BM_2、…、BM_6，再至 III_A）测定它们的高程。临时水准点直接用于坝体的高程放样，布置在施工范围内不同高度的地方并尽可能做到安置一二次仪器就能放样高程。临时水准点应根据施工进程临时设置，附合到永久水准点上。从水准基点引测它们的高程（如图 6-22 中由 BM_1 经 1、2、3 再至 BM_3），并应经常检查，以防由于施工影响发生变动。

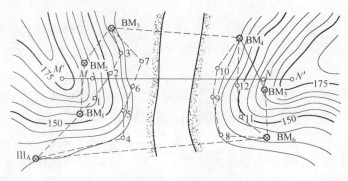

图 6-22　高程控制网

2. 土坝清基开挖与坝体填筑的施工测量

（1）清基开挖线的放样　清基开挖线是指坝体与自然地面的交线，即自然地表上的坝脚线。套绘断面法是最简单的清基开挖线的放样方法。

此法与渠道断面放样相仿。首先测定各里程桩高程，沿垂直线方向测绘断面图（即横断面图），在各断面图上再套绘坝体设计断面（图 6-23），从图上量出两断面线交点（即坝脚点）至里程桩的距离（图 6-23 中的 D_1 和 D_2,）；然后据此在实地垂线上放样出坝脚点，将各垂线上的坝脚点连起来就是清基开挖线。但清基有一定的深度，为了防止塌方，应放一定的边坡，因此实际开挖线需根据地质情况从所定开挖线向外放宽一定距离，撒上白灰标明，如图 6-24 所示。

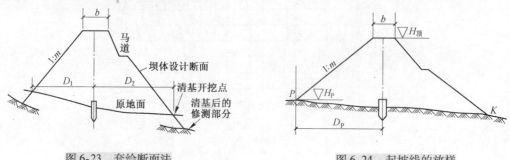

图 6-23　套绘断面法　　　　　　　图 6-24　起坡线的放样

（2）起坡线的放样　清基完工后，位于基坑底面上的坝脚线称为**起坡线**。起坡线是填筑土石或浇筑混凝土的边界线。起坡线的放样也可采用套绘断面法或经纬仪扫描法。如果采用断面法，首先必须恢复里程桩，修测横断面图（即在原断面图上修测靠坝脚开挖线部分），从修测后的横断面图上量出坝脚点的轴距再去放样。

起坡线的放样精度要求较高。无论采用哪种方法放样，都应进行检查。如图 6-24 所示，设所放出的点为 P。检查时，已知坡度为 $1:m$，坡顶长度为 b，用水准测量测定此点高程为 H_p，则此点至坝轴里程桩的实地平距（或放点时所用的平距）D_p 应等于按下式所算出来的轴距，即：

$$D_{\mathrm{P}} = \frac{b}{2} + (H_{顶} - H_{\mathrm{p}})m \tag{6-10}$$

如果实地平距与计算轴距的差值大于 1/1000，应在此方向移动标尺重测高程和重量平距，直至量得立尺点的平距等于所算出的轴距为止，这时的立尺才是起坡点应有的位置。所有起坡点标定后，连成起坡线。

（3）坝体边坡的放样　土石坝边坡放样很简单，通常采用坡度尺法或轴距杆法。混凝土坝的边坡放样必须装置模板，模板的斜度用坡度尺确定。

1）坡度尺法。按设计坝面坡度 $1:m$ 特制一个大三角板，在长为 m 的直角边上安一个水准管。放样时，将小绳一头系于起坡桩上，另一头系在坝体横断面方向的竹竿上，将三角板斜边靠着绳子，当绳子拉到水准气泡居中时，绳子的坡度即等于应放样的坡度（图 6-25）。

2）轴距杆法。根据土石坝的设计坡度，计算出不同层高坡面点的轴距 d，编制成表。此表按高程每隔 1m 计算一个值。由于坝轴里程桩会被淹埋，因此必须以填土范围之外的坝轴平行线为依据进行量距。为此，在这条平行线上设置一排竹竿（轴距杆），如图 6-25 所示。设平行线的轴距为 D，则上料桩（坡面点）离轴距杆的距离为 $D-d$，据此即可定出上料桩的位置。随着坝体增高，轴距杆可逐渐向坝轴线移近。

上料桩的轴距是按设计坝面坡度计算的，实际填土时应超出上料位置，即应留出夯实和修整的余地，如图 6-25 中虚线所示，其中超填厚度由设计人员提出。混凝土坝的中间部分是分块立模的，应先将分块线投影到基础面或已浇好的坝块面上，再在离分块线 0.2m 的地方弹出一条

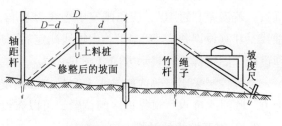

图 6-25　坝体边坡的放样

平行墨线，以供检查和校正模板之用。在沿分块线立模时，在模板顶部钉一颗长 0.2m（包括模板厚）的钉子，吊下锤球，若锤球正对平行线，则说明模板已竖直。

6.5.2　水闸施工测量

水闸一般由闸室段和上、下游连接段三部分组成，如图 6-26 所示。闸室是水闸的主体，包括底板、闸墩、闸门、工作桥和交通桥等。上、下游连接段有冲槽、消能池，翼墙、护坦（海漫）、护坡等防冲设施。由于水闸一般建筑在土质地基甚至软土质地基上，因此通常以较厚的钢筋混凝土底板作为整体基础，闸墩和翼墙就浇筑在底板上，与底板结成一个整体。放样时，应先放出整体基础开挖线；在基础浇筑时，为了在底板上预留闸墩和翼墙的连接钢筋，应放出闸墩和翼墙的位置。具体放样步骤和方法如下：

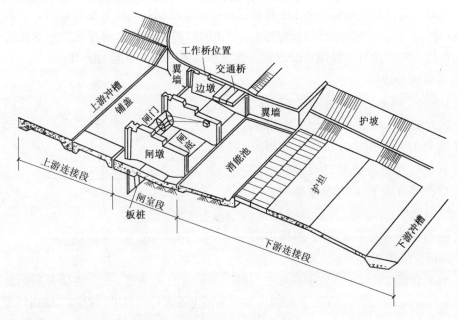

图 6-26　水闸结构示意图

1. 主轴线的测设和高程控制网的建立

水闸主轴线由闸室中心线（横轴）和河道中心线（纵轴）两条互相垂直的直线组成。从水闸设计图上可以量出两轴交点和各端点的坐标，根据坐标反算出它们与邻近测图控制点的方位角，用前方交会法定出它们的实地位置。主轴线定出后，应在交点检测它们是否相互

垂直：若误差超过10″，应以闸室中心线为基准，重新测设一条与它垂直的直线作为纵向主轴线，其测设误差应小于10″。主轴线测定后，应向两端延长至施工影响范围之外，每端各埋设两个固定标志以表示方向（图6-27）。

高程控制采用三等或四等水准测量方法测定。水准基点布设在河流两岸不受施工干扰的地方，临时水准点尽量靠近水闸位置，可以布设在河滩上。

2. 基础开挖线的放样

水闸基坑开挖线是由水闸底板的周界以及翼墙、护坡等与地面的交线决定的。为了定出开挖线，可以采用6.5.1介绍的套绘断面法。首先，从水闸设计图上查取底板形状变换点至闸室中心线的平距，在实地沿纵向主轴线标出这些点的位置，并测定其高程和测绘相应的河床横断面图；然后根据设计数据（即相应的底板高程和

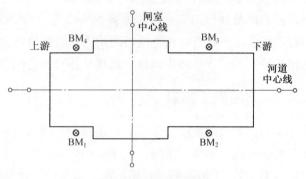

图 6-27 主轴线的测设

宽度，翼墙和护坡的坡度）在河床横断面图上套绘相应的水闸断面（图6-28），量取两断面线交点到测站点（纵轴）的距离，即可在实地放出这些交点，连成开挖边线。

为了控制开挖高程，可将斜高 l 注在开挖边桩上。当挖到接近底板高程时，一般应预留0.3m左右的保护层，待底板浇筑时再挖去，以免间隙时间过长，清理后的地基受雨水冲刷而变化。在挖去保护层时，要用水准测定底面高程，测定误差不能大于10mm。

3. 水闸底板的放样

底板是闸室和上、下游翼墙的基础。闸孔较多的大中型水闸底板是分块浇筑的。底板放样的目的：首先是放出每块底板立模线的位置，以便装置模板进行浇筑；底板浇筑完后，要在底板上定出主轴线、各闸孔中心线和门槽控制线，并弹墨线标明；然后以这些轴线为基准标出闸墩和翼墙的立模线，以便安装模板。

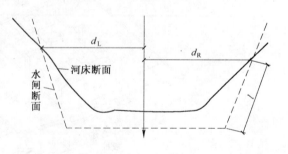

图 6-28 套绘断面法

（1）底板立模线的标定和装模高度的控制　为了定出立模线，应先在清基后的地面上恢复主轴线及其交点的位置，必须在原轴线两端的标桩上安置经纬仪进行投测。轴线恢复后，从设计图上量取底板四角的施工坐标（即至主轴线的距离），便可在实地上标出立模线的位置。

模板装完后，用水准测量在模板内侧标出底板浇筑高程的位置，并弹出墨线表示。

（2）翼墙和闸墩位置及其立模线的标定　由于翼墙与闸墩是和底板结成一个整体，因此它们的主筋必须一道结扎。在标定底板立模线时，还应标定翼墙和闸墩的位置，以便竖立连接钢筋。翼墙、闸墩的中心位置及其轮廓线，也是根据它们的施工坐标进行放样，并在地基上打桩标明。

底板浇筑完后，应在底板上再恢复主轴线，然后以主轴线为依据，根据其他轴线对主轴线的距离定出这些轴线（包括闸孔和闸墩的中心线、门槽控制线等），且弹墨线标明。因为墨线容易脱落，故必须每隔2~3m用红漆画一圈点表示轴线位置。各轴线应按不同的方式进行编号。根据墩、墙的尺寸和已标明的轴线，再放出立模线的位置。圆弧形翼墙的立模线可采用弦线支距法进行放样。

课题6 大坝变形观测

大坝建成以及水库蓄水并投入运行后，由于基础及地基本身形状的改变，在外力及坝体内部应力的作用下，大坝将会产生位移及沉降，称为**大坝的变形**。一般情况下，这种变形较为缓慢，在一定范围内是允许的，如果变形超出某一限度，将影响到大坝的稳定和安全，甚至造成大坝失事。因此，需要对大坝进行经常的、系统的观测，以判断其运行状况是否正常，并根据观测中发现的问题，分析原因，及时采取必要的措施，以保证大坝的安全运行。另外，通过长期的变形观测，可以检验大坝设计理论的准确性，并为设计和科研提供相关资料。大坝变形观测的内容较多，本课题主要介绍大坝的水平位移观测及垂直位移观测。大坝水平位移观测的经纬仪一般为DJ$_{07}$型或DJ$_1$型经纬仪，而大坝垂直位移观测的水准仪一般为DS$_{05}$型或DS$_1$型水准仪。大坝变形观测的精度根据大坝的类型确定，一般而言，混凝土坝的变形观测精度高于土石坝的变形观测精度，高坝的变形观测精度高于低坝的变形观测精度。由于大坝变形观测较为复杂，这里只做简要的介绍。

6.6.1 大坝水平位移观测

大坝水平位移观测主要有视准线法、小角法、前方交会法和引张线法等。

1. 视准线法

用视准线法观测大坝的水平位移（图6-29），首先要在观测断面两端的山坡上设置工作基点A和B，然后将经纬仪安置在A点或B点，瞄准B点或A点，构成视准线AB。由于A、B两点位于观测断面两端的山坡上，不受大坝变形的影响，视准线AB可以认为固定不变，因此可作为观测坝体变形的基准线；然后沿视准线按设计间隔在大坝上设置水平位移标点a、b、c、d、e、…，测出a、b、c、d、e等各标点到视准线的距离，作为观测的初始值。观测时，将经纬仪安置在A点，用盘左的位置瞄准B点上的砚标，构成视准线，固定经纬仪的照准部，瞄准离A点1/2大坝长度范围内的位移标点。观测者用旗语或对讲机指挥位移标点处的持标者移动活动砚标，使砚标中心线与经纬仪望远镜的竖丝重合，由持标者读取活动砚标上的标尺读数，然后持标者移动活动砚标，再次让观测者指挥持标者移动活动砚标，使砚标中心线与经纬仪望远镜的竖丝重合，持标者再次读取活动砚标上的标尺读数，计算两次读数的平均值。再用盘右的位置进行相同的观测，最后取盘左盘右观测的平均值作为第一测回的观测值。随后，按同样的方法观测第二个测回，两测回的观测值之差不应大于4mm，若满足要求，取两测回观测值的平均值作为最后结果，最后结果减去初始值即为位移标点沿与视准线垂直方向的水平位移。离A点1/2大坝长度范围内位移标点的水平位移观测完毕后，再将经纬仪安置在 B 点，瞄准 A 点上的砚标，按同样的方法观测离 B 点 1/2 大坝长度范围内位移标点的水平位移。

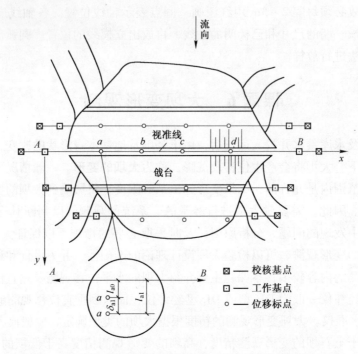

图 6-29　视准线法观测原理及观测点的布设示意图

2. 小角法

用小角法观测水平位移（图 6-30），也要在观测断面两端的山坡上设置工作基点 A 和 B，然后分别将经纬仪安置在 A 点和 B 点，观测 1/2 大坝长度范围内位移标点的位移量。如图 6-30 所示，在 A 点安置经纬仪，瞄准 B 点，构成视准线 AB。转动经纬仪的照准部，瞄准位移标点 a_0，读出 Aa_0 方向线与视准线 AB 之间的夹角 α_{a0}。由于角度较小，因此 a_0 点偏离视准线 AB 的距离 aa_0 可近似计算为：

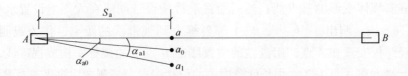

图 6-30　小角法观测水平位移示意图

$$\overline{aa_0} = \frac{\pi S_a}{180°} \frac{\alpha_{a0}}{60 \times 60} \times 1000 = \frac{1000 S_a}{\rho} \alpha_{a0} \tag{6-11}$$

式中　S_a——A 点距位移标点的距离（m）；

　　　α_{a0}——A_{a0} 方向线与视准线 AB 之间的夹角（°′″）；

　　　ρ——常数，其值为 206265。

令：

$$K = \frac{1000}{\rho} = 0.004848 \tag{6-12}$$

当大坝发生变形时，位移标点由 a_0 点移至 a_1 点，则位移标点沿与视准线垂直方向的水平位移为：

$$\overline{aa_1} = KS_a\alpha_{a1} - KS_a\alpha_{a0} = KS_a(a_{a1} - \alpha_{a0}) \tag{6-13}$$

3. 前方交会法

当大坝长度超过 500m 时，用视准线法及小角法观测水平位移其精度较低，而对于曲线形大坝，用视准线法及小角法无法进行水平位移观测，此时可采用前方交会法观测大坝的水平位移。

前方交会法是在大坝下游两岸山坡上选择两个或三个工作基点，工作基点应有足够的稳定性，如图 6-31a 中的 A 点和 B 点。A 点和 B 点的坐标可采用假定坐标，其中 x 方向尽量与水流方向一致。

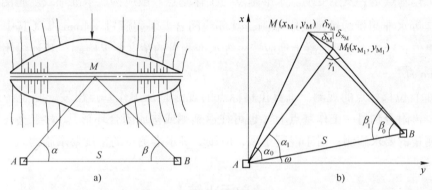

图 6-31 前方交会法观测水平位移示意图
a）设置工作基点 b）计算位移量

在 A 点和 B 点分别安置经纬仪，观测水平角 α、β，根据 A 点和 B 点的坐标即可采用前方交会法计算 M 点的坐标。假设首次观测的 M 点的坐标为 (x_M, y_M)，而本次观测的 M 点的坐标为 (x_{M1}, y_{M1})，则 M 点本次相对于首次沿 x 方向和 y 方向的位移量就可以计算出来，如图 6-31b 所示。

6.6.2 大坝垂直位移观测

大坝垂直位移观测主要测定大坝沿铅垂方向的变动情况，一般采用精密水准测量的方法进行大坝垂直位移观测。

1. 测点的布设

用于垂直位移观测的测点一般分为水准基点、工作基点（又称起测基点）和垂直位移标点三种。

（1）水准基点 水准基点是垂直位移观测的基准点，一般埋设在大坝以外地基坚实稳固且不受大坝变形影响和便于引测的地方。为了校核水准基点是否发生变动，水准基点一般应埋设三个以上。

（2）工作基点　由于水准基点一般离大坝较远，为方便观测，通常在每排位移标点的延长线上，即大坝两端的山坡上，选择地基坚实的地方埋设工作基点作为施测位移标点垂直位移的依据，工作基点的高程与该排位移标点的高程相差不宜过大。工作基点可按一般水准点的要求进行埋设。

（3）垂直位移标点　为了便于将大坝的水平位移和垂直位移结合起来分析，在水平位移标点上，一般埋设半球形的铜质标志作为垂直位移标点，对于特殊部位，应加设垂直位移标点。

2. 观测方法及精度要求

进行垂直位移观测时，首先应校测工作基点的高程，然后再由工作基点测定各位移标点的高程。将位移标点首次测得的高程与本次测得的高程相比较，其差值即为两次观测时间间隔内位移标点的垂直位移量。一般规定垂直位移向下为正，向上为负。

（1）工作基点的校测　工作基点的校测是由水准基点出发，测定各工作基点的高程，用于校核工作基点是否发生变动。水准基点与工作基点一般应构成水准环线。施测时，对于土石坝按二等水准测量的精度要求施测，其环线闭合差不得超过 $\pm 4mm\sqrt{L}$（其中 L 为环线的长度，单位：km）；对于混凝土坝应按一等水准测量的精度要求施测，其环线闭合差不得超过 $\pm 2mm\sqrt{L}$。

（2）垂直位移标点的观测　垂直位移标点的观测是从工作基点出发，测定各位位移标点的高程，再附合到另一工作基点上（也可往返施测或构成闭合环形）。对于土石坝，可按二等水准测量的要求施测；对于混凝土坝，应按一等水准测量的精度要求施测。

【单元小结】

本单元为水利工程测量，主要包括水利工程概述、地形图在水利水电规划中的应用、河道测量、渠道测量、水利工程施工测量以及水工建筑物变形观测等内容。具体包括：

1. 水利工程概述

了解水利工程的概念、分类以及水利工程的等级划分。

2. 地形图的应用

掌握地形图的选用，学会利用地形图确定断面和水库的汇水面积，计算水库的库容，确定大坝坡脚线的位置。

3. 河道测量

熟悉河道测量的内容，掌握河道测量的程序、方法，并能利用测量成果绘制河道的纵、横断面图。

4. 渠道测量

掌握渠道测量的内容，学会渠道选线、中线测量、纵断面和横断面测量，进行记录和计算，掌握土方量的计算。

5. 水利工程施工测量

掌握土石坝和水闸的施工测量技术。

6. 变形观测

了解变形观测的主要内容，掌握水平位移观测和垂直位移观测的主要方法。

────────────── 【复习思考题】 ──────────────

6-1　什么是水利工程？水利工程有哪些特点？水利工程的等级是如何划分的？

6-2　河道测量的主要内容是什么？如何进行水深测量？

6-3　河道纵断面图是如何绘制出来的？

6-4　渠道测量包括哪些工作内容？

6-5　渠道中线测量有哪些内容？何谓里程桩？在什么情况下设置加桩？

6-6　间视法水准测量有何特点？为什么观测转点比观测间视点（中间点）的精度要求高？

6-7　纵、横断面图绘制各有何要求？它们之间有何区别？

6-8　水库的汇水面积如何确定？它与哪些因素有关？

6-9　试述土坝坡脚线确定的步骤。

6-10　大坝变形观测的内容是什么？水平位移观测主要有哪几种方法？

6-11　试完成表6-8的纵断面观测手簿的计算。

表6-8　某纵断面观测手簿

测　站	桩　号	后视点/m	视线高/m	中间点/m	前视点/m	高程/m	备　注
1	BM$_1$ TP$_1$	1.320			0.546	364.374	已知
2	TP$_1$ 0+000	1.235			2.014		
3	0+000 0+050 0+100 0+135 0+150 0+200 0+250 0+300	1.588		1.63 1.82 1.96 1.83 1.74 1.66	1.982		
4	0+300 0+350 0+400 0+450 0+500 0+550	2.108		2.85 2.06 2.36 2.77	2.925		
校核							

单元 7

地质勘探工程测量

单元概述

　　地质勘探工程测量是指在矿产资源普查和勘探中需进行的测量工作，通常包括勘探工程测量、地质剖面测量、地质填图测量等工作。地质勘探工程测量的任务是及时地为地质勘探提供可靠的测绘资料，配合地质勘探作业详细查明地下资源，并确定矿物位置、形状及储量。

学习目标

1. 了解地质勘探工程测量的任务及一般程序。
2. 掌握勘探线（网）的布设方法。
3. 掌握地质剖面测量的内容及方法。
4. 了解地质填图。
5. 能提供地质勘探工程设计和研究地质构造的基础资料。
6. 能根据地质工程的设计在实地给出工程施工的位置和方向。
7. 能测定竣工后地质工程点的平面坐标和高程。
8. 能提供编写地质报告和储量计算的有关资料。

课题 1　勘探工程测量

7.1.1　勘探线（网）的测设

　　在已建立测量控制网的勘探矿区，可先将勘探网布设于实地，然后依据勘探网再实地布置地质勘探工程。也可以根据地质勘探工程的设计坐标和已知测量控制点的坐标反算测设数据，直接将地质勘探工程测设到实地上。

　　在尚未建立测量控制网的勘探矿区，应首先布置勘探基线作为布设勘探网的基本控制。基线一般至少由三点组成，由地质和测量人员在实地确定基线的位置和方向。

1. 勘探基线的测设

如图 7-1 所示，A、B、C、D 为已知控制点，M、N、P 为设计基线上的三点。首先利用控制点和 M、N、P 三点的设计坐标将 M、N、P 三点标定于实地，测设完基线，要检查三点是否在一条直线上，如果误差在允许范围内，则在基线两端点 M、N 埋设标石；然后利用导线测量方法重新测设基点坐标，求出与设计坐标的差值，若小于 1/2000，可取平均值作为最终结果。

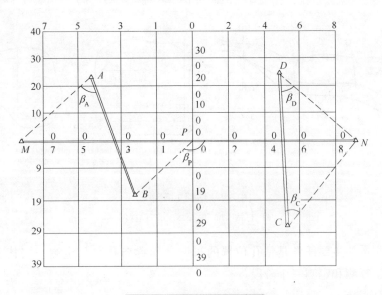

图 7-1　基线的测设示意图

2. 勘探线（网）的测设方法

勘探线是一组等间距的平行线，一般垂直于矿体的总体走向。勘探线距随勘探类型的不同有所变化。勘探线（网）的测设就是将基线与勘探线上的工程点测设于实地。通常的方法是：首先在基线端点安置经纬仪，照准基线方向，按设计给定的勘探线间距，在勘探基线上定出与各勘探线的交叉点$\left(\text{如图 7-1 中的}\dfrac{0}{2}、\dfrac{0}{4}、\dfrac{0}{6}、\dfrac{0}{8}\text{和}\dfrac{0}{1}、\dfrac{0}{3}、\dfrac{0}{5}、\dfrac{0}{7}\text{等}\right)$；然后分别在这些点上安置经纬仪，依据设计给定的勘探线上方向和工程点位置，将勘探工程点测设于实地。勘探线上的工程点测设后，应埋设标志并编号。现在多采用全站仪和 GPS 坐标法直接测设。

3. 高程测量

高程测量分为基线端点、基点的高程测量和勘探线、勘探网的高程测量。基线端点、基点的高程测定，应在点位测设于实地后，用三角高程的方法与平面位置同时测定。实际高程与图上高程之差如在规定的限差之内，取其平均值即可，否则应查找原因。勘探线、勘探网高程测定，可采用三角高程或水准测量的方法进行，并布置成闭合或附合路线，以便检核。

随着全站仪和 GPS 的广泛应用，勘探网的测设可以不再布设控制基线，而是依据控制点用坐标法测设勘探工程点，这样不仅提高了测设精度，而且提高了测设速度。

7.1.2 钻探工程测量

钻探工程主要用来探明地下矿体的范围、深度、厚度、产状及其变化情况。通过打钻把地下岩（煤）心取出来，作为观察分析的资料依据，是勘探阶段的主要手段。根据矿床种类和赋存情况的不同，钻孔密度及其分布几何形状的不同，通常可布设成勘探线或勘探网，如图7-2所示（在图7-2b、c中，圆圈表示钻孔的位置）。

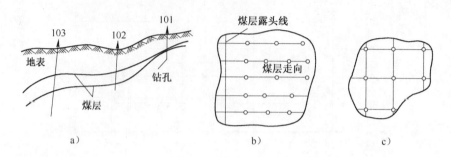

图7-2 钻探工程测量

a）打钻 b）勘探线 c）勘探网

钻探工程测量的主要任务是钻孔位置的布设（简称布孔）与定测，按其工作程序孔位测量分为初测、复测和定测三个阶段。

1. 初测

初测是根据钻孔设计坐标将其位置测设于实地。方法通常采用极坐标法和角度交会法。

极坐标法适合于控制点离钻孔位置较近时采用。如图7-3所示，A、B两点为已知控制点，C点为设计的钻孔位置。测设方法详见单元2课题3，这里不再赘述。

角度交会法一般用于地形较复杂的地带。如图7-4所示，P为设计钻孔位置，根据通视情况选定控制点A和B作为交会的起算点。测设方法见单元2课题3，这里不再赘述。

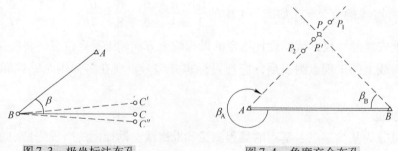

图7-3 极坐标法布孔　　　　　图7-4 角度交会布孔

钻孔位置确定后，应于孔位设站，检测交会角，检测角值与计算角值之差不得大于3′。待孔位在实地确定后，应立即在其附近建立校正点，作为钻孔位置复测的依据。校正点要建在不妨碍平整机台的地方，以免被破坏。根据不同的地形条件，可采用下列方法建立校正点。

（1）十字交叉法 如图7-5所示，在孔位四周选择四个校正点，使两连线的交点与孔位吻合。

（2）直线通过法 如图7-6所示，在孔位前后确定两个校正点，使两点的连线通过孔位中心，并量取孔位到两端点的距离。

（3）距离交会法 在孔位四周选择三个以上的校正点，分别量出它们到钻孔中心的距离。

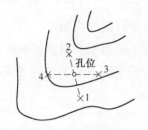

图7-5 十字交叉法定位

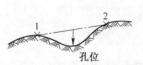

图7-6 直线通过法定位

2. 复测

钻孔位置的复测是在平整机台后进行。按校正点与孔位间的几何关系，以锤球投影法对孔位进行校核，其偏差不得超过图上0.1mm。平整机台后，若表示孔位的木桩已经丢失，此时可利用校正点重新标出孔位。如发现校正点有问题或者是木桩已丢失，则应按布孔时的操作方法重新测定孔位。

复测时除校核钻孔位置外，还应采用三角高程法测定出平整机台后孔位的高程。

3. 定测

钻探资料是计算矿产储量的重要依据，所以对钻孔位置的定测精度要求较高。钻探完毕封孔后，应测定封孔标石或封孔套管中心的平面坐标及高程。钻孔中心位置对附近测量控制点的位置中误差不得超过图上0.1mm（孔位初测可放宽为2~3倍）。钻孔高程测量中误差不得超过地形地质图基本等高距的1/10。

课题2 地质剖面测量

地质剖面测量是沿着地质人员给定的设计方向（一般为勘探线方向）进行的。其目的是绘制地质剖面图，了解岩层及有益矿产的埋藏状态。

地质剖面测量的顺序是：首先按设计位置进行剖面定线，建立剖面线上的端点和转点，并在其间加设控制点，以保证测量精度；然后进行剖面测量；最后绘制地质剖面图。

7.2.1 剖面定线

剖面定线的目的是在实地上确定剖面线的位置和方向，现分两种情况进行说明。

1）剖面线是由地质人员根据设计资料结合实地情况选定的，剖面线端点的坐标和高程，由测量人员采用经纬仪交会法或导线与附近控制点联测确定，如图7-7所示。

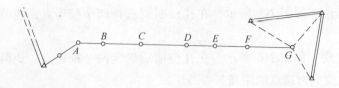

图 7-7   剖面定线

2）如果剖面线端点需要根据设计坐标测设，那么测量人员可根据附近控制点的坐标和端点的设计坐标，计算测设数据，并按布设孔位的方法测设剖面线端点。

如果两端点之间距离过长或不通视，则应在剖面线上适当地点增设控制点及转点，并用木桩标志，其布设方法与端点相同。观测时，在端点、控制点和转点，通常都要插立标杆，作为照准和标定方向之用。

7.2.2   剖面测量方法

剖面测量方法以及所使用的仪器，应根据地形条件和剖面图的比例尺等进行选择。一般说来，如剖面图的水平比例尺为 1:1 万或更大，则必须用经纬仪视距法施测。如图 7-8 所示，安置经纬仪于 A 端点，照准剖面线上的另一端点或转点，标定出视线方向，测

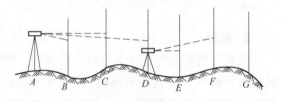

图 7-8   剖面测量

出剖面线上的 B、C、D 等各点相对于 A 点的平距和高差（视距测量）。当视线过长或不通视，则迁站于 D 点（转点），仍按上述步骤进行，直至测到剖面线的端点为止。剖面点的密度，取决于剖面图的比例尺、地形条件和必要地质点的数量，通常是剖面图上的距离约 1cm 处测一剖面点。

7.2.3   剖面图的绘制

剖面图是根据剖面线上各点间的水平距离和各点的高程绘制的，如图 7-9 所示。

绘制剖面图时，首先根据剖面线上最低点和最高点的高程，按竖直比例尺设计一组高程线绘在图样上，高程线由若干条等间隔的相互平行的水平线组成，每条高程线的高程为 10m 或 100m 的整倍数；然后在最下边的一条高程线上定出起始端点的位置，根据各点到端点的水平距离，按规定的水平比例尺将各点标出；最后根据高程线的注记，分别在过各点垂直高程线的方向上定出各剖面点的空间位置，并依次将各剖面点连成圆滑的曲线，即得剖面图。

地质工程点和主要地质点，在剖面上应加以编号注记，在剖面线的两端，还应注明剖面线的方位角。

剖面图绘制完成后，应在其下面绘制相应的平面图。在图上标出剖面线和坐标线交点的位置，并注上坐标值。

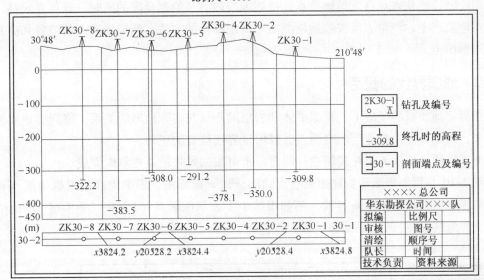

图 7-9 剖面图

课题 3 地质填图测量

在地质勘探阶段，一般需要进行大比例尺的地质填图来详细查清地面地质情况，划分岩层，确定矿体分布，以便正确了解矿床与地质构造及其规律，指导下一步勘探设计，并作为储量计算的地表依据。

地质填图是以相应比例尺的地形图作为底图，将各种地质点测绘到地形图上，然后根据地质点描绘岩层和矿体界限（包括地层界限、煤层露头线、断层线等），并填绘各地层符号，最后形成地形地质图。

地质填图测量包括地质点测量和地质界线测量，其中地质点测量是地质填图基本的测量工作。

7.3.1 地质点测量

地质点一般包括露头点、地层（或岩层）界限点、构造点（断层点、褶曲轴线点、枢纽点）、矿体和围岩界限点、水文点、取样点等。地质点的位置是由地质人员在实地观察后确定的，确定后立即用油漆注明编号，并在点旁插旗标志。

在找煤及普查阶段，由于地形图比例尺小（1:5 万及 1:2.5 万），测定地质点的精度要求不高，一般由地质人员依据测量控制点和明显的地物、地貌，用罗盘交会法和目测法等定点方法在地形图上确定地质点的位置。

对于 1:1 万及更大比例尺的地质填图，因精度要求较高，故需根据附近的控制点，用经纬仪、平板仪等仪器，测定（极坐标法）地质点的位置。

测绘地质点的方法和地形测量中测绘细部点的方法相同，测绘地质界限和测绘小路类似。测绘时，地质人员在选择地质点，描述地质内容和绘制草图的同时，兼作立尺员，把尺子立在地质点上，测量人员按照地形测图中测细部点的方法，测定地质点的位置和高程，展绘在地形图上。

7.3.2　地质界线的圈定

在测定地质点的基础上，根据矿体和岩层的产状与实际地形的关系，将同类地质界线连接起来，并在其变换处适当加密测点，以保证界线位置的正确。

地质界线由地质人员在现场进行圈定，也可根据野外记录在室内完成。

图 7-10 是用地形图作为底图测绘出的部分地形地质图。图中虚线是根据地质点和地质界线的观测资料填绘的地质界线，例如虚线 1-2 表示侏罗系（J）和三叠系（T）地层的分界线（P 为二叠系、C 为石炭系、D 为泥盆系、S 为志留系）。

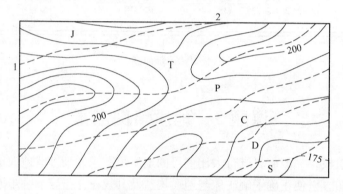

图 7-10　地形地质图

【单元小结】

本单元为地质勘探工程测量，主要包括勘探工程测量、地质剖面测量、地质填图测量等内容。具体包括：

1. 勘探工程测量

勘探线（网）的测设：在已建立测量控制网的勘探矿区，可先将勘探网布设于实地，然后依据勘探网再实地布置地质勘探工程，也可以根据地质勘探工程的设计坐标和已知测量控制点的坐标反算测设数据，直接将地质勘探工程测设到实地上。在尚未建立测量控制网的勘探矿区，应首先布置勘探基线作为布设勘探网的基本控制。基线一般至少由三点组成，由地质和测量人员在实地确定基线的位置和方向。

钻探工程测量的主要任务：布孔与定测，按其工作程序孔位测量分为初测、复测和定测三个阶段。

2. 地质剖面测量

地质剖面测量的目的是：绘制地质剖面图，了解岩层及有益矿产的埋藏状态。

地质剖面测量的顺序是：首先按设计位置进行剖面定线，然后进行剖面测量，最后绘制地质剖面图。

3. 地质填图测量

地质填图是以相应比例尺的地形图作为底图，将各种地质点测绘到地形图上，然后根据地质点描绘岩层和矿体界限，填绘各地层符号，最后形成地形地质图。地质填图测量包括地质点测量和地质界线测量，其中地质点测量是地质填图基本的测量工作。

【复习思考题】

7-1 剖面定线的目的是在实地上确定_____的位置和方向。

7-2 地质剖面图绘制完成后，应在其下面绘制相应的_____图。

7-3 剖面图上地质点的位置根据_____确定的。

7-4 地质剖面测量是沿着_____方向进行的。

7-5 地质填图测量的基本工作是_____。

7-6 测绘地质点的方法和地形测量中测绘_____的方法一样，测绘地质界限的方法和测绘_____的方法一样。

7-7 地质点的位置是由_____确定的。

7-8 勘探线的含义是什么？

7-9 勘探网的含义是什么？

7-10 钻孔初测的含义是什么？

7-11 钻孔复测的含义是什么？

7-12 钻孔定测的含义是什么？

7-13 简述钻探工程测量的主要任务及工作程序。

7-14 勘探网是如何组成又是如何布设的？

7-15 简述地质剖面测量的方法顺序。

7-16 简述地质剖面图是如何绘制的。

7-17 地质勘探工程测量的主要任务是什么？

7-18 什么是地质填图？地质填图测量的工作有哪些？

7-19 地质界限是如何圈定的？

7-20 某勘探工程需要布设一个钻孔 P，其设计坐标 $x_P = 335879.300$m，$y_P = 29351.500$m。已知设计钻孔附近的测量控制点 A 的坐标 $x_A = 335678.450$m，$y_A = 29282.870$m，A 点处的已知边方位角 $\alpha_{AB} = 235°15'30''$，试求用极坐标法布孔所需的数据。

单元 8

矿山工程测量

单元概述

矿山工程测量是指在矿山建设和开采过程中,为矿山的规划设计、勘探建设、生产和运营管理以及矿井报废等进行的测量工作。本单元重点讲述地下工程在建设、施工和生产过程中的测量工作,包括:建井工程测量、联系测量、地下控制测量、巷道施工测量、巷道贯通测量及岩层与地表移动测量等。

学习目标

1. 了解井下控制测量的特点及分类,掌握井下水准测量、导线测量的原理和方法,正确理解近井点、水准基点、镜上中心等概念。

2. 了解矿井联系测量的目的、任务、方法,理解一井定向、两井定向、导入标高等概念。

3. 理解巷道中线、腰线概念的含义。

4. 掌握巷道贯通测量的目的、任务及一般工作步骤。

5. 理解移动角、地表移动盆地、移动三带等岩层与地表移动的相关概念,掌握确定移动角的方法,了解留设保护煤柱的一般方法、步骤。

6. 能正确进行井下水准测量及三角高程测量的观测、记录计算等工作,并能建立井下高程控制测量系统。

7. 能正确进行井下导线测量的观测、记录计算等工作,并能建立井下平面控制测量系统。

8. 会正确操作矿山悬挂罗盘仪、激光指向仪;能正确完成罗盘仪测量及巷道中线、腰线的初步标定工作;会使用经纬仪进行主要巷道的中线标定,会使用水准仪进行主要巷道的腰线标定;会使用激光指向仪标定巷道的中线、腰线。

9. 会计算贯通几何要素,能完成一般巷道贯通测量工作。

10. 能正确留设保护煤柱。

课题 1　矿山工程测量概述

8.1.1　矿山测量的任务及矿井测量的工作特点

矿山测量是矿业开发过程中不可缺少的一项重要的基础技术工作。在勘探、设计、建设、生产各个阶段直到矿井报废为止，都要进行矿山测量工作。根据矿山建设与生产的需要，不同时期有不同的测量工作任务：

1）建立矿区控制网和测绘大比例尺地形图。

2）进行矿区地面与地下各种地下工程的施工测量和验收测量。

3）测绘各种采掘工程平面图、矿山专用图及矿体几何图。

4）对资源利用及生产情况进行检查和监督。

5）观测与研究由于开采所引起的地表及岩层移动的基本规律，为留设保护矿柱和水体下、建筑物下、铁路下的开采提供资料。

矿山地下工程是指为开发地下有用矿产资源所开掘的各种巷道、硐室。除此之外，还包括我国已建成的很多铁路隧道、公路隧道、输水隧道，地下厂房、地下仓库、地下商场、停车场和许多城市正在修建的地下铁道等地下工程。

矿山地下工程测量与地面工程测量基本相同，主要是建立施工控制网及施工放样，如标定巷道、隧道等工程的平面位置与高程，放样硐室各细部的平面位置与高程。但由于地下工程测量与地面工程测量所处的环境及施工对象不同，因此表现为以下几个特点：

1）矿山地下工程测量工作条件差。黑暗、潮湿、空气透视度低；空间狭小，设备多，加之车辆与行人往来，这些都给测量工作带来极大的困难，往往需采用特殊方法或仪器才能完成测量。

2）矿山地下工程测量对象主要是各种巷道、硐室、工作面等工程，其空间位置是随时间变化而变化的，因此，为反映这些工程的进度，矿井测量须贯穿于工程的始终。

3）考虑精度的出发点不同。生产矿井测量中所选用的仪器及方法，应以满足采矿工程要求为原则；另外，由于井下条件限制，井下测量中的误差积累较快，越是远离起始边，其精度越差。

8.1.2　矿山工程测量的性质与作用

首先，测量工作是为采矿生产服务的，因此，它在采矿企业中是一个重要的技术辅助部门，这是由它的服务性决定的；其次，它是在矿山开发各阶段的初始时就要进行的，因此，它具有先行性；另外还具有生产性，因为它本身就是生产的一个重要部门，而且有直接产品——各种图样资料。

矿山测量工作是采矿工程的一项重要基础技术工作，是矿山生产和建设的重要组成部分。在贯彻执行安全、经济、合理、最大限度地采出有用矿物的基本方针中，矿山测量部门通过自己的工作在采矿企业中主要起下列作用：

1）在均衡生产方面起保证作用。在这一方面主要是通过及时提供反映生产状况的各种图样资料，准确掌握各种工业储量变动情况，参与采矿计划的编制和检查其执行情况来实现的。

2）在充分开采地下资源和裁决工程质量方面起监督作用。矿山测量人员应根据有关法令和规定，经常检查各种已完成的采掘工程质量，对充分合理地采出有用矿物执行监督，以减少各种浪费，特别是地下资源的浪费。

3）在安全生产运行方面起指导作用。充分利用所测绘的各种矿山测量图，发挥部门熟悉采掘工程的特点，及时而正确地指导采矿巷道以避免掘入危险区。同时，要尽量准确地预测由于地下采空所引起岩层与地表的移动范围，以避免破坏建筑物和发生安全事故。

课题2 地下控制测量

8.2.1 矿区地面控制网

矿区控制网是建立在国家控制网基础上的，是矿区范围内一切测量的基础。矿区控制网的精度和布设，关系着矿区工程建设的质量和生产安全，对矿区的开发和建设具有深远意义。

矿区地面控制网分为平面控制网和高程控制网两部分。

1. 矿区平面控制网

矿区平面控制网的主要任务是为矿区开发和生产各个阶段的地形测图和各项采矿工程测量服务。因此，它的布设应该适应于采矿生产的需要和采矿生产的特定条件。

矿区首级控制网应从实际需要出发，根据测区面积、测图比例尺及矿区发展远景，因地制宜地选择布网方案。矿区平面控制网的布网形式分为三角网、导线网、GPS网。

（1）三角网 矿区三角网一般分为三、四等三角网和一、二级小三角网四个等级。我国矿区首级三角网的等级一般是根据矿区范围和测图比例尺而定。矿区面积在 200 ~ 1500km² 时，可以选择三等三角网为矿区首级控制；当矿区面积在 200km² 以下时，可以选择四等三角网为矿区首级控制网。各种工程对控制网的要求不同，各规范中的条款规定也不尽相同，其主要技术指标见表 8-1。三角网中三角形各角度一般不应小于 30°，如受地形限制，或为了避免建设高标，允许小至 25°。

表 8-1 各等级三角网主要技术指标

等　级	平均边长/km	测角中误差（"）	起始边边长相对中误差	最弱边边长相对中误差
三等	5	±1.8	1/200000（首级） 1/120000（加密）	1/80000
四等	2	±2.5	1/120000（首级） 1/80000（加密）	1/4.50000
一级小三角	1	±5	1/40000	1/20000
二级小三角	0.5	±10	1/20000	1/10000

（2）导线网 随着电磁波测距的发展，导线测量作为平面控制得到广泛应用，用导线测量的方法加密平面控制和建立贯通等工程测量控制，往往比布设三角网更为灵活。电磁波测距导线主要技术指标见表 8-2。

表 8-2 电磁波测距导线主要技术指标

等 级	附合导线长度 /km	平均边长 /m	每边测距中 误差/mm	测角中 误差（″）	导线全长相 对闭合差
三等	15	3000	±18	±1.5	1/60000
四等	10	1600	±18	±2.5	1/40000
一级	3.6	300	±15	±5	1/14000
二级	2.4	200	±15	±8	1/10000
三级	1.5	120	±15	±12	1/6000

（3）GPS 网 GPS 测量技术已经普遍应用于矿山的地面控制测量，特别是在独立矿区，应用更是广泛。其具有点位布设灵活、全天候作业、操作灵活简便等优点。矿区一般采用 GPS 技术在地面布设 D 级和 E 级网作为地面基本控制。

2. 矿区高程控制网

矿区高程控制网是进行矿区大比例尺测图和矿山工程测量高程控制的基础，建立高程控制网的常用方法有水准测量和三角高程测量。用水准测量方法建立起来的高程控制网，称为**水准网**。由于水准网的精度较高，所以矿区基本高程控制（也称为首级高程控制）多用水准测量方法建立。

为了满足矿区生产和建设的需要，应在国家等级水准点的基础上，建立矿区基本高程控制，作为矿区各种高程测量的依据。一般说来，大型矿区应布设三等水准，中等矿区应布设四等水准，小矿区可用等外水准作为基本高程控制。由于矿区需要施测更大比例尺的地形图，以及要进行井上、井下各种工程建筑物的定线和施工放样工作，因此，作为矿区基本高程控制的水准路线长度应适当缩短，以加大水准点密度，保证各种高程测量的精度。矿区各种水准路线的布设长度及技术规格见表 8-3 的规定。

表 8-3 各等级水准测量技术规格

等 级	水准路线最 大长度/km	每公里高差中 数全中误差	不符值、闭合差限差/mm		
			测段往返高 差不符值	附合路线或 环线闭合差	检测已测测段 高差之差
三等水准	45	6	$12\sqrt{R}$	$12\sqrt{L}$	$20\sqrt{K}$
四等水准	15	10	$20\sqrt{R}$	$20\sqrt{L}$	$30\sqrt{K}$
等外水准	10	15	$30\sqrt{R}$	$30\sqrt{L}$	$45\sqrt{K}$

注：R 为测段长度，L 为附合路线或环线长度，K 为已知测段长度，均以 km 为单位。

8.2.2 地（井）下平面控制测量

地（井）下测量和地面测量工作一样，应遵循"从高级到低级，从整体到局部"的原则，合理地选择测量方案和测量方法，建立能够满足地（井）下施工和测图精度要求的平面控制。

由于受井下条件限制，井下平面控制测量主要采用导线测量，作为测绘和标定井下巷道、硐室、回采工作面等平面位置的基础，同时能满足一般贯通测量的要求，为煤矿建设与生产提供数据和图样资料。

在一般矿井中，井下平面控制测量分为两类：一类导线精度较高，沿主要巷道（包括斜井、暗斜井、平硐、运输巷道、矿井总回风巷道、主要采区上、下山、石门等）布设，称为**基本控制导线**，按测角中误差，分为 7″ 和 15″ 两级；另一类导线精度较低，沿次要巷道布设，闭（附）合在基本控制导线上，作为采区巷道平面测量的控制，称为**采区控制导线**，分为 15″ 和 30″ 两级。井下平面控制导线测量分类见表 8-4。

表 8-4　井下平面控制导线测量分类

导线类别	测角中误差（″）	一般边长/m	最大角度闭合差		最大相对闭合差	
			闭（附）合导线（″）	复测支导线（″）	闭（附）合导线	复测支导线
基本控制	±7	40~140	$\pm 14\sqrt{n}$	$\pm 14\sqrt{n_1+n_2}$	1/8000	1/6000
	±15	30~90	$\pm 30\sqrt{n}$	$\pm 30\sqrt{n_1+n_2}$	1/6000	1/4000
采区控制	±15	—	$\pm 30\sqrt{n}$	$\pm 30\sqrt{n_1+n_2}$	1/6000	1/4000
	±30	—	$\pm 60\sqrt{n}$	$\pm 60\sqrt{n_1+n_2}$	1/3000	1/2000

注：n 为闭合（附合）导线总站数；n_1、n_2 分别为支导线第一次和第二次测量的总站数。

在主要巷道中，为了配合巷道施工，一般应先布设 15″ 或 30″ 导线，用以指示巷道的掘进方向。巷道每掘进 30~200m 时，测量人员应按该等级的导线要求进行导线测量。完成外业工作后即进行内业计算，将计算结果展绘在采掘工程平面图上，供有关部门了解巷道掘进进度、方向、坡度等，以便作出正确的决策。

若测量人员填绘矿图之后，发现掘进工作面接近各种采矿安全边界，例如积水区、发火区、瓦斯突出区、采空区、巷道贯通相遇点以及重要采矿技术边界等，应立即以书面形式向矿领导和负责人报告，同时书面通知安全检查、施工等有关部门，避免发生事故。

每当巷道掘进 300~800m 时，就应布设基本控制导线，并根据基本控制导线成果展绘基本矿图。这样做不仅可以起检核作用，而且能保证矿图的精度，提高巷道施工的质量。

随着电磁波测距仪和全站仪的广泛应用，现在矿区基本控制导线主要采用 7″ 级，采取控制导线主要采用 15″ 级。导线布设如图 8-1 所示。

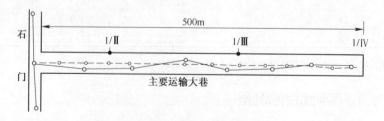

图 8-1　导线布设图

　　井下平面控制测量的主要方法是全站仪导线和经纬仪导线，布设形式有闭合导线、附合导线和支导线三种。当布设支导线时，应进行往、返测量。井下导线测量与地面导线测量基本相同，这里仅就与地面导线不同之处加以叙述。

1. 导线测量外业

　　井下控制导线测量外业主要包括：选点、埋点、测角和量边。

　　（1）选点和埋点　导线选点时应注意：通视良好，边长不宜太短，便于安置仪器，便于观测，便于寻找，测点易于保存。导线点应埋设在坚固可靠的棚梁上或岩石的顶板上，避开淋水或积水的地方。在巷道连接处、转弯处、变坡处、其他地下工程点处应设点。

　　井下导线点分为永久点和临时点两种，如图 8-2 和图 8-3 所示。临时点是为满足日常采掘工程而施测的，一般于导线施测前在巷道顶板岩石中或牢固的棚梁上进行选定。在木棚梁架的巷道中，可用弯钢钉钉入棚子，作为临时测点。永久点一般埋设在井底车场、主要石门和采区石门、集中石门运输大巷、岩石大巷以及主要上山和下山等主要巷道的顶板岩石内，以便长期保存。永久点每间隔 300 ~ 800m 设置一组，每组由相邻的三点组成。有条件时，也可以在主要巷道中全部埋设永久点。永久点应在观测前一天选埋好，临时点可以边选边测。

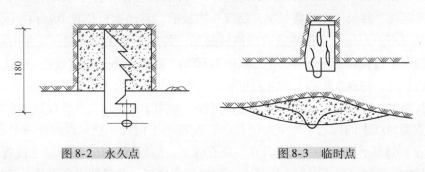

图 8-2　永久点　　　　　　　　　　图 8-3　临时点

　　为了便于管理和使用，导线点应按一定规则进行编号，例如"ⅠS25"，表示一水平南翼第 25 号导线点。为了便于寻找，在测点附近巷道帮上筑设水泥牌子，将编号用油漆写在牌子上，或刻在水泥牌子上，涂上油漆，做到清晰、醒目，便于寻找。

　　（2）角度观测　井下经纬仪导线的角度测量分为水平角观测和竖直角观测，方法与地面测量基本相同。在井下，导线点一般设于顶板或棚梁上，而仪器设于点下，又称点下对中，如图 8-4 所示。

　　点下对中要求仪器有镜上中心，如图 8-5 所示。对中时，望远镜必须处于水平位置，风

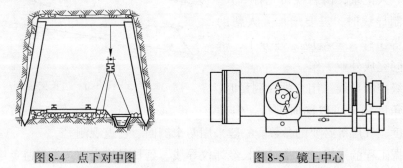

图 8-4　点下对中图　　　　　　　　图 8-5　镜上中心

流较大时，要采取挡风措施；如果边长较短（例如小于 30m），为了提高测角精度，应按规程要求增加对中次数和测回数。我国上海第三光学仪器厂生产的一种锤球，其锤球长度可以伸缩，点下对中十分方便。杭州光学仪器厂生产的一种光学对中器可以装置在脚架上或望远镜的镜筒上方，用于点下对中，不仅对中精度高，而且能提高工作效率。

观测水平角时，在前、后视点上悬挂锤球，以锤球线作为觇标，如果需要测量竖直角，还要在锤球线上做临时标志（如插小钢钉）。矿灯上蒙上一层透明纸，在垂线后面照明，以便观测。在整个测角过程中，用"灯语"进行指挥。水平角观测可采用测回法或复测法。观测导线的左转角，当方向数超过两个以上时，采用方向观测法测角。在测量水平角时，为了将导线边的倾斜距离换算成水平距离，还应同时观测导线边的倾角（竖直角）。当各项限差符合规定时，方可迁往下一个测站。

（3）边长丈量　经纬仪导线的边长测量在测角之后进行。量边时应采用经过检定的钢尺，以检定时的标准拉力悬空丈量，并测定温度。丈量时，将钢尺末端对准经纬仪水平轴中心（或镜上中心），另一端（即零端）对准前（或后）视目标上的标志，施加到标准拉力时，两端同时读取数至毫米。两端读数之差即两点间的倾斜距离，并测出倾斜角，而后计算求出其水平距离。每尺段应读数三次，每读一次数后，移动钢尺位置 10cm 以上，各次量得的长度互差应小于 3mm。为提高量边和检核起见，每边必须往返测量。丈量时应该加入各种改正后的水平边长互差，不得大于边长的 1/6000。在边长小于 15m 或在 15°以上的倾斜巷道内丈量边长时，往返水平边长的互差可适当放宽，但不得大于边长的 1/4000。

当边长超过一尺段时，可用经纬仪进行定线。如图 8-6 所示，经纬仪设置在 A 点，望远镜照准 B 点锤球线上的标志 b 将望远镜制动，在略小于钢尺一整尺段的距离处设置临时点 C、D，挂上锤球线，使 A、C、D、B 在一条直线上。然后，在 C、D 锤球上设置标志 c、d，使 c、d、b 与望远镜里的十字丝交点重合，定线便完成了。此后即逐段丈量，最后累加得到总的倾斜长度。再根据测出倾斜角 δ，按下式计算水平距离：

$$l = L\cos\delta \qquad\qquad (8-1)$$

式中　　l——水平距离（m）；

　　　　L——倾斜距离（m）；

　　　　$δ$——倾斜角（°′″）。

在测量采区导线时，需要 4 人一组，一人观测，一人记录，前后视司光各一人。测量基本控制导线时，需要增加一人帮助量距、定线等工作，全组应合理分工，密切配合，共同完成外业工作。

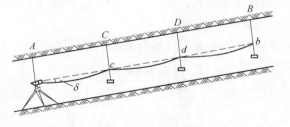

图 8-6　边长丈量

井下各级控制导线采用全站仪测量时，边长测量与角度测量可以同时进行，但是需要输入温度、气压等必要的参数。一般采用两个测回、往返观测。

随着采掘工程的进展，应及时延长经纬仪导线。延长导线之前，为了避免用错测点和检查点有无移动，应对上次导线的最后一个转角进行检查测量，与原测水平角的不符值不应超过 $\pm 2\sqrt{2}m_\beta$（m_β 为测角中误差）。

2. 井下经纬仪导线测量内业

井下经纬仪导线测量的内业包括整理外业测量结果，计算各导线的坐标方位角和各导线点的平面坐标。其计算方法与地面导线计算方法相同。

8.2.3 地下高程控制测量

1. 地（井）下高程控制测量的目的与任务

井下高程测量的目的就是确定地下工程点位在竖直方向上的位置及其相互关系，其任务有下面几个：

1）确定主要巷道内各水准点与永久导线点的高程，建立井下高程基本控制。

2）给定巷道在竖直面内的方向。

3）确定巷道顶、底板高程。

4）检查主要巷道及其运输线路的坡度，测绘主要运输线路纵剖面图。

井下高程控制网一般采用水准测量和三角高程测量的方法布设。在主要水平运输巷道中，一般应采用水准测量方法，在其他巷道中，可根据巷道坡度的大小及采矿工程的要求等具体情况，采用水准测量和三角高程测量方法，测定井下水准点或经纬仪导线点的高程。

井下高程点的设置方法与导线点相同，无论永久点或临时点，都可以设在巷道顶板、底板或两帮上，也可以设置在井下固定设备的基础上，设置时应考虑使用方便并选在不易变形的地方。井下高程点也可以和导线点共用，永久水准点每隔 300～800m 设置一组，每组埋设两个以上水准点，两点间距以 30～80m 为宜。

2. 井下水准测量

井下水准测量路线的布设形式、施测方法、内业计算以及仪器、工具等，均与地面水准测量相同，只是井下工作条件较差，观测时需要用灯光照明尺子，水准尺较短，通常是 2m 长的水准尺。井下水准测量分为两级，Ⅰ级水准测量是为了建立井下高程测量的首级控制，其精度要求较高，一般由井底车场水准基点开始，沿着主要水平运输巷道向井田边界布设；Ⅱ级水准测量的精度要求较低，主要是为了满足矿井日常生产的需要、检查巷道掘进和运输线路的坡度、测绘巷道底板和运输轨面的纵断面图，以及确定临时水准点和其他水准点的高程。因此，Ⅱ级水准路线均敷设在Ⅰ级水准点间和采区的次要巷道内。对于井田一翼小于 500m 的小型矿井，也可采用Ⅱ级水准测量作为首级高程控制。井下高程控制测量所确定的各测点的高程应与矿区地面高程系统统一。

（1）井下水准测量外业 如图 8-7a 所示，在 A、B 两点竖立水准尺，之间安置水准仪，使前后视距离大致相等，观测时要用矿灯照明水准尺，读取后视和前视读数。根据后视读数 a 和前视读数 b 计算两点的高差 h：

$$h = a - b \tag{8-2}$$

并根据已知点 A 的高程 H_A 和两点间的高差 h，最后求出 B 点的高程 H_B：

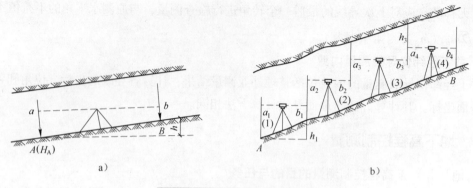

图 8-7 井下水准测量外业

a）计算高差　b）不同情况下的高差计算

$$H_B = H_A + h \tag{8-3}$$

由于井下水准点的设置位置不同，测量中通常出现以下四种情况，如图 8-5b 所示。

1）前后视立尺点都在底板上，如测站（1），则：

$$h_1 = a_1 - b_1$$

2）后视立尺点在底板上，前视立尺点在顶板上，如测站（2），则：

$$h_2 = a_2 - (-b_2) = a_2 + b_2$$

3）前后视立尺点都在顶板上，如测站（3），则：

$$h_3 = (-a_3) - (-b_3) = -a_3 + b_3$$

4）后视立尺点在顶板上，前视立尺点在底板上，如测站（4），则：

$$h_4 = -a_4 - b_4 = -(a_4 + b_4)$$

由上述四种情况不难看出：不论立尺点位于顶板或底板，只要在立于顶板点的水准尺读数之前冠以负号，仍可按式（8-2）计算两测点的高差。

井下水准测量由于用途不同，其精度要求也不同。一般 Ⅰ 级水准路线应尽可能是闭合的，或者在水准基点和经纬仪导线永久点间往返各测一次。为了进行检核，在每一个测站上均应用双仪器高法或双面尺法进行观测，变动两次仪器高或红黑面尺所测得的两次高程之差不应超过 4mm。Ⅱ 级水准测量应在两个 Ⅰ 级水准点之间用双仪器高法或双面尺法进行观测，也可敷设成支导线，但必须往返观测或用两次仪器高单程观测，其变动两次仪器高或红黑尺所测得的两次高程之差不应超过 5mm。取两次仪器高测得的高差平均值作为一次测量结果。

（2）井下水准测量内业计算　内业计算方法与地面相同，在此不做叙述。

（3）巷道纵断面图的绘制　为了检查平巷的铺轨质量或为平巷改造提供设计依据，应根据各测点的高程，绘制巷道纵剖面图。绘制巷道纵剖面图时，水平比例应为 1∶2000、1∶1000 或 1∶500，对应的竖直比例尺一般为 1∶200、1∶100 或 1∶50。其绘制方法如下：

1）按水平比例尺画一表格，表中填写：测点编号以及测点之间的距离、测点的实测高程和设计高程、轨面的实际坡度等。

2）图绘在表的上方。先依竖直比例尺，按一定高差间隔绘一组平行的等高线，等高线高程注在左端。水平方向表示距离，按测点距起始点的水平距离，先绘出各测点的水平投影位置；再按各测点的实测高程画出各测点在竖直面上的位置，连接各测点，即为巷道的纵断面线；最后画出轨面的设计坡度线和与该巷道相交的各巷道位置。

3）绘出该巷道的平面图，并在图上绘出水准点或导线点的位置。图 8-8 是某矿运输大巷的剖面图，其水平比例尺为 1∶1000，竖直比例尺为 1∶100。

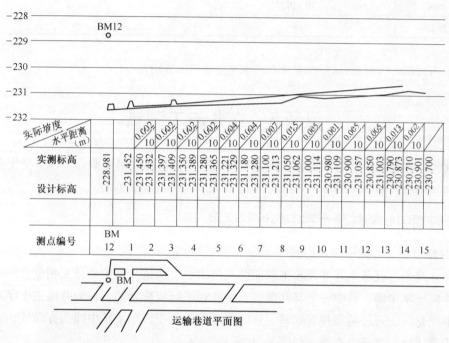

井下运输巷道剖面图
水平比例尺 1:1000
垂直比例尺 1:100

测点编号	BM12	1	2	3	4	5	6	7	8	9	10	11	12	13	14	15
实际坡度/水平距离(m)		0.002/10	0.002/10	0.002/10	0.002/10	0.004/10	0.004/10	0.007/10	0.5/10	0.085/10	0.001/10	0.085/10	0.065/10	0.013/10	0.002/10	
实测标高	-228.981	-231.452	-231.450	-231.397	-231.350	-231.280	-231.221	-231.180	-231.100	-231.050	-231.000	-230.980	-230.900	-230.850	-230.790	-230.710
设计标高		-231.432	-231.432	-231.409	-231.389	-231.329	-231.365	-231.329	-231.213	-231.062	-231.114	-231.057	-231.003	-230.873	-230.901	-230.700

运输巷道平面图

图 8-8　巷道纵剖面图

3. 井下三角高程测量

井下三角高程测量通常是在倾角大于 8° 的倾斜巷道或斜井中与经纬仪导线测量同时进行的。如图 8-9 所示，在 A 点安置经纬仪，照准 B 点锤球线上的标志，测出倾角 δ，并丈量仪器中心至标志的斜距 L，量取仪器高 i 与觇标高 v，就可以根据地面三角高程测量原理求出 A、B 两点间的高差 h_{AB}。即：

$$h_{AB} = L\sin\delta + i - v \tag{8-4}$$

由于井下测点可设在顶板或底板上，因此，在计算高差时，也会出现和井下水准测量相同的四种情况。所以在用上式时，应注意在 i 和 v 的数值之前冠以相应正负号。

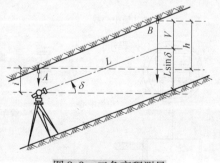

图 8-9　三角高程测量

三角高程测量的倾角观测应用一测回。通过斜井导入高程时，应测两测回，测回间的互差，对于 DJ$_6$ 经纬仪应不大于 40″，对于 DJ$_2$ 经纬仪应不大于 20″。仪器高和觇标高应用小钢尺在观测开始前和结束后各量一次，两次丈量的互差不得大于 4mm，取两次的平均值为测量结果。基本控制导线相邻两点间的高差测量应往返进行。往返测量的高差互差和三角高程闭合差应符合限差要求，见表 8-5。当高差的互差符合要求后应取往返测高差的平均值作为该次测量结果。高差经改正后，可根据起始点的高程推算各导线点的高程。

表 8-5　三角高程的限差要求

导线类别	相邻两点往返测高差的允许互差/mm	三角高程允许闭合差/mm
基本控制	$10 + 0.3l$ [①]	$30\sqrt{L}$ [②]
采区控制	—	$80\sqrt{L}$

① l——导线水平边长，以 m 为单位。

② L——导线周长（复测支导线为两次测导线的总长度），以 100m 为单位。

课题 3　立井施工测量

立井施工测量包括的内容很多，但其中最主要的工作是井筒中心、井筒十字中心线的标定以及立井掘进时的施工测量。

8.3.1　井筒中心和井筒十字中心线的标定

1. 井筒中心与井筒十字中心线

立井井筒中心就是立井井筒水平断面的几何中心。通过井筒中心且互相垂直的两个方向线称为**井筒十字中线**，其中一条与井筒提升中线相平行或重合的，称为**井筒主十字中线**，井筒提升中线是一条通过两条提升钢丝绳连线中点并垂直于绞车主轴中线的方向线。通过井筒中心的铅垂线称为**井筒中心线**，如图 8-10 所示。

在井筒的水平断面图上，双罐笼提升的两钢丝绳中心连线的中点位置称为**提升中心**。通过提升中心且垂直于提升绞车主轴中线的方向线，称为**提升中线**。

井筒十字中线是在矿井建设时期和生产时期时立井安装测量和井口及工业广场各项建（构）筑物施工测量的基础和依据，必须精确标定。

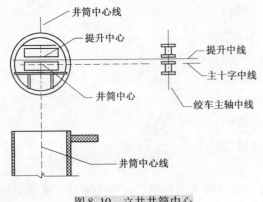

图 8-10　立井井筒中心

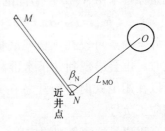

图 8-11　井筒中心的标定

2. 井筒中心的标定

井筒中心的位置应根据井筒中心的设计平面坐标和高程，用井口附近的测量控制点或近井点用极坐标法标定，如图 8-11 所示。如果标定之前尚未测设近井点，可用支导线的方法标定，其精度应满足表 8-6 的要求。

表 8-6　近井网的布设与精度要求

等级	不同比例尺测图的平均边长/km	测角中误差（″）	基线测量相对中误差	扩大边或起始边相对中误差	最弱边相对中误差	最弱边的绝对中误差/m
三等	5 ~ 8	±1.8	1:350000	1:150000	1:70000	0.06 ~ 0.10
四等	2 ~ 5	±2.5	1:200000	1:70000	1:40000	0.04 ~ 0.10
5″小三角	0.8 ~ 3.0	±5.0	1:60000	1:40000	1:20000	0.01 ~ 0.10
10″小三角	0.5 ~ 1.0	± 10.0	1:30000	1:20000	1:10000	0.05 ~ 0.10

3. 十字中线基点的标定

井筒十字中线基点的标定，是在标定了井筒中心后，根据十字中线基点设计图进行的，如图 8-12 所示。其具体标定方法如下：

1）将经纬仪安置于 O 点，瞄准控制点 A，顺时针拨角 β 定出 M 点，拨角 $\beta + 90°$ 定出 C 点，并确定反向 D、N。其中，$\beta = \alpha_{OM} - \alpha_{OA}$，$\alpha_{OM}$ 为设计给定的十字中线方位角。以三个测回检测十字中线 CD 和 MN 的垂直精度。如果垂直度误差超过 30″时，则以角度归化放样法改正 C、D 点，作出标志，并应再检查一次。

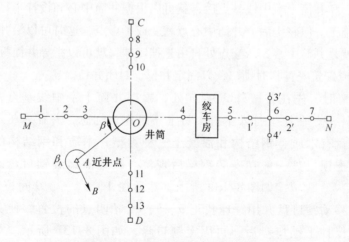

图 8-12　井筒中心及十字中线的标定

2）十字线方向上，按基点设计位置标出基点十字线。如图 8-12 中 6 号点十字线 1′-2′、3′-4′。以 1′-2′、3′-4′为准，挖基点坑，浇筑混凝土基桩，在基桩上埋设铁心——"点心铁"。当基点稳定后，在 O 点安置经纬仪，分别瞄准 C、N、D、M 点，在各基点桩的点心铁上精确标出十字中线点，并以钻小孔或锯十字线作为基点标记。

3）十字中线标设后，按1/8000导线的施测方法测量基点的实际位置，并绘制井筒十字中线基点的位置图。图上绘出十字中线基点附近的永久性建筑物，并且编制基点坐标成果表，注明设计的和实际的井筒中心坐标及十字中线方位角，作为建井移交的资料。当十字中线基点的布置和防护有困难时，可标定工业场地方格网点作为整个标定的基础。井筒中心和井筒十字中线允许偏差见表8-7。

表8-7 井筒中心和井筒十字中线允许偏差

条　件	实测位置与设计位置的允许互差（或与已有井巷关系）			两条十字中线的垂直度误差
	井筒中心平面位置	井口高程	主中心线方位角	
井巷工程与地面建筑未施工前	0.5m	0.05m	3′	±30″
井巷工程与地面建筑已施工时	0.1m	0.03m	1′30″	±30″

8.3.2　立井掘进时的施工测量

井筒掘进和砌壁时的测量工作主要有：井筒临时锁口和永久锁口的标定；指示掘进与砌壁的中心垂线的标设；梁窝牌子线的标设；井筒掘进深度的定期丈量等。

立井井筒掘进和砌壁施工必须严格按照设计要求进行，井壁必须竖直，井筒断面尺寸和预留梁窝的位置必须符合设计规定。立井井筒掘进和砌壁时的测量工作均以井筒十字中线基点为基础，根据相关设计图样进行。

1. 临时锁口的标定

标定井筒中心和井筒十字中线基点后，就可以根据井筒中心和设计半径，在实地画出范围，并开始井筒施工。但破土后，井筒中心点就变成了虚点，这时可以沿井筒十字中线拉两条钢丝，其交点就是井筒中心，从交点处自由悬挂锤球，就可以指导井筒掘进施工。当井筒下掘3~5m时，应砌筑安置临时锁口，以固定井位，封闭井口。

标定临时锁口时，先在井壁外3~4m处，根据井筒十字中线基点，精确标定十字中线点A、B、C、D，在地上打入木桩，钉上小钉作为标志，并在木桩上给出井口设计高程。临时锁口盘有木质、钢结构和混凝土三种类型，木质和钢结构的锁口盘须在地面组装，而混凝土锁口盘一般在安装钢梁后现浇。在地面组装锁口盘时，须在盘上标出井筒中心点a、b、c、d，如图8-13a所示。然后在A、B、C、D间拉紧两根钢丝，在钢丝上挂锤球，移动锁口盘并用锤球找正a、b、c、d四点的位置，使其位于井筒十字中线上，用水准仪抄平锁口盘后，再固定锁口盘，如图8-13b所示。对于现浇混凝土锁口盘，只需根据A、B、C、D四个十字中线点和井口设计高程，安装钢梁后再浇筑混凝土即可。

2. 永久锁口的标定

砌筑临时锁口后，可以在井筒中心处自由悬挂的锤球指示下，继续进行井筒掘进施工。当掘进至第一砌壁段时，应该由下向上砌筑永久井壁和永久锁口，如图8-14所示。

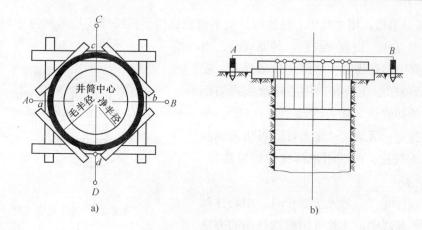

图 8-13　临时锁口的标定

a）标定井筒中线点　b）锤球找正

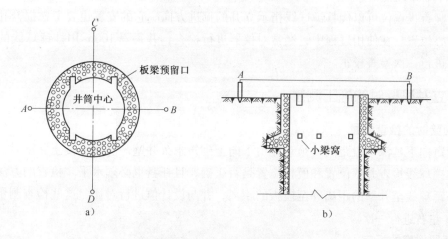

图 8-14　永久锁口的标定

a）标定井筒十字中线点　b）锤球找正

标定永久锁口时，先标定出井筒十字中线点 A、B、C、D，各木桩点桩顶高程相等，并高出井口设计高程 $0.1 \sim 0.3m$。浇灌永久锁口时，在 AB、CD 间拉紧细钢丝，在交点处挂上锤球线，作为永久锁口模板安装找正的标准。由两钢丝下量垂距，使模板的底面高程和顶面高程均满足设计要求。当混凝土浇灌到永久锁口的顶部时，应沿井筒十字中线方向在井筒边缘埋设四个扒钉。待混凝土凝固后，再在扒钉上精确标出井筒十字中线位置，锯成三角形缺口标志，缺口的连线即为井筒内十字中线的方向线。

3. 井筒中心锤球线的标定

浇筑立井永久锁口后，立井还要继续向下掘进，因此必须悬挂锤球线作为施工的依据。

1）当提升吊桶不在井筒中心位置时，可以在井筒中心附近的钢梁上焊接一块角钢，然后在角钢上精确标定出井筒中心位置，并在标出的位置上钻孔或锯出三角形缺口（下线点），让锤球线经过孔或缺口后自由悬挂，此时的锤球线就是经过井筒中心点的垂线，可以指示井筒掘进延深。

2）当提升吊桶占用井筒中心位置时，就不可能直接下放锤球线指示掘进方向，此时采用活动式"定点杆"设置下线点。其原理是，当需要标定井筒中心垂线时，就停止吊桶提升，安置活动"定点杆"，下放井筒中心锤球线；当标定结束后，随即收线，移去活动"定点杆"，吊桶即可继续提升。活动式"定点杆"可用角钢制作，其上有下线孔，两端用带螺纹的销钉连接，如图 8-15 所示。

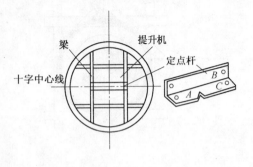

图 8-15　活动式定点杆

当井筒较深时（一般大于 500m），中心锤球线摆幅大，不易找中，为此可用摆动观测的方法精确投点，并及时向下移设。当两次投点确定的点位互差不超过 10mm 时，取其中数作为移设的井筒中心下线点。

激光竖直投点仪可以代替锤球线指示立井的掘进方向。它的安置也要考虑提升孔是否占用井筒中心位置。在使用过程中，经常对仪器进行检查，并每隔 100m 用挂锤球线的方法对激光光束进行一次检查校正。

8.3.3　立井砌壁时的施工测量

1. 砌壁时的检查测量

井筒每向下延深一段距离，须立即由下向上砌筑永久井壁。浇灌混凝土井壁时，应根据井筒中心锤球线检查井壁位置和模板位置是否正确，且托盘也必须水平。检查的方法是：丈量出中心锤球线至井壁的距离和至模板的距离，并与设计值进行对比。这些检查测量工作至少每 15m 左右进行一次。

2. 预留梁窝的标定

安装罐梁时，井壁上要有梁窝。梁窝可以在安装时现凿，也可以在砌壁时留出，一般多采用预留的方法。

标定梁窝的平面位置，就是在模板上标出梁窝中线，一般采用极坐标法直接在井盖上标定出梁窝线的下线点，标定方法如图 8-16 所示。在井筒十字中线基点间先确定一点 A，再精确测定 A 点的坐标，再用极坐标法标定出下线点 1、2、3、4，然后通过各下线点下放梁窝线，根据梁窝线在模板上确定梁窝中线的平面位置。

确定了梁窝中线的平面位置后，还需要确定高程位置。一般采用"牌子线"法确定高程位置。所谓"牌子线"，就是按照设计的梁窝层间距，在钢丝上焊上小铁牌，用以标示梁窝的位置。焊小铁牌时，须给钢丝施以标准拉力。牌子线只制作一根，并从主梁梁窝线下线点处下放，如图 8-17 所示。下放牌子线时，也应施以标准拉力，并在精确确定出下线点到第一个梁窝牌子的垂直距离后固定，此时牌子线上每个牌子的高度就是每层梁窝的高度，也是每层罐梁梁面的高度。设置好牌子线后，就可根据牌子线和梁窝线，用半圆仪或连通管在模板上标定出各梁窝的位置。

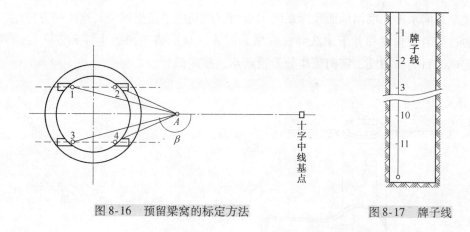

图 8-16　预留梁窝的标定方法　　　　图 8-17　牌子线

课题 4　矿井联系测量

8.4.1　联系测量概述

1. 矿井联系测量的意义

为使矿山井下与地面采用统一的测量坐标系统所进行的工作称为**联系测量**。联系测量包括平面联系测量与高程联系测量两部分，前者又称定向，后者又称导入标高。

联系测量对矿井建设、安全生产、矿区地面建设、矿区与相邻地域的生产和生活安全有着至关重要的意义。主要表现为：绘制井上、下对照图，及时了解地面建筑物、铁路以及水体与井下巷道、回采工作面之间的相互位置关系；确定相邻矿井间的位置关系；解决同一矿井或相邻矿井间的巷道贯通问题；由地面向井下指定巷道打钻时标定钻孔的位置；留设安全煤柱等。

2. 联系测量的任务

1）确定井下经纬仪导线起始点的平面坐标。

2）确定井下经纬仪导线起始边的方位角。

3）确定井下水准基点的高程。

在联系测量前，应在井口附近测设平面控制点（即近井点），作为定向的依据。在井口附近埋设 2~3 个水准点（即水准基点），作为导入标高的依据。

8.4.2　平面联系测量

平面联系测量的任务是将地面已知点的平面坐标和方位角传递到井下经纬仪导线的起始点和起始边上，使井上和井下采用统一的坐标系统。其中传递方位角的误差是主要的，因此，把平面联系测量简称定向，并用井下经纬仪导线起始边方位角的误差作为衡量定向精度的标准。

1. 一井定向

如图 8-18 所示，在井筒内悬挂两根钢丝，钢丝的一端固定在井口上方，另一端系上重锤自由悬挂至定向水平。根据地面坐标系统求出两根钢丝的平面坐标及其连线的方位角，在定向水平通过测量把垂线和井下永久导线点联系起来，从而将地面的坐标和方向传递到井下，达到定向的目的。因此，定向工作分为投点与连接两部分。

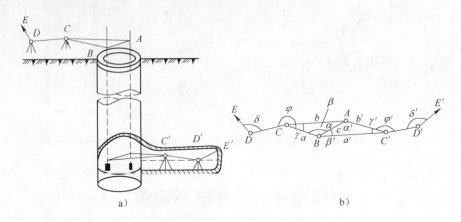

图 8-18　一井定向原理

a）悬挂钢丝　　b）传递坐标和方向

（1）投点　所谓投点，就是在井筒内悬挂重锤线至定向水平。由于井筒内风流、滴水等因素的影响，致使钢丝偏斜，产生的误差称为**投点误差**。由投点误差引起的两锤球线连线方向的误差称为**投向误差**。通常情况下，由于井筒直径有限，两垂线间的距离一般不超过 3～5m。当有 1mm 的投点误差时，便会引起方位角误差达 2′ 多。因此，在投点时必须采取措施减少投点误差。通常采用方法如下：

1）将重锤置于稳定液中，以减少钢丝摆动。

2）采用高强度小直径的钢丝，以便加大锤球重量，减少对风流的阻力。

3）测量时，关闭风门或暂时停扇风机，并给钢丝安上挡风套筒，以减少风流的影响等。

此外，挂上重锤后，应检查钢丝是否自由悬挂。常用的检查方法有两种：一是信号圈法，二是比距法。信号圈法是自地面沿钢丝下放小钢丝圈，看是否受阻。比距法是分别在井口和井底定向水平用钢尺丈量两根钢丝间的水平距离，若距离相差小于 4mm，说明钢丝处于自由悬挂状态。当确认钢丝自由悬挂后，即可开始连接工作。

（2）连接　连接的方法很多，通常有连接三角形法和瞄直法等。有兴趣的同学可以自查资料学习。

2. 两井定向

当一个矿井有两个立井，且在定向水平有巷道相通时，应首先考虑两井定向。如图 8-19 所示，在两个立井中各挂一根锤球线，然后在地面和井下定向水平用导线测量的方法把两锤球线连接。同一井定向一样，两井定向的全部工作包括投点、连接和内业计算。

（1）投点　投点的方法与一井定向相同，只是每个井筒悬挂一根钢丝，投点工作比一井定向简单，而且占用井筒时间短。

（2）连接　地面上由近井点 D 向两锤球线敷设经纬仪导线 $D—M—A$ 和 $D—M—N—B$，测定 A、B 点位置。井下连接则通过导线测量将定向水平的两锤球线连接起来。

（3）内业计算　由于每个井筒内只投一个点，不能直接推算井下导线边的方位角。因此，首先采用假定坐标系统，然后经过换算求得与地面坐标系统一致的方位角。

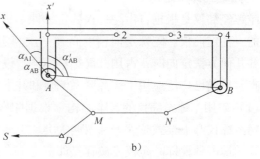

图 8-19　两井定向原理

a）挂锤球线　b）连接锤球线

1）根据地面导线计算 A、B 点坐标，通过坐标反算原理求出两锤球线连线在地面坐标系统中的方位角、边长。

$$\tan\alpha_{AB} = \frac{y_B - y_A}{x_B - x_A} = \frac{\Delta y_{AB}}{\Delta x_{AB}}$$

式中　x_A、y_A、x_B、y_B——点 A 和点 B 的坐标值（m）；

　　　　α_{AB}——点 A 和点 B 的夹角（°′″）。

$$S_{AB} = \frac{y_B - y_A}{\sin\alpha_{AB}} = \frac{x_B - x_A}{\cos\alpha_{AB}} = \sqrt{(\Delta x_{AB})^2 + (\Delta y_{AB})^2}$$

式中　S_{AB}——点 A 和点 B 的距离（m）。

2）建立井下假定坐标系统，计算在定向水平上两锤线连线的假定方位角、边长。通常为了计算方便，假定 $A1$ 边为 x' 轴方向，$A1$ 的垂直方向为 y' 轴，A 点为坐标原点，即：$\alpha'_{A1} = 0°\ 00'00''$，$x'_A = 0$，$y'_A = 0$。

计算井下连接导线各点假定坐标，直至锤线 B 的假定坐标 x'_B 和 y'_B，再通过反算公式计算 AB 的假定方位角及其边长：

$$\tan\alpha'_{AB} = \frac{y'_B - y'_A}{x'_B - x'_A} = \frac{\Delta y'_B}{\Delta x'_B}$$

$$S'_{AB} = \frac{y'_B - y'_A}{\sin\alpha'_{AB}} = \frac{x'_B - x'_A}{\cos\alpha'_{AB}} = \sqrt{(\Delta x'_{AB})^2 + (\Delta y'_{AB})^2}$$

理论上讲，S_{AB} 和 S'_{AB} 应相等。

3）按地面坐标系统计算井下连接导线各边的方位角及各个点的坐标。

$$\alpha_{A1} = \alpha_{AB} - \alpha'_{AB}$$

式中　α_{A1}——$A1$ 边和 x' 轴的夹角。

式中，若 $\alpha_{AB} < \alpha'_{AB}$ 时，

$$\alpha_{A1} = \alpha_{AB} + 360° - \alpha'_{AB}$$

然后根据 α_{A1} 的值，以锤线 A 的地面坐标重新计算井下连接导线各边的方位角及各点的坐标，最终求得锤线 B 的坐标。井下连接导线按地面坐标系统算出的 B 点坐标值应和地面连接导线所算得的 B 点坐标值相等。为了检核，两井定向也应独立进行两次，两次算得的井下起始边的方位角互差不得超过 $1'$。

3. 陀螺经纬仪定向

陀螺经纬仪是根据自由陀螺仪的定轴性和进动性两个基本特性，将陀螺仪与经纬仪组合而成的一种定向仪。陀螺定向精度高（一次测定方向之中误差为 $15''$），操作简单，它克服了立井几何方法定向时，占用井筒影响生产，设备多，组织工作复杂，需要较多的人力物力等缺点，目前已广泛应用于矿井联系测量和井下大型贯通测量的定向。

（1）矿用陀螺经纬仪的基本结构　根据陀螺仪与经纬仪连接形式不同主要可分为上架式陀螺经纬仪和下架式陀螺经纬仪两大类。上架式陀螺经纬仪即陀螺仪安放在经纬仪之上，下架式陀螺经纬仪即陀螺仪安放在经纬仪之下。现在常用的矿用陀螺经纬仪大都是上架式陀螺经纬仪。这里以徐州光学仪器厂生产的 JT—15 型陀螺经纬仪（图 8-20）为例来说明陀螺经纬仪的基本结构。

JT—15 型陀螺经纬仪是将陀螺仪安放在 $2''$ 级经纬仪之上而构成的。陀螺仪由于具有定轴性和进动性两个特征，因此，它在地球自转作用的影响下，其轴绕测站的子午线做简谐振动，摆的平衡位置就是子午线方向。将陀螺仪与经纬仪结合起来，利用陀螺仪定出子午线方向以及经纬仪测出定向边与子午线的夹角，这样就可以测出地面或井下任意边的大地方位角。

（2）陀螺经纬仪定向的方法　运用陀螺经纬仪进行矿井定向的常用方法主要有逆转点法和中天法。它们的主要差别是在测定陀螺北方向时，中天法的仪器照准部是固定不动的，逆转点法的仪器照准部处于跟踪状态。这里以逆转点法为例来说明测定井下未知边方位角的全过程。

逆转点是指陀螺绕子午线摆动时偏离子午线最远处的东西两个位置，分别称为东逆转点和西逆转点。

1）在地面已知边上用陀螺经纬仪测 $2\sim3$ 个测回测定仪器常数 Δ_Q。由于仪器加工等多方面的原因，实际中的陀螺轴的平衡位置往往与测站真子午线的方向不重合，它们之间的夹角称为**陀螺经纬仪的仪器常数**，并用 $\Delta_{前}$ 表示。要在地面已知边上测定 Δ，关键是要测定已知边的陀螺方位角 $T_{AB陀}$。

测定 $T_{AB陀}$ 的方法如下：

① 在 A 点安置陀螺经纬仪，严格对中整平，并以两个镜位观测测线方向 AB 的方向值 M_1（测前方向值）。

② 将经纬仪的视准轴大致对准北方向。

③ 启动陀螺仪，按逆转点法测定陀螺北方向值 N_i（$i=1$，2，3，$\cdots$）。

按逆转点法观测陀螺北方向值的方法为：在测站上安置仪器，观测前将水平微动螺旋置于行程中间位置，并于正镜位置将经纬仪照准部对准近似北方，然后启动陀螺。此时在陀螺

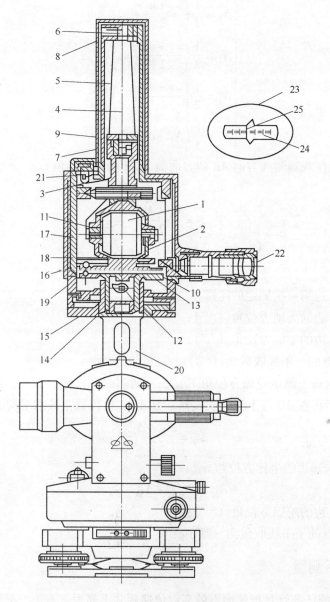

图 8-20　JT—15 型陀螺经纬仪

1—陀螺电动机　2—陀螺房　3—悬挂柱　4—悬挂带　5—导流丝　6—上钳形夹头　7—下钳形夹头
8—上导流丝座　9—下导流丝座　10—陀螺房底盘　11—连轴座　12—限幅手轮　13—限幅盘
14—导向轴　15—轴套　16—顶尖　17—支撑支架　18—锁紧盘　19—泡沫塑料垫　20—连接支架
21—照明灯　22—观测目镜　23—观测目镜视场　24—分划板刻度　25—光标线

仪目镜视场中可以看到光标线在摆动，用水平微动螺旋使经纬仪照准部转动，平稳匀速地跟踪光标线的摆动，使目镜视场中分划板上的零刻度线与光标线重合。当光标达到东西逆转点时，读取经纬仪水平度盘上的读数。连续读取 5 个逆转点时的读数 u_m（$m = 1, 2, 3, 4, 5$），便可按以下公式求得陀螺北方向值 N_i。

$$\begin{cases} N_1 = \dfrac{1}{2}\left(\dfrac{u_1 + u_3}{2} + u_2\right) \\[2mm] N_2 = \dfrac{1}{2}\left(\dfrac{u_2 + u_4}{2} + u_3\right) \\[2mm] N_3 = \dfrac{1}{2}\left(\dfrac{u_3 + u_5}{2} + u_4\right) \\[2mm] N_i = \dfrac{1}{3}(N_1 + N_2 + N_3) \end{cases}$$

④ 再以两个镜位观测测线方向 AB 的方向值 M_2（测后方向值）。

⑤ 计算 $T_{AB陀}$：

$$T_{AB陀} = \frac{M_1 + M_2}{2} - N_i$$

$$\Delta_{前} = T_{AB} - T_{AB陀} = \alpha_{AB} + \gamma_A - T_{AB陀}$$

式中　$T_{AB陀}$——AB 边第一次测定的陀螺方位角（$°'''$）；

　　　T_{AB}——AB 边的大地方位角（$°'''$）；

　　　α_{AB}——AB 边的坐标方位角（$°'''$）；

　　　γ_A——A 点的子午线收敛角（$°'''$）。

2）在井下定向边上测量陀螺方位角 $T_{AB陀}$，测两测回。

3）返回地面后再在 AB 边上测一次仪器常数 $\Delta_{后}$，得仪器常数的平均值 $\Delta_{平}$：

$$\Delta_{平} = \frac{\Delta_{前} + \Delta_{后}}{2}$$

4）计算井下未知边的坐标方位角 α_{AB}。

$$\alpha_{AB} = T_{AB陀} + \Delta_{平} - \gamma_A$$

式中　$L_{AB陀}$——AB 边的陀螺方位角（$°'''$）；

　　　γ_A——A 点的子午线收敛角（$°'''$）。

8.4.3　高程联系测量

高程联系测量的任务就是把地面点的高程传递到井下高程起点上，简称为**导入标高或导高**。通过平硐导高，可以用几何水准测量来完成，其测量方法和精度要求可按井下 I 级水准测量规定进行；通过斜井导高，可用三角高程测量来完成，其测量方法和精度要求按井下基本控制导线规定进行；通过竖井导高，必须采用专门的方法来进行，常用的方法有钢尺法、钢丝法和光电测距法。

1. 长钢尺导入标高

目前在国内外使用的长钢尺有 100m、200m、500m、800m 和 1000m 等几种。

用长钢尺导入高程的设备及安装如图 8-21 所示。钢尺由地面放入井下，到达井底后，挂上一个锤球（锤球的重量等于钢尺鉴定的拉力），拉直钢尺，并使之自由悬挂；然后在井上、井下各安置一台水准仪，在 A、B 水准尺上得到读数 a 与 b；再照准钢尺，井上、井下

同时取读数 m 和 n（同时读数可避免钢尺移动所产生的误差）。由图 8-21 可知，井下水准基点 B 的高程为：

$$h_{AB} = (m - n) - a + b$$

式中　h_{AB}——A、B 两点间的高差（m）。

$$H_B = H_A - h_{AB}$$

为了校核和提高精度，应进行两次导入标高，两次之差不得大于 $l_0/8000$（l_0 为 m 与 n 之间的钢尺长度）。

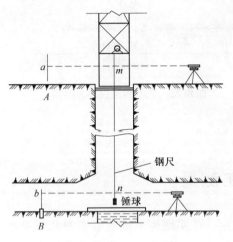

图 8-21　长钢尺导入标高

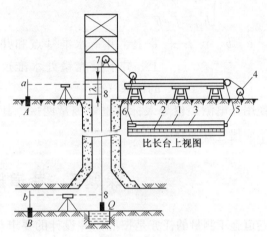

图 8-22　钢丝法导入标高

1—比长台　2—检验过的钢尺　3—钢丝　4—手摇绞车
5、6—小滑轮　7—导向滑轮　8—标线夹

2. 钢丝法导入标高

采用钢丝法导高时，首先应在井筒内悬挂一钢丝，在井下一端系上重锤，使其处于自由悬挂状态，如图 8-22 所示；然后，在井上、井下同时用水准仪测得 A、B 处水准尺上的读数为 a 和 b，并用水准仪同时瞄准钢丝，在钢丝上做好标记；变换仪器高再测一次，若两次测得的井上、井下高程基点与钢丝上相应标志间的高差互差不超过 4mm，则可取其平均值作为最终结果；最后，可通过在地面建立的比长台用钢尺，往返分段测量出钢丝上两标记间的长度，且往返测量的长度互差不得超过钢丝上两标志间长度的 $l_0/8000$。这样，井下水准基点 B 的高程 H_B 即可通过下式求得：

$$H_B = H_A - l_0 + (a - b)$$

3. 光电测距仪导入标高

使用光电测距仪导高，不仅精度高，而且缩短了井筒占用时间。

如图 8-23 所示，光电测距仪导入标高的基本方法是：在井口附近安置光电测距仪，在井口和井底的中心位置，分别安置反射镜。井上的反射镜与水平面成 45°夹角，井下的反射镜处于水平状态。通过光电测距仪分别测量出仪器中心至井上和井下反射镜的距离 l、S，从而计算出井上与井下反射镜中心间的铅垂距离 H：

$$H = S - l + \Delta l$$

式中 Δl——光电测距仪的总改正数（m）。

然后，分别在井上、井下安置水准仪。测量出井上反射镜中心与地面水准基点间的高差 h_{AE} 和井下反射镜中心与井下水准基点间的高差 h_{FB}，则可按下式计算出井下水准基点 B 的高程 H_B：

$$\begin{cases} H_B = H_A + h_{AE} - H + h_{FB} \\ h_{AE} = a - e \\ h_{FB} = f - b \end{cases}$$

式中 a、b、e、f——井上、井下水准基点和井上、井下反光镜处水准尺的读数（m）。

使用光电测距仪导入标高也要测量两次，其互差不应超过 $H/8000$。

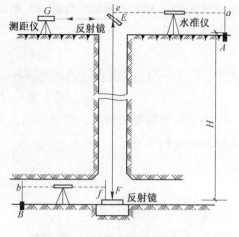

图 8-23 光电测距仪导入标高

课题 5 巷道施工测量

巷道施工测量的任务是按照矿井设计的要求与规定，在实地标定掘进巷道的几何要素（位置、方向和坡度等），并在巷道掘进过程中及时进行检查和校正，通常将此项工作称为**给向**。

8.5.1 直线巷道中线的标定

巷道中线是指巷道投影在水平面上的几何中心线。巷道中线是巷道在水平面内掘进的方向线，用于指示巷道的掘进方向，通常标设在巷道的顶板，由中线点（成组设置，一组至少三个）组成，其点间距一般不小于 2m。在巷道掘进过程中，中线点应随掘随给，最前面的一组中线点距掘进头的距离一般不应超过 30~40m。

1. 直线巷道中线的初步标定

初步标定直线巷道的中线，一般用挂罗盘仪、钢尺、测绳等工具进行。如图 8-24 所示，虚线表示将要开掘的直线巷道，AB 为要新开掘巷道设计的中线，A 为中线上一点，并位于导线边 S_{34} 上。标定步骤如下：

（1）用图解法确定标定数据

1）在设计图样上量取 AB 的坐标方位角和距离 S_{3A}、S_{A4}。

2）根据设计巷道中线 AB 的方位角和坐标磁偏角计算出 AB 的磁方位角。

（2）现场标定

1）自点 3 开始用钢尺沿 3—4 方向丈量距离 S_{3A}，定出 A 点，并丈量 S_{A4} 作为检核。

2）在点 A 挂线绳，线绳的另一端拉向开切帮，在线绳上悬挂罗盘仪（零读数端朝着开切帮方向悬挂），如图 8-25 所示。

3）左右移动开切帮一端的测绳，使罗盘静止后的北针读数为新开巷道中线 *AB* 的磁方位角。这时，罗盘的零端方向即为新开巷道的中线方向，如图 8-24 中的 *Aa* 即为开切巷道的中线方向。

4）固定测绳 *Aa*，并在 *aA* 的反向延长线上，标出 *b′*、*a′* 点。

5）*a′b′A* 连线即为新开巷道中线方向。

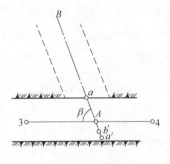

图 8-24　开切点平剖图

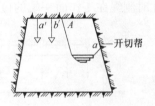

图 8-25　开切点竖剖图

2. 直线巷道中线的精确标定

当新开巷道掘进了 4 ~ 8m 以后，应使用经纬仪精确地标定巷道的掘进中线。标定步骤如下：

（1）用解析法确定标定数据

1）根据巷道设计中线的坐标方位角 α_{AB} 与原巷道中导线边 3—4 的坐标方位角 α_{34}，计算出水平夹角 β（称为指向角），如图 8-26 所示。

2）根据巷道设计起点 *A* 的坐标 x_A、y_A 及原巷道中导线点 3、4 的坐标，用坐标反算公式分别求得距离 S_{4A}、S_{A5}。

（2）现场标定

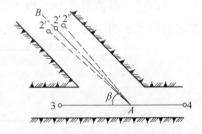

图 8-26　直线巷道中线的精确标定

1）在点 3 安置经纬仪，瞄准 4 点，用钢尺丈量距离 S_{3A} 定出 *A* 点，并丈量 S_{A4} 作为校核。

2）在 *A* 点安置经纬仪，分别用正、倒镜标定 β 角。此时，由于测量误差影响，正镜给出的 *2′* 点和倒镜时给出的 *2″* 点往往不会重合。取 *2′* 和 *2″* 连线的中点 2 作为中线点，如图 8-26 所示。

3）用测回法重新观测 β 角，以避免发生错误。

4）用望远镜瞄准 2 点，在 *A*—2 方向上再设一点 1。*A*、1、2 三点即为一组中线点，以此作为巷道掘进的方向。

3. 直线巷道中线的延长

在巷道掘进过程中，巷道每掘进 30 ~ 40m，就需要延长一组中线点。为了保证巷道的掘进质量，测量人员应不断把中线向巷道掘进工作面方向延长。在次要巷道一般用瞄线法或拉线法延长中线；在主要巷道掘进过程中，通常采用经纬仪延长中线。

（1）瞄线法　如图 8-27 所示，在中线点 1、2、3 上挂锤球线，一人站在锤球线 1 的后面，用矿灯照亮三根锤球线，沿1、2、3方向用眼睛瞄视，并在中线延长线上设置新的中线点4，系上锤球，反复检查，使四根锤球线为同一方向，即可定出4点。同理，再定出5、6点。

施工人员需要知道中线在掘进上的具体位置时，可以在工作面上移动矿灯，用眼睛瞄视，当锤球线与矿灯位置重合时，矿灯位置就是中线在掘进工作面上的位置。

（2）拉线法 如图8-28所示，将测绳的一端系于1点上，另一端拉向工作面，使测绳与2、3点的锤球线相切，沿此方向在顶板上设置新的中线点4，使悬挂的锤球线与测绳相切即可。此时测绳在工作面一端的位置即为巷道中线位置。

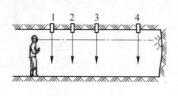 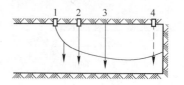

图8-27 瞄线法 　　　　　　图8-28 拉线法

（3）经纬仪法 如图8-29所示，点4、5、6为上次用经纬仪标定的中线点，点5是被检查的导线点。检查中线时，将经纬仪安在导线点2，检查标定5点的β角。若实测值与上次测得的值不超过1′时，就继续延长中线。如果巷道方向不变，仪器可安置在5点，瞄准2点，采取正、倒镜测设180°取中的方法，沿视线标定出中线点7、8、9，然后按30″导线的要求测定点8的位置，并填绘在图样上。点2、5、8为采区控制导线点。

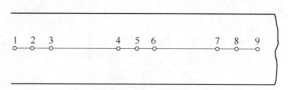

图8-29 经纬仪延长中线

8.5.2 曲线巷道中线的标定

井下车场和运输巷道转弯处或巷道分岔处，一般是用圆曲线巷道连接。曲线巷道中线不能像直线巷道那样直接标定出来，而只能在小范围内用分段弦线来代替圆弧线，用折线代替整个圆曲线，并实地标定这些弦线来指示巷道掘进的方向。

这里仅介绍常用的弦线法。弦线法标定巷道中线时，将圆曲线分成若干圆弧段，以弦线代替巷道中线，指示巷道的掘进方向。要确定圆弧恰当的分段数目，圆弧分的段数越多，弦线越接近曲线，但测量工作量也越大。反之，弦越少，弦线就与弧线相差越大。除此之外，弦线长短还与曲线半径、圆心角以及巷道的宽度、车速、车长等有关。设计弦线长度时应注意保证相邻两点通视。

一般说来，当曲线巷道转弯的圆心角在45°～90°，分2～3段圆弧；当曲线巷道的圆心角在90°～180°，分4～6段圆弧。

1. 计算标定数据

如图 8-30a 所示，A 为曲线巷道的起点，B 为终点，半径为 R，圆心角为 θ。现用 n 段相等的弦线代替圆弧中心线。

由图 8-30a 可知，弦长 l 为：

$$l = 2R\sin\frac{\theta}{2n} \tag{8-5}$$

从图上还可以看出，起点和终点的转向角为：

$$\beta_A = \beta_B = 180° - \frac{\theta}{2n} \tag{8-6}$$

中间各转折点处的转向角为

$$\beta_1 = \beta_2 = \beta_3 = \cdots = 180° - \frac{\theta}{n} \tag{8-7}$$

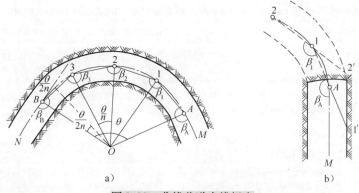

图 8-30　曲线巷道中线标定

a）标定过程一　b）标定过程二

上述 β 角是由 A 向 B 标定的左转向角。如果从 A 向 B 标定右转向角时，式（8-6）与式（8-7）中的减号应变成加号。

【例 8-1】　设中心角 $\theta = 90°$，$R = 12\text{m}$，若三等分圆心角，即 $n = 3$。每段弦所对中心角为：

$$\frac{\theta}{n} = \frac{90°}{3} = 30°$$

弦长为：

$$l = 2R\sin\frac{\theta}{2n} = 2 \times 12\text{m} \times \sin 15° = 6.212\text{m}$$

转向角为：

$$\beta_A = \beta_B = 180° - \frac{\theta}{2n} = 180° - 15° = 165°$$

$$\beta_1 = \beta_2 = 180° - \frac{\theta}{n} = 180° - 30° = 150°$$

2. 井下实地标定

如图 8-30b 所示，当巷道从直线巷道掘进到曲线起点位置 A 后，先标定出 A 点。在 A 点安置经纬仪，后视中线点 M，用正、倒镜取中的方法标定 β_A 角，得出 $A1$ 方向；倒转望远镜，在顶板上标出 $1'$ 点，用 $1'A$ 方向指示 A—1 段巷道的掘进方向。当巷道掘进到 1 点位置后，再置经纬仪于 A 点，再次给出 A—1 方向，用钢尺量取弦长 l，标出 1；然后将仪器安置于 1 点，后视 A 点转 β_1 角给出 1—2 方向，再倒镜于顶板上标出 $2'$ 点，用 $2'1$ 方向指示 1—2 段巷道掘进。以此类推，直至 B 点。最后在 B 点安置经纬仪，转 β_B 角，给出直线巷道的掘进方向。

3. 确定边距

为了指导巷道掘进施工，应绘制 $1:50$ 或 $1:100$ 的施工大样图。图上应绘出巷道两帮与弦线的相对位置，并量出弦线到巷道两帮的距离（称为边距），此图也称为**边距图**。确定边距的方法有半径法和垂线法两种。

（1）**半径法** 在采用支架支护的巷道中，需要沿半径方向绘制边距图，如图 8-31a 所示。边距需沿巷道转弯半径方向量取，并计算内、外帮柱的间距 $d_内$ 和 $d_外$，使支柱按设计要求架设在巷道转弯半径方向上。由图 8-32 可以看出，内、外柱间距可由下式计算：

$$d_内 = d - \frac{dD}{2R}$$

$$d_外 = d + \frac{dD}{2R}$$

式中 d——设计的柱间距（m）；

D——巷道净宽（m）；

R——曲线巷道设计的转弯半径（m）。

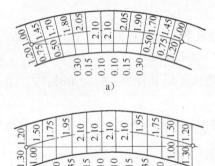

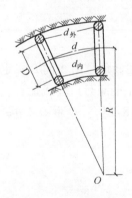

图 8-31 边距图

a）半径法 b）垂线法

图 8-32 棚腿间距

（2）**垂线法** 当巷道采用砌碹、锚喷支护时，应采用垂线法确定边距，如图 8-31b 所示。垂线法是沿弦线每隔 1m 做弦的垂线，然后从图上量取弦线到巷道两帮的边距，并将数值标注在大样图上，以便指导施工。

8.5.3 巷道腰线的标定

巷道腰线是指示巷道在竖直面内掘进的方向线，标设在巷道一帮或两帮上，用于控制巷道掘进的坡度和倾角（底板）。腰线点可成组设置，每组不得少于三个，其点间距应大于2m。腰线一般高于巷道底板（或轨面）设计高程 1.0m 或 1.5m。巷道掘进过程中，最前面一组腰线点距巷道掘进头的距离，不宜大于 30~40m。

根据巷道性质和用途的不同，腰线的标定可采用不同的仪器和方法。倾角小于 8°的主要巷道用水准仪或连通水管标定腰线；倾角大于 8°的主要巷道则使用经纬仪标定腰线。次要巷道一般用半圆仪标定腰线；对于新开巷道，开口子时可以用半圆仪标定腰线，但巷道掘进 4~8m 后，应重新标定。

1. 用水准仪标定腰线

如图 8-33 所示，点 A 为已有的腰线点，巷道设计坡度为 i，要求标定腰线点 B。标定步骤如下：

1）将水准仪安置在 A、B 之间的适当位置，后视 A 处巷道帮壁，画一水平记号 A'，并量取 AA' 的铅垂距离 u。

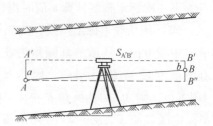

图 8-33　用水准仪标定腰线

2）前视 B 处巷道，在巷道帮上画一水平记号 B'。这时，$A'B'$ 为水平线，用钢尺量出 $A'B'$ 的水平距离。按下式计算 A、B 两点间的高差 h_{AB}：

$$h_{AB} = iS_{A'B'} \tag{8-8}$$

式中　$S_{A'B'}$——A、B 间水平长度（m）。

3）用小钢卷尺从 B' 点向下量取 b（$b = a - h_{AB}$）值，得到新设的腰线点 B。A 和 B 的连线即为腰线。

2. 用经纬仪标定腰线

（1）利用中线点标定腰线　图 8-34a 为巷道纵断面图，图 8-34b 为巷道横断面图。标定方法如下：

1）在中线点 1 安置仪器，量取仪高 i。

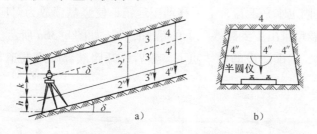

图 8-34　利用中线点标定腰线

a) 巷道纵断面图　b) 巷道横断面图

2）用正镜瞄准中线，使竖盘读数为对应的巷道设计倾角 δ，此时，望远镜视线与腰线平行。然后将视线与中线点 2、3、4 锤球线的交点 $2'$、$3'$、$4'$ 用大头针做好记号。用倒镜测其倾角，作为检查之用。

3）计算交点 $2'$、$3'$、$4'$ 到腰线点的铅垂距离 k（首次标定的 k 值可按图中所示计算）。

$$k = a_1 - i \tag{8-9}$$

式中 a_1——中线点 1（顶板）到腰线的铅垂距离（m），可由上次标定腰线时得到；

$\quad\quad i$——仪器高（m）。

计算时，从中线点向下量的 i 和 a_1 均取负号。当求得的 k 为正值时，腰线在视线之上；k 为负值时，腰线在视线之下。

4）由中线点上的三个记号 $2'$、$3'$、$4'$ 起分别向下量 k 值，即得到中线上的腰线点位置，做记号 $2''$、$3''$、$4''$。量出腰线点到中线点的距离 a_2、a_3、a_4，以供施工时恢复腰线点点位，并为下一次标定腰线计算 k 值时提供 a 值（即相当于本次的 a_1）。

（2）用伪倾角标定腰线　如图 8-35 所示，AB 为倾斜巷道中线方向，巷道的真倾角为 δ，BC 垂直于 AB，C 点在巷道左帮与 B 点同高，因水平距离 AC'（l'）大于 AB'（l），则 AC 的伪倾角 δ' 小于 AB 真倾角 δ。用伪倾角 δ' 标定腰线点 C，必须求出其角值。由于 $l'\tan\delta' = l\tan\delta$，得 $\tan\delta' = \dfrac{l}{l'}\tan\delta$。又从 $\triangle AB'C'$ 为直角三角形，得知 $\cos\beta = \dfrac{l}{l'}$，代入得：

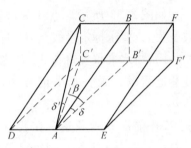

图 8-35　伪倾角与真倾角的关系

$$\tan\delta' = \cos\beta\tan\delta \tag{8-10}$$

式中 β 角可用经纬仪测得。

用伪倾角标定腰线的方法如下：

如图 8-36 所示，已知中线点 A、B、C 和腰线点 1，欲标定腰线点 2。

1）在 B 点下安置仪器，测出 B 至中线点 A 及原腰线点 1 之间的水平夹角 β_1 如图 8-36b 所示。

2）根据水平角 β_1 和真倾角 δ 计算伪倾角 δ'_1。

3）瞄准 1 点，固定水平度盘，上下移动望远镜，使竖盘读数为对应的 δ'_1，在巷道帮上做记号 $1'$，用小钢卷尺量出 $1'$ 到腰线点 1 的铅垂距离 k 如图 8-36a 所示。

4）转动照准部，瞄准新设的中线点 C，然后松开照准部瞄准巷道帮上拟设腰线点处，测出 β_2 角如图 8-36b 所示。

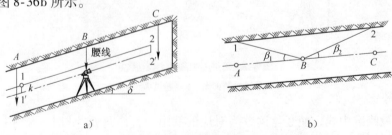

图 8-36　用伪倾角标定腰线
a）巷道纵断面　b）巷道平面图

5）根据水平角 β_2 和真倾角 δ，计算得伪倾角 δ_2'。

6）望远镜照准拟设腰线处，并使竖盘读数为 δ_2'，在巷道帮上做记号 $2'$，用小钢卷尺从 $2'$ 向上量出距离 k，即得到新标定的腰线点 2。

同法，再标定腰线点 3 等。

此法标定腰线可与标定中线同时进行，操作简便，精度可靠，是主要倾斜巷道中标定腰线的一种常用方法。

（3）靠近巷道一帮标定腰线　将经纬仪安置在靠近巷道一帮处标定腰线时，其伪倾角 δ' 与巷道的真倾角 δ 相差很小，可以直接用真倾角标定巷道腰线。图 8-37a 为标定时的巷道横断面图，图 4-37b 为标定时的巷道纵断面图，标定方法如下：

1）将仪器安置在已设腰线点 1、2、3 的后面，并靠近巷道一帮，如图 8-37b 所示。

2）调整竖盘读数使竖直角为巷道的设计倾角 δ，然后瞄准 1、2、3 上方，做好标记 $1'$、$2'$、$3'$同时，沿视线方向在掘进工作面附近巷道帮上标定点 $4'$、$5'$、$6'$。

3）用小钢卷尺分别向下量出 $1'$、$2'$、$3'$ 点到 1、2、3 点的铅垂距离 k，如图 8-37b 所示。

4）用小钢卷尺分别从 $4'$、$5'$、$6'$ 点向下量出铅垂距离 k，得到 4、5、6 腰线点。

5）以测绳连接两组腰线点，用灰浆或油漆沿测绳划出腰线。

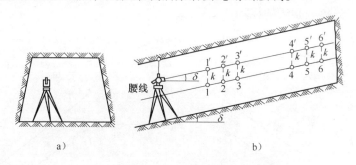

图 8-37　靠近巷道一帮标定腰线
a）巷道横断面图　b）巷道纵断面图

3. 用半圆仪标定腰线

由于半圆仪携带轻便、操作简单，广泛用于采区次要巷道腰线的标定。

（1）用半圆仪标定倾斜巷道腰线　如图 8-38 所示，1 点为新开斜巷的起点，称起坡点。1 点高程 H_1 由设计给出，H_A 为已知点 A 的高程，则：

$$h_{Aa} = H_A - H_1$$

式中　h_{Aa}——A、l 两点间的高差（m）。

在 A 点悬挂锤球，自 A 点向下量 h_{Aa} 得到 a 点，过 a 点拉一条水平线绳 $11'$，使 1 点（腰线点）位于新开巷道的一帮上，挂上半圆仪，此时半圆仪上读数应为 0°。将 1 点固定在巷道帮上，在 1 点系上测绳，沿巷道同一帮拉向巷道掘进方向，在适当位置选定一点，拉紧测绳，悬挂半圆仪，上下移动测绳前端，使半圆仪的读数等于巷道的设计倾角 δ，线绳的前端点即为腰线点 2。同法，再标定腰线点 3。

195

（2）用半圆仪标定水平巷道的腰线   如图 8-39 所示，平巷内 1 点为已有腰线点，2 点为将要标定的腰线点。自 1 点靠近巷道同一帮拉一条挂有半圆仪的线绳，将线绳的前端上下移动，当半圆仪读数为 0°时得 2′点。此时，1—2′测绳处于水平位置。用钢尺丈量 1 点至 2′点的平距 $S_{12'}$，再根据巷道设计坡度 i，计算 2′点与腰线点 2 的高差 $h_{22'}$：

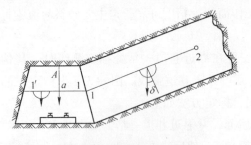
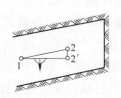

图 8-38   标定倾斜巷道腰线   图 8-39   标定水平巷道腰线

$$h_{22'} = iS_{12'}$$

然后用小钢卷尺由 2′点垂直向上（坡度为正时）量取 $h_{22'}$ 值，便得到腰线点 2 的位置。如果巷道的坡度为负值，则应由 2′点垂直向下量取 $h_{22'}$ 值，才能得到腰线点 2 的位置。同法，再标定腰线点 3，利用 1、2 和 3 点的连线指示巷道掘进。

4. 平巷与斜巷连接处腰线的标定

如图 8-40 所示，平巷与斜巷连接处是巷道坡度变化的地方，俗称"变坡点"或"起坡点"，腰线在此处应进行相应的调整。

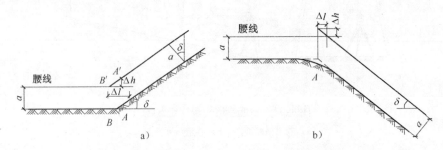

图 8-40   平巷与斜巷连接处腰线的调整

在图 8-40 中，设平巷腰线到轨面（或底板）的距离为 a，斜巷腰线到轨面（或底板）的法向距离也为 a，那么，在变坡点处，平巷腰线必须抬高 Δh，才能得到斜巷腰线的起坡点，或自变坡点处向前或向后量取 Δl，得到斜巷腰线的起坡点，由此点标定斜巷腰线。Δh 和 Δl 按下式计算：

$$\Delta h = a(\sec\delta - 1) \tag{8-11}$$

$$\Delta l = \Delta h \cot\delta \tag{8-12}$$

标定时，首先在平巷的中线点上标定出 A 点的位置，然后在 A 点垂直于巷道中线的两帮上标出平巷腰线点，再向上量取 Δh（也可向前或向后量取 Δl），得到斜巷腰线的起坡点位置。

斜巷掘进的最初 10m，可用半圆仪在巷道帮上按巷道倾角 δ 画出腰线；主要巷道掘进 10m 后，应使用经纬仪从斜巷腰线起点开始，重新标定斜巷腰线。

课题 6 巷道贯通测量

巷道在不同的地点以一个或两个以上的掘进工作面，按设计要求掘进，而后彼此相通，称为**巷道贯通**，简称贯通。为确保巷道贯通所进行的测量和计算工作称为**贯通测量**。如果两个工作面掘进方向相对，称为**相向贯通**，如图 8-41a 所示，如果两个工作面掘进方向相同，称为**同向贯通**，如

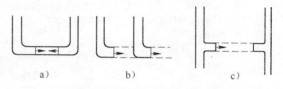

图 8-41 巷道贯通示意图

a）相向贯通 b）同向贯通 c）单向贯通

图 8-41b 所示；如果从巷道的一端向另一端指定地点掘进，称为**单向贯通**，如图 8-41c 所示。在巷道开拓时，一般将巷道贯通分为沿导向层（沿煤层或某种岩层）贯通和不沿导向层贯通两大类。按巷道性质又分平巷贯通、斜巷贯通、竖井贯通。

采用巷道贯通，可以加快掘进速度、改善通风条件和工作条件，有利于安排生产。它是矿山、交通（隧道）、水利（隧洞）、城市（地铁、管道）等工程中普遍采用的一种施工方法。

8.6.1 贯通测量的一般程序

1）根据巷道的种类和允许偏差，选择合理的测量方案（导线测量、高程测量及其精度要求）。重要贯通工程须编制测量设计书，并进行贯通误差预计。

2）根据选定的测量方案进行施测和计算，求得贯通巷道起点、终点的坐标和高程。

3）计算贯通测量的几何要素。包括：巷道中心线的方位角 α，指向角 β，巷道倾角 δ 或坡度 i，水平距离 S 和倾斜距离 L。

4）根据巷道的掘进速度、距离、施工日期等，预测贯通巷道的相遇点和贯通时间。

5）实地标定贯通巷道的中线和腰线。

6）根据工程进度，及时延长巷道中线和腰线。定期进行检查测量和填图，并根据测量结果及时调整中线和腰线。

7）巷道贯通后，应立即测量贯通的实际偏差值，并将两侧的导线连接起来，计算各项闭合差、填绘平面图和断面图，并对最后一段巷道的中、腰线进行调整。

8）重要贯通工程完成后，应对测量工作进行分析和技术总结。

8.6.2 水平巷道贯通测量

如图 8-42 所示，要在主巷与副巷 A、B 两点之间贯通石门（水平巷道），需进行以下测量工作：

1. 贯通测量准备工作

在掘进点 A 至 B 布设经纬仪导线和水准测量路线，计算 A、B 两点的坐标和底板高程。

2. 计算贯通几何要素

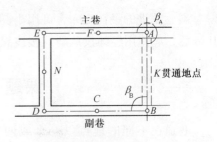

图 8-42　贯通水平巷道

1）计算贯通巷道中线的方位角 α_{AB}。

$$\alpha_{AB} = \tan^{-1}\frac{y_B - y_A}{x_B - x_A} = \tan^{-1}\frac{\Delta y_{AB}}{\Delta x_{AB}}$$

2）计算 A、B 处的指向角 β_A、β_B。

$$\beta_A = \alpha_{AB} - \alpha_{AF}$$

$$\beta_B = \alpha_{BA} - \alpha_{BC}$$

3）计算 A、B 间的水平距离 S_{AB}。

$$S_{AB} = \sqrt{\Delta x_{AB}^2 + \Delta y_{AB}^2}$$

4）计算贯通巷道的坡度 i_{AB}。

$$i_{AB} = \frac{h_{AB}}{S_{AB}}$$

式中　h_{AB}——A、B 间的高程差（m）。

5）计算 A、B 间的倾斜距离 L_{AB}。

$$L_{AB} = \sqrt{S_{AB}^2 + h_{AB}^2}$$

3. 根据几何要素标定贯通方向线

分别在 A、B 点安置经纬仪，按指向角分别给出贯通巷道的中线；用水准仪按坡度分别在 A、B 处给出贯通巷道的腰线。

4. 确定贯通相遇点及贯通时间

根据巷道的掘进速度、贯通距离施工日期等确定贯通相遇点及贯通时间。

5. 检查、调整、延长中线及腰线工作

随着巷道的掘进，还应及时对中线和腰线进行检查、调整和延长等测量工作，以保证巷道按设计要求顺利贯通。最后一次标定贯通方向线时，两个工作面的距离不得小于 50m。各种测量和计算都必须有可靠的检验。当两个工作面的距离在岩巷中剩下 15～20m、煤巷中剩下 20～30m 时（快速掘进应于贯通前两天），测量人员应以书面报告方式报告矿井总工程师，并通知安全检查部门及施工队，要停止一头掘进及准备好透巷措施，以免发生安全事故。

需要注意，在沿导向层贯通水平巷道时，当导向层倾角大于 30°时，由于水平面内的方向受导向层的限制，可以不给巷道的中线，只给出腰线即可。但标定腰线的精度必须严格掌握，因为腰线的误差，会引起巷道在水平方向的偏移。

6. 贯通巷道实际偏差的测定

巷道贯通后，应立即测量巷道贯通的实际偏差，同时将两边的导线连接起来，测量与计算各项闭合差，填绘平面图和断面图，并对最后一段巷道的中、腰线进行调整。

7. 技术总结

重要的巷道贯通完成后，应对测量工作进行精度分析，做好技术总结。

8.6.3　倾斜巷道贯通测量

1. 沿导向层贯通的倾斜巷道

这种贯通的典型情况是在倾斜煤层中贯通上下山。由于巷道是沿着煤层的底板或顶板掘进的，在高程上受导向层的限制，只需给定巷道的中线，因此水平方向是贯通巷道的重要方向，必须严格掌握井下经纬仪测量的精度。

2. 不沿导向层贯通的倾斜巷道

通巷道的一端在测量前已经开切的贯通测量。如图 8-43 所示，将在两平巷 AP 之间贯通倾斜巷道。该巷道在下平巷的开切地点 A 以及巷道中心线的坐标方位角 α_{AP}，均已给出。要求在上平巷确定开切点 P，以便在 P 点标定二号下山中线进行贯通。为此需进行下列测量：

1）在上下平巷之间敷设经纬仪导线和进行高程测量，以求得 A、B、C、D 各点的平面坐标和高程。设点时，A 点应设在贯通巷道的中心线上；设置 C、D 点时，应使 AP 的延长线与 CD 边相交，其交点 P 即为欲确定的开切点。

2）计算标定数据，如图 8-44 所示。

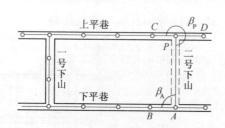

图 8-43　倾斜巷道贯通

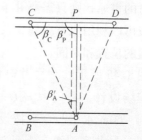

图 8-44　不沿导向层巷道贯通

① 计算方位角 α_{AC}。

$$\tan\alpha_{AC} = \frac{y_C - y_A}{x_C - x_A}$$

② 计算距离 S_{AC}。

$$S_{AC} = \frac{y_C - y_A}{\sin\alpha_{AC}}$$

③ 计算夹角 β_C、β'_A、β'_P。

$$\beta_C = \alpha_{CA} - \alpha_{CD} \qquad \beta'_A = \alpha_{AP} - \alpha_{AC}$$

$$\beta'_P = \alpha_{PC} - \alpha_{PA} = \alpha_{CP} - \alpha_{AP}$$

检核：
$$\beta_C + \beta'_A + \beta'_P = 180°$$

④ 确定线段 CP 和 AP 的长度。

$$S_{CP} = \frac{S_{AC}}{\sin\beta'_P}\sin\beta'_A \qquad S_{AP} = \frac{S_{AC}}{\sin\beta'_P}\sin\beta'_C$$

⑤ 计算 P 点的坐标。

$$x_P = x_C + S_{CP}\cos\alpha_{CD} \qquad y_P = y_C + S_{CP}\sin\alpha_{CD}$$

⑥ 计算指向角。

$$\beta_P = \alpha_{PA} - \alpha_{DC} \qquad \beta_A = \alpha_{AP} - \alpha_{AB}$$

3）根据求出的标定要素，实地标定出 P 点，并在 P 点标定出贯通中线。

4）在 P、A 点之间进行高程测量，得到 H_P、H_A。求出巷道的倾角 δ。

$$\tan\delta = \frac{H_P - H_A}{S_{AP}}$$

5）在巷道的两端标设出巷道的腰线。每当巷道掘进一段距离，就应进行中、腰线的检查与调整，直至巷道安全贯通。

8.6.4 竖井贯通测量

竖井贯通最常见的有两种情况：一种是从地面与井下相向开凿的竖井贯通；另一种是延深竖井时的贯通。竖井贯通的关键是保证井筒中心在水平方向上的正确性，即：保证井筒中心必须在同一铅垂线上。因此，必须精确标定出井筒中心位置。

前一种竖井贯通，需要进行地面控制测量、矿井定向测量和井下导线测量。而后一种井筒延深时的贯通，则只需要井下导线测量。在竖井贯通中，高程测量的误差对贯通影响不大，一般可以利用原有高程成果并进行补测，最后可以根据井底的高程推算接井的深度，并推算贯通的位置和时间。

如图 8-45 所示，一号井已掘进到 –110m 水平，并按井底车场设计，石门 O_1'—Q—P 段已掘好，而二号井只掘进到 –60m 水平。今欲按设计要求，由 $O_1'P$ 掘一联络平巷到二号井底，再向上反掘延深二号井。因此，必须确定 QP 石门的掘进方向和长度，以便在井下测设出二号井井筒中心 O_2'。

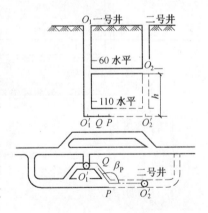

图 8-45 竖井贯通

通过井上、井下的联系测量，Q、P 点的平面坐标、高程及其连线坐标方位角均为已知。二号井筒中心 O_2' 的平面坐标也为已知，并且地面和井下是同一数值。通过导入标高，求得了 –60 水井底高程 H_{O_2}。

其计算步骤和标定方法如下：

1）计算 PO_2' 的坐标方位 $\tan\alpha_{PO_2'}$ 和 P 点处的指向角 β_P。

$$\tan\alpha_{PO_2'} = \frac{y_{O_2'} - y_P}{x_{O_2'} - x_P} \qquad \beta_P = \alpha_{PO_2'} - \alpha_{PQ}$$

其中 $x_{O_2'} = x_{O_2}$，$y_{O_2'} = y_{O_2}$。

2）计算 PO_2' 的水平距离。

$$l_{PO_2'} = \frac{y_{O_2'} - y_P}{\sin\alpha_{PO_2'}} = \frac{x_{O_2'} - x_P}{\cos\alpha_{PO_2'}}$$

3）计算 O_2' 点的高程和贯通的井筒的深度。

$$H_{O_2'} = H_P + il_{PO_2'}$$

其中 i 为联络平巷的设计坡度，上坡取正号，下坡取负号。

4）计算贯通的井筒深度：

$$h = H_{O_2} - H_{O_2'}$$

5）求得了上述贯通的几何要素后，便可在 P 点安置经纬仪标定出 β_P 角，给出巷道的中线，并按设计坡度 i 给出腰线。当巷道掘进出长度达到 $l_{PO_2'}$ 后，便可将 O_2' 点的位置在实地上标定出来，并固定在底板上。此后，便可由此点向上掘进井筒。

课题 7　岩层与地表移动测量

8.7.1　岩层与地表移动概念

1. 岩层移动的形式

由于开采地下矿产资源，引起上覆岩层与地表遭到破坏而产生的移动与变形统称为**岩层与地表移动**。通过观测和研究发现，岩层与地表移动主要有以下六种形式。

（1）弯曲　当地下煤层采出后，覆盖层从直接顶板到地表将沿其层理面的法线方向，向采空区方向弯曲。在这个弯曲过程中，岩层虽然可能发生数量不多的微小裂缝，但整体上保持其连续性和层状结构。弯曲是岩层移动的主要形式。

（2）冒落　煤层采出后，其上覆岩层最初的弯曲达到一定限度后，其直接顶板将与岩层整体分开，破碎成小岩块落下充填采空区，这种移动形式称为冒落。冒落后的岩层不再保持原有的层状结构。冒落是岩层移动中最剧烈的一种运动形式。

（3）片帮　煤层采出后，采空区顶板岩层内出现悬空，其压力便转移到煤壁上，形成增压区，煤壁在附加荷载的作用下，一部分被压碎并垮向采空区，这种现象称为片帮。片帮将使采空区边界以外的上覆岩层与地表产生移动。

（4）岩石沿层面的滑动　当煤层倾斜时，岩石的自重力方向与岩层的层理面不垂直，岩石除产生沿法向的弯曲外，还将产生沿层理面方向的滑动。岩层倾角越大，岩石沿层理面的滑动越明显。岩石沿层理面的滑动将使采空区上山方向的岩层受拉伸，甚至被剪断，而下山方向的岩层被压缩。

（5）垮落岩石的下滑　当煤层的倾角较大时，采用自上而下的开采顺序进行采煤，上山部分回采过后，采空区已被冒落的岩块充填，这时开采下山部分的煤层时，上山部分的垮落岩石可能下滑充填下山部分的采空区，从而使上山部分的岩层和地表移动加剧，下山部分岩层移动减弱。

（6）底板岩层的隆起　如果煤层底板岩石较软且倾角较大，在煤层采出后，底板在垂直方向减压，水平方向受压，造成底板向采空区方向隆起的现象，也称为底鼓。

上述各种移动形式的出现是有其特定条件的，在某一具体岩层移动过程中不一定都同时出现。

2. 采空区上覆岩层移动后的分带

地下煤层采出后，地层内部原有的应力平衡状态遭到破坏，采空区顶板岩层在重力作用下，向下弯曲，乃至断裂而充填采空区。当采空区的面积达到一定范围时，这种移动和变形便波及到地表，导致地表出现下沉、裂缝甚至塌陷，严重威胁着地面建筑物的安全。因此在建筑物下、铁路下、水体下（简称"三下"）采煤时，需要认真研究和掌握岩层与地表移动规律，确保地面和井下的安全。

按煤层上覆岩层的破坏程度不同，将其分为三个不同的开采影响带，即冒落带、断裂带和弯曲带。

（1）冒落带　冒落带是指采用全部跨落法管理顶板时，回采工作面放顶后引起煤层直接顶板破坏冒落的范围。其特点是顶板岩石发生破碎，而且越是靠近煤层，岩石破碎越严重。冒落带可分为不规则冒落和规则冒落两部分，在不规则冒落部分岩层失去了原有的层位，在规则冒落部分，岩层基本保持原有层位，如图8-46中Ⅰ所示。冒落带的高度取决于采出煤层的厚度和岩石的碎胀系数，它通常为采出煤层厚度的3~5倍。

（2）断裂带　冒落带的碎石块充满采空区，使上部岩层不再冒落，只出现裂缝、离层和断裂，但仍保持层状结构的那部分岩层称为断裂带，如图8-46中Ⅱ所示。断裂带内岩层不仅发生垂直层理面的裂缝或断裂，而且产生顺层理面的离层裂缝。根据垂直于层理面裂缝的大小及其连通性的好坏，断裂带又分为严重断裂、一般断裂和微小断裂三部分。严重断裂部分的岩层大多断开，但仍保持原有层次，裂缝的连通性强，漏水严重；一般断裂部分的岩层很少断开，连通性较强，漏水一般；微小断裂部分，裂缝基本上不断开，连通性差，漏水较弱。冒落带和断裂带合称为导水裂隙带。导水裂隙带的高度约为煤层厚度的15~35倍。

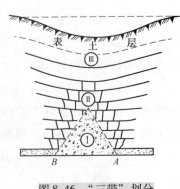

图8-46　"三带"划分

（3）弯曲带　断裂带之上直到地表，称为弯曲带，如图8-46中Ⅲ所示。弯曲带中岩层不再断裂，而是产生法向弯曲，保持原有层状结构，岩层的移动是连续而有规律的。弯曲带的高度主要受开采深度的影响，当采深很大时，弯曲带的高度将很大，但地表的移动和变形相对较平缓。

影响岩层与地表移动的因素很多，主要有：岩石的物理、力学性质；煤层的倾角、开采厚度及开采深度；采空区的形状、大小及采煤方法；地表的地形条件以及地质构造、水文地质条件等。上述三个开采影响带，在水平煤层或缓倾斜煤层开采中表现比较明显。另外，在不同的开采条件下，上述三个带不一定同时出现。

3. 地表移动盆地

当地下开采影响到达地表后，受采动的地表从原有标高向下沉降，从而在采空区上方形成一个比采空区面积大得多的沉陷区域，这种地表沉陷区域称为**地表移动盆地**。

研究岩层与地表移动的主要任务，就是观测移动盆地的变形规律，确定各种移动参数，以便正确地留设保护煤柱以及研究在"三下"进行采煤的方法和措施。

地表移动盆地是在工作面推进的过程中逐渐形成的，一般当回采工作面自开切眼开始向前推进的距离以及工作面的长度均达到平均采深的 1/4 ~ 1/2 时，地下开采就会波及地表，引起地表下沉。在地表移动初期，随着工作面的继续向前推进，地表的沉陷范围不断扩大，地表下沉值也不断增大。当工作面推进到距开切眼为平均采深的 1.2 ~ 1.4 倍时，地表的下沉值达到该地质条件下的最大下沉值，地表达到**充分采动**之后，随着工作面的推进，地表的沉陷范围逐渐扩大，而下沉值不再增大。

移动盆地和采空区的相对位置取决于煤层的倾角。当开采水平煤层时，移动盆地在采空区上方呈对称分布；若采空区为长方形时，则地表移动盆地大致为椭圆形；当开采倾斜煤层时，移动盆地向煤层倾斜方向偏移，如图 8-47 所示。

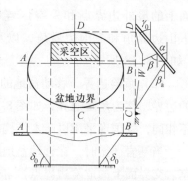

图 8-47 移动盆地与主断面

4. 移动盆地的主断面

为了表示移动盆地的特征，过移动盆地中的最大下沉点，分别做平行于煤层走向和倾向的断面，称为**移动盆地的主断面**，分为走向土断面和倾向主断面。主断面既可以反映出移动盆地的最大范围，又可以反映出地表的最大移动量。通常沿主断面设置地表移动观测站，以便研究移动盆地的变形规律。

倾向主断面通过采空区的中央，走向主断面的位置，可由图 8-47 中的 θ 角来确定，θ 角为倾向主断面上最大下沉点和采空区中心的连线与水平线的所夹的锐角，称为**最大下沉角**。

最大下沉角可以从实际观测资料中求得，也可以按下列近似公式计算：

当 $\alpha < 45°$ 时： $$\theta = 90° - 0.5\alpha \tag{8-13}$$

当 $\alpha > 45°$ 时： $$\theta = 90° - (0.2 \sim 0.4)\alpha \tag{8-14}$$

式中　α——煤层倾角（°′″）。

5. 地表移动盆地边界

在移动盆地内各点的地表移动和变形值是不相同的。在主断面上，可按移动和变形值的大小，将移动盆地划分为三个边界，如图 8-48 所示。

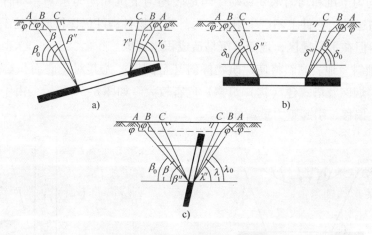

图 8-48 边界角、移动角和裂缝角

a) 上（下）山 b) 走向 c) 急倾斜

（1）盆地边界　以地表移动和变形值为零的点圈定的边界线，称为**移动盆地的最外边界**。由于移动和变形值是通过仪器观测确定的，考虑到观测误差，实际工作中以下沉值为 10mm 的点圈定盆地边界，如图 8-48 中的 A 点。

当基岩裸露时，在移动盆地的主断面上，盆地边界点和采空区边界点连线与水平线在煤柱一侧的夹角，称为**边界角**。若基岩之上覆盖有松散层时，为松散层与基岩交界面上的最外边界点和采空区连线与水平线在煤柱一侧的夹角。边界角分走向边界角、下山边界角和上山边界角，以及急倾斜煤层底板边界角，分别用 δ_0、β_0、γ_0 和 λ_0 表示（如图 8-48 所示）。

（2）危险边界　移动盆地的危险边界是以地表移动和变形值对建筑物有危险的点圈定的边界，称为**危险边界**，如图 8-48 中的 B 点。不同结构的建筑物对各种变形的承受能力也不相同，我国现采用以砖木结构的建筑物能承受的最大变形值作为确定危险边界的标准。

当基岩裸露时，在移动盆地的主断面上，危险边界点（有松散覆盖层时，为松散层与基岩交界面上的危险边界点）和采空区边界点连线与水平线在煤柱一侧的夹角，称为**危险移动角**，简称移动角。移动角分走向移动角、下山移动角和上山移动角，以及急倾斜煤层底板移动角，分别用 δ、β、γ 和 λ 表示（见图 8-48 所示）。松散层移动角的大小与煤层倾角无关，用 φ 表示。

（3）裂缝边界　裂缝边界是移动盆地内的最外侧的裂缝圈定的边界，如图 8-48 中的 C 点。在移动盆地的主断面上，裂缝边界和采空区边界连线与水平线在煤柱一侧的夹角，称为裂缝角。裂缝角用 δ''、β''、γ'' 和 λ'' 表示，如图 8-48 所示。

6. 地表移动变形对建筑物的影响

地表移动与变形将引起移动盆地范围内的建筑物产生移动和变形。图 8-49 表示沿走向主断面上的地表下沉曲线。由于各点的水平位移和下沉值都不相同，因此使地表产生各种变形，从而对位于移动盆地内的建筑物产生不同程度的破坏作用。

（1）地表均匀下沉和均匀水平移动　当地表均匀下沉和均匀水平移动时，由于建筑物整体随地表均匀运动，构件上不产生附加应力。建筑物各构件仍保持原有的工作状态，对建筑物危害不大。但在平原地区，地面下沉易造成积水现象。

（2）地表倾斜　地表倾斜将使建筑物倾斜甚至倒塌，尤其对于底面积小而高度大的建筑物（如水塔、烟囱及塔式建（构）筑物）危害较大。如图 8-50 所示，由于地表倾斜，建筑物的中心发生偏移，引起重力重新分布。

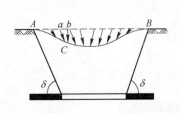

图 8-49　地表下沉曲线

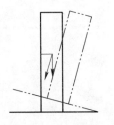

图 8-50　地表倾斜

（3）水平变形　**水平变形**是指地表相邻两点水平位移不相等而出现的拉伸和压缩。拉伸变形会使建筑物地基断裂；压缩变形会使建筑物结构中间产生附加应力，从而使建筑物遭到破坏。

（4）地表曲率变形　地表的曲率变形对长度较大的建筑物影响明显。当曲率变形值为正时，如图 8-51a 所示，房屋两端成悬空状态，在建筑物顶部中间出现裂缝。当曲率变形值为负时，地表呈凹形，如图 8-51b 所示，房屋中部悬空，在建筑物底部中央产生裂缝。

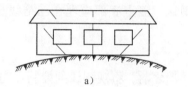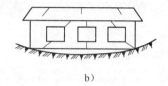

a)　　　　　　　　　　　　b)

图 8-51　地表曲率变形

a）曲率变形值为正　b）曲率变形值为负

以上简单介绍了单一地表移动与变形对建筑物的影响，实际上建筑物往往同时受到多种移动与变形的综合影响，其破坏特征要复杂得多。

8.7.2　确定移动角的方法

确定移动角的方法有实测法和类比法两种。实测法是在采空区上方的地面上，建立地表移动观测站（点），测定各点高程与水平距离的变化情况；然后根据观测资料进行分析、研究，计算出移动角值。类比法是借用地质条件和采煤方法相类似的矿区所测得的移动角来确定本矿区的移动角。

1. 实测法确定移动角

（1）建立地表移动观测站　在地表出现移动之前，按一定要求设置一系列相互联系的观测点，称为**地表移动观测站**。地表移动观测站的布设形式有网状观测站和线状观测站两种。沿主断面设置的线状观测站又称为观测线，是目前我国采用较多的一种形式，如图 8-52 所示，观测线延伸至移动盆地之外，与特设的控制点相连接。

沿倾向主断面与走向主断面设置 AB、CD 两条观测线，R_1、R_2、R_3、R_4 为设置的控制点，受开采影响的观测点称为工作测点，控制点与工作测点相距 50～100m。工作测点的构造和导线点相同。观测点之间的距离应尽可能相等，其间距与开采深度有关，见表 8-8。

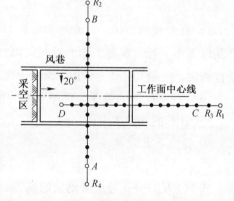

图 8-52　地表移动观测站

表 8-8　地表观测站测点间距

开采深度/m	测点间距/m	开采深度/m	测点间距/m
<50	5	200~300	20
50~100	10	300 以上	25
100~200	15	——	——

控制点和工作测点可用预制好的混凝土桩埋设稳固，或在实地挖坑浇灌混凝土桩。埋设深度，在非冻土地区应不小于 0.6m；在冻土地区，测点底部应埋在冻结线 0.5m 以下。工作测点设置好后，应按顺序编号。

（2）地表移动观测站的观测

1）连接测量。在控制点埋设之后，地表移动之前，将观测线的控制点与矿井已知点进行联测，求得其坐标与高程。

2）全面观测。观测站设置好后，应定期进行全面观测，内容包括：

① 用水准测量测定各工作测点的高程。

② 用钢尺或全站仪测量各工作测点之间的距离。

③ 测量各工作测点偏离测线的距离（即支距测量）。

④ 对地表原有破坏状态（如地面、建筑物的裂缝等）进行丈量素描，必要时应摄影存查。

全面观测在地表移动前和移动稳定后各观测两次。

地表移动全过程通常分为初始期、活跃期和衰减期三个阶段。当采动影响使地表下沉值达 10mm 时，即进入初始期，此阶段每隔一个月至三个月观测一次。当开采缓倾斜和倾斜煤层时，每月下沉值大于 50mm，即进入活跃期；开采急倾斜煤层时，每月下沉值大于 30mm，即进入活跃期。活跃期每半个月至一个月观测一次，但整个活跃期内的观测次数不得少于四次。此后，每月下沉值小于 50mm 时，即进入衰减期，衰减期内每隔一个月至三个月观测一次。六个月内地表累计下沉值不超过 30mm 时，即认为移动终止。

3）日常观测工作。日常观测工作是指在地表移动的初始期和衰减期之间适当增加的水准测量工作。日常观测工作的时间间隔，可根据开采深度、工作面的推进速度和顶板岩性等条件确定，一般每隔 1~3 个月观测一次。

（3）观测成果的整理　观测成果的整理包括计算和绘图。

1）计算的移动变形值。

① 各点下沉值 W_n。

$$W_n = H_{0n} - H_n \tag{8-15}$$

式中　H_n——n 号点采动后的高程（mm）；

H_{0n}——n 号点采动前的高程（mm）。

下沉量为正值表示测点下降，负值表示测点上升。

② 相邻两点的倾斜 $i_{n~n+1}$。**倾斜**是指相邻测点的下沉差与测点间距离之比，即：

$$i_{n~n+1} = \frac{W_{n+1} - W_n}{l_{n~n+1}} \tag{8-16}$$

式中 W_n、W_{n+1}——地表受采动后 n 号点和 $n+1$ 号点的下沉值（mm）；

$l_{n~n+1}$——n 号点到 $n+1$ 号点的水平距离（m）。

③ 各点曲率 K_n。

$$K_n = \frac{i_{n~n+1} - i_{n-1~n}}{\frac{1}{2}(l_{n-1~n} + l_{n~n+1})} \tag{8-17}$$

曲率也有正负之分，地表呈凸形为正，地表呈凹形为负。

④ 水平移动 U_n。**水平移动**是指测点到控制点之间的距离变化，即：

$$U_n = L_n - L_{0n} \tag{8-18}$$

式中 L_n——地表采动后 n 点到控制点的水平距离（mm）；

L_{0n}——地表采动前 n 点到控制点的水平距离（mm）。

⑤ 水平变形 $\varepsilon_{n~n+1}$。**水平变形**是指两个测点间距离的伸长值或压缩值与测点间距离之比，即：

$$\varepsilon_{n~n+1} = \frac{l_{n~n+1} - l_{0n~n+1}}{l_{0n~n+1}} \tag{8-19}$$

式中 $l_{n~n+1}$——地表移动后 n 到 $n+1$ 点间的水平距离（mm）；

$l_{0n~n+1}$——地表移动前 n 到 $n+1$ 点间的水平距离（mm）。

2）绘制地表移动和变形曲线。根据计算结果绘制移动和变形曲线图，能够清楚地看出沿观测线（主断面）的地表移动和变形的分布特征。绘图时，水平比例尺一般与观测站平面图一致，竖直比例尺的选择应以绘制的曲线能够清楚反映出移动和变形的分布规律为原则，见表8-9。曲线图和观测线的断面图应绘制在一起，以便分析各种地质采矿条件下移动和变形分布形态。

表 8-9 竖直比例尺参考值

移动变形值	下沉 W	倾斜 i	曲率 K	水平移动 U	水平变形 ε
竖直比例尺	1:20	5:1	30:1	1:10	5:1

在断面图上应绘出：地表剖面、测点位置及编号、冲积层厚度、煤层厚度和倾角、采空区的位置、岩层柱状以及观测时的采煤工作面位置等。地表移动和变形曲线，绘于断面图的上方，以便比较，如图 8-53 所示。

3）确定移动角值。每一次观测后，都要及时进行计算和绘制移动和变形曲线图。观测工作全部结束后，应对每次观测结果进行综合分析，以便了解观测站受开采影响产生的移动和变形的发展过程，并根据最后一次全面观测结果，计算地表移动和变形的主要参数。

移动角 δ、β、γ 的数值直接从断面图上用量角器量得。在已绘出的地表移动和变形曲线

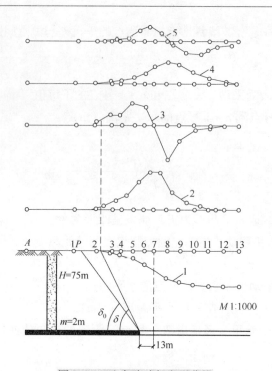

图 8-53　地表移动与变形曲线

1—下沉曲线　2—倾斜曲线　3—曲率曲线　4—水平移动曲线　5—水平变形曲线

上，找出对建筑物有危险的边界值（一般采用砖石结构建筑物的临界变形值，即曲线上 $i=3\mathrm{mm/m}$，$K=0.2\times10^{-3}/\mathrm{m}$，$\varepsilon=2\mathrm{mm/m}$ 的三个点中最外边的一点），投影到断面图上，即得到移动盆地危险的边界点。该点与采空区边界的煤层底板连线（表土层很薄时，可不考虑表土层移动角），在煤柱一侧的夹角，即为岩层走向移动角 δ，如图 8-53 所示。同法在沿倾向主断面图上，可求得采空区上边界移动角 γ 和下边界移动角 β。边界角 δ_0、β_0、γ_0 是以下沉量为 10mm 的点作为移动零点在断面图上来确定的。

表土层移动角可通过类比法或实地观测得到。

2. 类比法确定移动角

对于无地表移动观测资料的矿区或矿井，可采用类比的方法确定移动角值。采用类比法确定移动角值的实质，就是根据本矿区（井）的煤层生成年代、上覆岩层的性质、煤层的倾角和厚度，以及相应的采深与采煤方法等条件，与已有地表移动成果的条件相近的矿区（井）进行类比。选取该矿区（井）的岩层移动角值作为本矿的岩层移动参数。这种与同类煤田相比较，求岩层移动角的方法，称为类比法。表 8-10 列出了我国一些主要矿区的移动角值。

8.7.3　保护煤柱的留设

为了使地表的建筑物、铁路、水体及井巷不受地下开采的影响，可将其下方的煤层保留下来不开采。留下的煤层称为保护煤柱。

表8-10 我国一些主要矿区的移动角值

矿区名称	煤田特征		开采条件				基岩移动角			表土层移动角
	成煤年代	岩性	倾角 α (°)	煤厚 m/m	采深 H/m	采煤方法	δ (°)	γ (°)	β (°)	φ (°)
开滦	石炭二迭	砂岩为主、砂岩、页岩	14~80	0.9~3.4	<600	走向长壁陷落法	70	$55+0.5$ $(H-50)$	$72-0.67\alpha$ 但不小于 30°	35~45
峰峰	石炭二迭	砂岩、砂页岩	9~20	0.6~3.0	<260	走向长壁陷落法	73	73	$73-0.6\alpha$	58
阳泉	石炭二迭	厚砂岩、砂页岩	0~11	1.1~1.6	<240	走向长壁陷落法、刀柱法	72	72	$72\ (\alpha<10)$；$75-0.8\alpha$ $(\alpha\geq10)$	—
抚顺	第三纪	厚层油页岩和厚层页岩及泥灰岩	20~35	20~50	<540	倾斜分层 V 形长壁水砂充填	65	62	$59-0.2\alpha$	45
阜新	侏罗纪	砂页岩、砂岩	<30	1.5~2.4	<400	走向长壁陷落法	78	78	$78\ (\alpha<10)$；$89-1.1\alpha$ $(\alpha<30)$	水大 42 正常含水 49
蛟河	侏罗纪	页岩、砂页岩为主	12~20	1.0~1.7	35~100	走向长壁陷落法	75	75	$75-0.8\alpha$	45
枣庄	石炭二迭	砂岩、页岩为主	8~18	1.0~1.7	<200	走向长壁陷落法	75	75	$81-\alpha$	—
平顶山	石炭二迭	页岩、砂岩为主	<20	1.4~2.5	<200	走向长壁陷落法	$74-11\dfrac{h}{H}$	$86-46\dfrac{h}{H}$	$67-17\dfrac{h}{H}$	—
鸡西	侏罗纪	砂页岩为主	15~20	1.0~2.0	60~160	走向长壁陷落法	73	72	$78-0.7\alpha$	—
南桐	二迭纪	砂页岩为主上覆厚灰岩	15~80	0.9~3.4	73~270	走向长壁陷落法	70	70	$78-38\alpha m/H$	—
淮南	石炭二迭	砂岩、砂页岩为主	20~84	1.8~4.2	<180	走向长陷落法、水平分层、掩护支架采煤法	75	75	$75-0.65\alpha$ $(\alpha\leq45)$；$53-0.1\alpha\ (\alpha>45)$	40~45
徐州	二迭纪	砂岩、砂页岩为主	15~30	2.0	90~140	走向长壁陷落法或水平分层、掩护支架采煤法	西部 75 贾汪 75 董庄 70	75 75 70	$75-0.82\alpha$；$75-0.82\alpha$；$70-0.72\alpha$	40 45 36

留设保护煤柱的优点是安全可靠，缺点是部分煤炭资源暂时或长期不能采出，以及因留设煤柱而使采煤工艺复杂化等。只有正确地选用岩层移动参数，才能合理地留设保护煤柱。因为煤柱留得过大，会造成国家资源的浪费，煤柱留得过小，又起不到保护作用。

为确保建（构）筑物的安全，受护面积除了建筑物和构筑物本身所占有的面积之外，还应在建筑物周围留有围护带。围护带的宽度是根据受护对象的保护等级确定的。根据建（构）筑物的重要性、用途和开采引起的后果，通常分为四个等级：Ⅰ级围护带的宽度为20m；Ⅱ级围护带的宽度为15m；Ⅲ级围护带的宽度为10m；Ⅳ级围护带的宽度为5m。

保护煤柱的留设方法主要有两种：垂直断面法和垂线法。

1. 垂直断面法

现以下面的例题，说明垂直断面法设计保护煤柱的方法和步骤。

【例8-2】 某建筑物长50m，宽35m，其建筑物长轴方向的方位角为75°，煤层走向为25°，煤层厚度为2.0m，倾角为30°，煤的表观密度为1.30t/m³，建筑物中心处的煤层埋藏深度为140m，表土层厚为25m。矿井的岩层移动角 $\delta = \gamma = 75°$，$\beta = 47°$，冲积层移动角 $\varphi = 45°$，试用垂直断面法确定煤柱尺寸，并计算保护煤柱的压煤量。

（1）确定受护面积 如图8-54所示，首先按一定比例尺（1:500~1:5000）做房屋的平面图，使房屋的长轴与煤层走向的夹角为75°–25°=50°；然后绘出房屋的轮廓点1、2、3、4，过房屋的轮廓点做平行于煤层走向和倾向的外切矩形1'2'3'4'。这样做是为了能利用移动角值，而且以此圈定建筑物的保护范围所增加的煤柱并不大，煤柱形状也较为完整，有利于煤柱周围煤层的开采。在矩形1'2'3'4'的外缘，再增加15m的围护带，得矩形 abcd，即为所确定的保护面积。

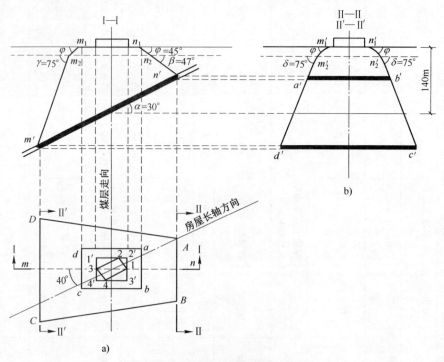

图8-54 垂直断面法留设保护煤柱

a) 断面Ⅰ—Ⅰ b) 断面Ⅱ—Ⅱ

（2）确定保护煤柱边界　通过受护面积的中心做一垂直于走向断面Ⅰ—Ⅰ，在该断面上，从被保护面积的边界点 m_1 和 n_1 起，按表土层移动角 $\varphi = 45°$ 做斜线交基岩表面，得交点 m_2 和 n_2；然后再按基岩移动角，在基岩面上沿下山和上山方向分别以移动角 $\gamma = 75°$ 和 $\beta = 47°$ 做斜线交煤层于 m' 和 n' 点，即为保护煤柱的上部和下部边界。

以同样的方法，在平行于煤层走向的断面Ⅱ—Ⅱ及Ⅱ′—Ⅱ′上，按 $\varphi = 45°$ 和 $\delta = 75°$ 做斜线，求得沿走向断面的煤柱边界 a'、b'、c'、d'。依次将两断面上的煤柱边界转绘到平面图上，得到梯形 $ABCD$，即为保护煤柱的平面图。然后在井上、井下对照图和采掘工程平面图上，绘出保护煤柱的位置。

（3）计算保护煤柱的压煤量 Q　计算公式如下：

$$Q = 体积 \times 表观密度 = \frac{A_平 M}{\cos\delta} R$$

式中　$A_平$——煤柱的水平面积（m^2）；

　　　　R——煤的表观密度（$\mathrm{t/m^3}$）；

　　　　δ——煤层倾角（$°'''$）；

　　　　M——煤层厚度（m）。

在本例中，$A_平$ 可由图 8-54a 中梯形 $ABCD$ 的面积测量得出，$A_平 = 41400\mathrm{m}^2$。则：

$$Q = \frac{41400 \times 2.5 \times 1.30}{\cos 30°}\mathrm{t} = 155364\mathrm{t}$$

2. 垂线法

【例 8-3】　某建筑物的长轴方向与煤层走向斜交，用垂直断面法留设保护煤柱时，为了利用移动角，需根据受护范围的角点做沿煤层走向和倾向的保护边界。当建筑物或被保护对象窄而长（如铁路、河流）时，用此方法留设保护煤柱就会大大增加煤柱的面积，造成国家煤炭资源的巨大浪费。在这种情况下，宜采用垂线法留设保护煤柱，其步骤如下：

（1）确定受护边界　在平面图上，做保护对象轮廓的围护带（取 5~20m），得到受护边界 $abcd$，如图 8-55 所示。

（2）确定保护煤柱　将 $abcd$ 绘在煤层底板等高线图上，由受护边界 $abcd$ 向外量出 $S = h\cot\varphi$（式中 h 为表土层厚度，φ 为表土层移动角），得到基岩面上的受护边界 $a'b'c'd'$（图 8-55），再从 $a'b'c'd'$ 向外做各边界的垂线。这些垂线的长度按下式计算：

1）向上山方向做的垂线长 q_i：

$$q_i = \frac{H_i \cot\beta'}{1 + \cot\beta' \tan\alpha \cos\theta_i} \tag{8-20}$$

2）向下山方向做的垂线长 l_i：

$$l_i = \frac{H_i \cot\gamma_i'}{1 - \cot\gamma_i' \tan\alpha \cos\theta_i} \tag{8-21}$$

式中　α——煤层倾角（$°'''$）；

　　　　H_i——$a'b'c'd'$ 各点的煤层埋藏深度减去该点的表土层厚度 h（m），此值可在煤层底板等高线图上分别确定；

θ_i——各受护边界与煤层走向所夹的锐角（°′″）；

β_i、γ_i——所做各垂线方向（伪倾斜方向）的下山和上山移动角（°′″），可按下式求得。

$$\cot\beta_i' = \sqrt{\cot^2\beta\cos^2\theta + \cot^2\delta\sin^2\theta} \qquad (8\text{-}22)$$

$$\cot\gamma_i' = \sqrt{\cot^2\cos^2\theta + \cot^2\delta\sin^2\theta} \qquad (8\text{-}23)$$

式中　γ、β、δ——该矿区所采用的移动角（°′″）。

根据计算结果，分别在各垂线上量取 q_i、l_i 值，得 A、A'、B、B'、C、C'、D、D' 各点，连接 $A'B$、AC、$C'D$、$D'B'$ 各线并延长，则相交于 1、2、3、4 四点，形成四边形，即为所求的保护煤柱边界。

当用两种方法确定保护煤柱边界时，重叠部分（图 5-56）为受护对象最合理的保护煤柱，经济效益也最好。

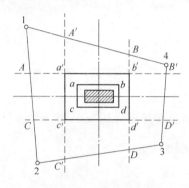

图 8-55　垂线法留设保护煤柱

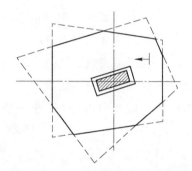

图 8-56　保护煤柱边界

现以下面的例题，说明垂线法设计保护煤柱的方法和步骤。

【例 8-4】　某建筑物长 50m，宽 20m，其建筑物长轴方向的方位角为 85°，煤层走向为 25°，煤层厚度为 2.5m，倾角为 35°，煤的表观密度为 1.3t/m³，建筑物中心处的煤层埋藏深度为 140m，表土层厚 20m。矿井的岩层移动角 $\delta = \gamma = 75°$，$\beta = 47°$，表土层移动角 $\varphi = 45°$，试用垂线法确定煤柱尺寸，并计算保护煤柱的压煤量。

1）绘出受护面积。使房屋的长轴方向为 85°，按一定比例尺绘出房屋的平面图，再留出 15m 的围护带，得到受护边界 $abcd$，如图 8-57 所示。根据煤层的走向和倾角绘出一组煤层底板等高线，通过房

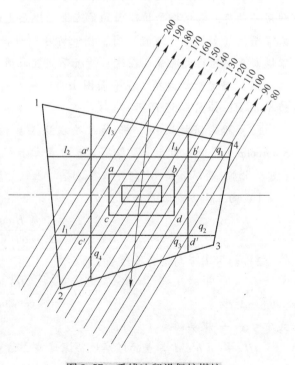

图 8-57　垂线法留设保护煤柱

屋中心的等高线的数值为 140m，即采深。

2）确定保护煤柱。

① 由 $abcd$ 向外按比例量出距离 $S = H\cot\varphi = 20\cot45° = 20\text{m}$，得到 $a'b'c'd'$，在图上确定 $a'b'c'd'$ 点的煤层埋藏深度，并减去表土层厚度得：

$$H_{a'} = (195-20)\text{m} = 175\text{m} \qquad H_{b'} = (120-20)\text{m} = 100\text{m}$$
$$H_{c'} = (162-20)\text{m} = 142\text{m} \qquad H_{d'} = (87-20)\text{m} = 67\text{m}$$

② 自 $a'b'c'd'$ 各点做围护边界的垂线，得 q_1、q_2、q_3、q_4、l_1、l_2、l_3、l_4。

③ 求伪倾斜方向的移动角 β_i'、γ_i'，应用式（8-22）、式（8-23）。

对于 q_3、q_4、l_3、l_4，$\beta = 47°$，$\delta = \gamma = 75°$，$\theta = 60°$ 计算得：

$$\beta' = 62°29' \qquad \gamma' = 75°00'$$

对于 q_1、q_2、l_1、l_2，$\beta = 47°$，$\delta = \gamma = 75°$，$\theta = 30°$ 计算得：

$$\beta' = 50°42' \qquad \gamma' = 75°00'$$

应用式（8-20）、式（8-21）计算得：

$$q_1 = 54.7\text{m} \qquad q_2 = 36.6\text{m} \qquad q_3 = 29.5\text{m} \qquad q_4 = 62.5\text{m}$$
$$l_1 = 45.4\text{m} \qquad l_2 = 56.0\text{m} \qquad l_3 = 51.7\text{m} \qquad l_4 = 29.6\text{m}$$

在各垂线上分别截取上面计算得到的相应长度，将各端点相连并延长相交，得四边形 1234，即为所留煤柱的平面投影。

3）计算压煤量。煤柱面积 $= S_{\triangle413} + S_{\triangle123} = 37677\text{m}^2$

$$Q = \frac{37677}{\cos35°} \times 2.5 \times 1.3 = 149484\text{t}$$

3. 铁路保护煤柱留设

【例 8-5】　图 8-58a 为矿区铁路某段的井上、井下对照图。铁路处地面高程为 +40m，表土厚 40m，煤层厚 2m，煤层倾角 $\alpha = 30°$，路基下坡点宽 20m，煤层底板等高线从 ±0 ～ -150m。该矿区移动角 $\varphi = 45°$，$\delta = \gamma = 75°$，$\beta = 77° - 0.8\alpha$。试设计铁路煤柱。

铁路煤柱的设计方法如下：

1）根据铁路形状，在路基下坡点向外加宽 15m，得铁路的受护边界。

2）在铁路的转弯处，选有代表性的地点，如图 8-58b 中的 1、2、3、4、5 等点，分别做垂直于铁路中心线的剖面 Ⅰ—Ⅰ、Ⅱ—Ⅱ、Ⅲ—Ⅲ、Ⅳ—Ⅳ、Ⅴ—Ⅴ。

3）图解伪倾角 α'。可从剖面线上点 A 向 -100m 的煤层底板等高线做垂线 AK 交于 K 点。剖面线与 -100m 煤层底板等高线交点为 B。由图可知 $AB > AK$，AB 下的煤层伪倾角 α_1' 小于 AK 下的煤层真倾角 α。可利用图 8-58c 中的图解法，求得 Ⅰ—Ⅰ 剖面煤层伪倾角 $\alpha_1' = 28.5°$，便可按 α_1' 在剖面上绘出煤层线（煤层剖面也可按等高线插绘）。

4）在平面图上图解铁路中线与煤层走向所成的锐角 θ，根据各剖面处的 θ 和 β、γ，求得 β' 和 γ' 值。并图解各剖面中心处煤层埋藏深度，一一列入表 8-11 中。

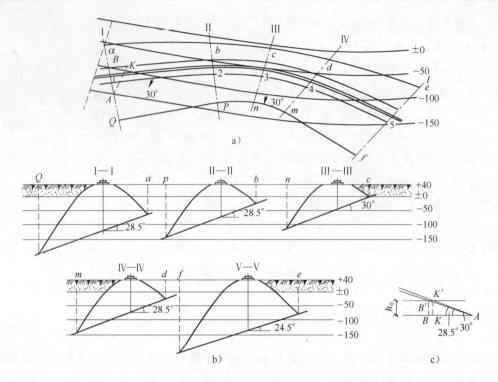

图 8-58 铁路保护煤柱留设

a) 井上、井下对照图 b) 铁路中心线剖面 c) 图解法求伪倾角

表 8-11 某矿区铁路段移动角值及埋藏深度

点　　号	θ 角值（°）	β' 值（°）	γ' 角值（°）	地面到煤层底板深度 H/m
1	21	54.6	75	156
2	18	54.3	75	103
3	0	53	75	90
4	20	54.5	75	106
5	33	57.0	75	173

5）按各剖面处的移动角 φ、β' 及 γ' 分别做移动边界线与煤层交出 a、b、c、d、e、f、m、n、P、q 等煤柱边界点，然后将各点转绘到平面图上，便得到铁路煤柱。

━━━━━━━━━━━━━【单元小结】━━━━━━━━━━━━━

本单元为矿山工程测量，主要包括：矿山工程测量概述、地（井）下控制测量、立井施工测量、矿井联系测量、巷道施工测量、巷道贯通测量等内容。具体包括：

1. 矿山工程测量概述

矿山测量的任务；矿井测量工作特点。

2. 地（井）下控制测量

地（井）下平面控制测量种类、要求；井下经纬仪导线的内业、外业；地（井）下高程控制测量的目的与任务；井下水准测量路线的布设形式、施测方法、内业计算等；巷道纵断面图的绘制方法等。

3. 立井施工测量

井筒中心和十字中线的标定方法；立井掘进时的施工测量（临时锁口及永久锁口的标定）；立井砌壁时的施工测量（砌壁时的检查测量、预留梁窝的标定）等。

4. 矿井联系测量

联系测量的任务、意义；一井定向、两井定向的方法；高程联系测量的方法等。

5. 巷道施工测量

巷道中（腰）线的标定方法、步骤；直线巷道中线的延长方法；激光指向仪的安装和使用等。

6. 巷道贯通测量

巷道贯通测量的一般工作程序；水平巷道、倾斜巷道贯通测量具体方法步骤；竖井贯通测量等。

7. 岩层与地表移动测量

岩层与地表移动概念；岩层移动的形式；采空区上覆岩层移动后的分带；地表移动变形对建筑物的影响。其中：

1）确定移动角的方法：实测法确定移动角（地表移动观测站的建立、观测与成果整理）；类比法确定移动角。

2）保护煤柱的留设方法、步骤：垂直断面法；垂线法。

━━━━━━━━━━【复习思考题】━━━━━━━━━━

8-1　巷道腰线位于＿＿＿＿＿＿，巷道腰线用于控制＿＿＿＿＿＿。

8-2　巷道中线位于＿＿＿＿＿＿，用于控制＿＿＿＿＿＿。

8-3　主要水平巷道的腰线用＿＿＿＿＿＿来标定，倾斜主要巷道的腰线用＿＿＿＿＿＿方法标定。

8-4　次要巷道的中线可用＿＿＿＿＿＿来标定，次要巷道的腰线可用＿＿＿＿＿＿来标定。

8-5　中线点至少由＿＿＿＿个组成，其间距不得小于＿＿＿＿m。

8-6　简述矿山测量的任务及矿井测量的工作特点。

8-7　矿山工程测量的性质与作用是什么？

8-8　井下平面控制测量有何特点？

8-9　简述井下平面控制测量的等级、布设方法及精度要求。

8-10　井下经纬仪导线布设形式有哪些？井下选点时应考虑哪些因素？

8-11　为什么巷道倾角超过8°时，不宜采用水准测量？

8-12　井下水准测量与地面水准测量相比有何不同？

8-13　井下经纬仪测角与地面测角相比，具体有哪些不同？

8-14　简述标定立井井筒中心及井筒十字中线的方法步骤。

8-15　立井井筒掘进和砌壁时的测量工作主要有哪些？

8-16 什么是联系测量？简述联系测量的必要性。

8-17 联系测量的目的和任务各是什么？

8-18 一井定向、两井定向和陀螺定向各有什么优缺点？

8-19 高程联系测量的方法有哪些？

8-20 简述钢尺导入标高的方法过程。

8-21 延长巷道中线有哪几种方法？

8-22 在斜巷中用经纬仪给腰线有哪几种方法？

8-23 在平巷与斜巷连接处怎样标定腰线？

8-24 简述曲线巷道中线的标定方法。

8-25 何谓贯通测量？

8-26 巷道贯通要进行哪些测量工作？

8-27 巷道贯通测量的几何要素通常包括哪些内容？

8-28 简述巷道贯通测量的一般程序。

8-29 竖井贯通测量的核心工作是什么？

8-30 影响岩层与地表移动的主要因素有哪些？

8-31 地表沉陷对建筑物有哪些危害？

8-32 试述开采引起岩层移动的破坏形式有哪些？

8-33 确定移动角的方法有哪些？

8-34 井下水准测量时，若前视立尺点位于顶板上，尺子读数为 1.285m；后视立尺点位于底板上，尺子读数为 1.537m，高差应为多少？

8-35 井下某站三角高程测量时，测站点和前视点均设在顶板上，已知两点间水平边长为 48m，竖直角为 $+10°$，觇标高为 $-1.052m$，仪器高为 $-1.206m$，两点间高差应为多少？

8-36 某建筑物长 55m，宽 30m，其建筑物长轴方向的方位角为 160°，煤层走向为 60°，煤层厚度为 2.0m，倾角为 25°，煤的表观密度为 1.3t/m³，建筑物中心处的煤层埋藏深度为 150m，表土层厚 20m。矿井的岩层移动角 $\delta = \gamma = 75°$，$\beta = 50°$，表土层移动角 $\varphi = 45°$，试用垂直断面法和垂线法确定保护煤柱的合理尺寸，并计算煤柱的压煤量（围护带宽 10m，作图比例尺 1:2000）。

附　录

附录 A　中级工程测量工模拟试题（A 卷）

一、填空题（每空 2 分，共 30 分）

1. 在平面控制测量中，坐标正算是指已知两点间的边长和方向角，计算两点间的_____。

2. 在公路工程测量中，竖直角是指在同一铅垂面内，倾斜视线与_____的夹角。

3. 若已知两点的坐标为 A（100，100）和 B（150，50），则直线 AB 的坐标方位角为_____。

4. 根据《公路勘测规范》（JTG C10—2007）规定：平原区和微丘区一般每隔_____设置一个水准基点。

5. 以直线一端的磁子午线为基准方向，顺时针转至该直线的角度称为_____，可使用罗盘仪测量。

6. 测回法是通过读取两方向在经纬仪水平度盘的读数，取其_____作为该两方向的水平角值的方法。

7. 高等级公路导线测量必须与_____进行连接测量。

8. 若某路线纵断面上同一坡段两点间的高差为 3m，水平距离为 100m，则该坡段的纵坡为_____。

9. 在公路中桩测量中碰到虚交时，应先解_____，求出虚交交点的位置，然后再根据普通交点的敷设方法，计算曲线各要素桩。

10. 根据现行标准规定，各级公路的最小平曲线半径一般应尽量大于或等于_____。

11. 一般公路应注意任何相连 3km 路段的平均纵坡不宜大于_____。

12. 测量工作必须遵循的基本原则之一就是在布局上应_____。

13. 测量平差的目的之一是根据各观测值求出未知量数的_____。

14. 经纬仪配合小平板仪测图时，应将_____安置在测站上。

15. 当平曲线半径小于不设超高的最小半径时，应设置_____，其长度应不小于规定的长度。

二、选择题（每题2分，共20分）

1. 若已知平面两点的坐标为 A（100，100）、B（150，150），则 BA 直线的边长和坐标方位角分别为（　　）。

    A. 100m，45°　　　B. 70.71m，45°　　　C. 100m，225°　　　D. 70.71m，225°

2. 若某二级公路为双向四车道（无分隔带），每车道宽度为3.5m，路肩宽度为1m，则该公路路基宽度为（　　）。

    A. 14m　　　B. 15m　　　C. 12m　　　D. 16m

3. 根据竖直角的定义，其角值范围是（　　）。

    A. 0°～±180°　　　B. 0°～±90°　　　C. 0°～360°　　　D. 无限制

4. 公路基本建设阶段中一般不包括（　　）。

    A. 建设项目的前期工作　　　　　　　　B. 建设施工

    C. 详细测量、施工图设计　　　　　　　D. 交付使用后的维护和养护

5. 检验经纬仪竖盘指标差时（竖判为顺时针注记），测得盘左、盘右的读数分别为 $120°16'24''$、$240°43'30''$，则计算竖直角 α 与竖盘指标差 X 分别为（　　）。

    A. $\alpha=120°16'24''$，$X=6''$　　　　　B. $\alpha=120°16'27''$，$X=-6''$

    C. $\alpha=-30°16'27''$，$X=-3''$　　　D. $\alpha=-30°16'27''$，$X=3''$

6. 公路路基土石方计算中若相邻两桩号的间距为20m，横断面面积分别为200m²、250m²，则此段土石方体积为（　　）。

    A. 450m³　　　B. 9000m³　　　C. 4500m³　　　D. 3000m³

7. 土石方调配后应进行的检查复核计算之一为（　　）。

    A. 横向调运＋纵向调运＋挖方＝填方　　B. 横向调运＋纵向调运＋借方＝填方

    C. 挖方＋弃方＝填方＋借方　　　　　　D. 挖方＋填方＝借方＋弃方

8. 测量地形图前的准备工作不包括（　　）。

    A. 建立控制网　　　B. 绘制坐标网格　　　C. 准备仪器　　　D. 实地测绘

9. 某二级公路 $JD3$ 处右转角为 $60°30'30''$，敷设圆曲线 $R=300$m，ZY 点桩号为 K1＋123.45m，经纬仪安置在 ZY 点时，曲线上点 K1＋200 的测设元素为（　　）。（S 为矢距，Δ 为偏角值）

    A. $S=76.34$m，$\Delta=7°34'23''$，正拨　　　B. $S=76.34$m，$\Delta=7°34'23''$，反拨

    C. $S=76.34$m，$\Delta=14°37'11''$，正拨　　D. $S=76.34$m，$\Delta=14°37'11''$，反拨

10. 若已知 A 点高程为123.456m，AB 之间的水平距离为100m，现从 A 点向 B 点放样 -3% 的坡度线，则须计算 B 点的高程为（　　）。

    A. 126.456m　　　B. 120.456m　　　C. 153.456m　　　D. 423.456m

三、判断题（对的打"√"，错的打"×"，每题2分，共20分）

1. 在地形图上展绘导线时可采用量角器确定导线的转角大小。　　　　　　　　　（　　）

2. 公路导线测量中基线长度测量两次，相差不大于1/200时取平均值。　　　　　（　　）

3. 仪器安置在曲线中点测设回头曲线时，路线左转采用正拨测设。　　　（　　）

4. 按照我国现行标准规定，高速公路应满足会车视距要求。　　　　　（　　）

5. 水平角是指地面上两直线在同一水平面上的夹角。　　　　　　　　（　　）

6. 公路纵坡须设置缓和坡段时，该坡段的纵坡不应大于 4%。　　　　（　　）

7. 曲线上设置超高的作用之一是为了抵消和减少汽车离心力的影响。　（　　）

8. 对于 DJ$_2$ 经纬仪，如果竖盘指标差 ≥10″ 时，需要进行校正。　　（　　）

9. 桥梁三角网的角度观测通常采用全圆测回法测量。　　　　　　　　（　　）

10. 圆曲线半径为 30 ~ 60m、缓和曲线长为 30 ~ 50m 时，直线段中桩间距不应大于 10m。　　　　　　　　　　　　　　　　　　　　　　　　　　　　（　　）

四、简答题（共 11 分）

1. 路线设置超高有何作用？（3 分）

2. 已知一个水平角数值，如何放样到地面上？（4 分）

3. 使用经纬仪进行竖直角测量的用途有哪些？（4 分）

五、计算题（19 分）

某二级公路，JD2 处敷设圆曲线，其路线右转角 $\alpha = 45°32'18''$，半径 $R = 200\text{m}$，交点里程为 K1 + 234.56；试用切线支距法整桩号测设该圆曲线。（注：中桩测设从 ZY 点至 QZ 点即可。必须计算全部曲线要素和主点里程及测设元素，并说明主点和 K1 + 200 中桩的敷设过程）

附录 B　中级工程测量工模拟试题（B 卷）

一、填空题（每题 2 分，共 24 分）

1. 在公路工程测量中，竖直角是指在同一铅垂面内，倾斜视线与_____的夹角。

2. 在进行桥轴线的小三角测量时，角度测量一般采用_____。

3. 对普通经纬仪照准部的水准管轴垂直于竖轴进行检验校正时，只需校正气泡偏离的_____。

4. 普通经纬仪在整平后，要求竖轴应铅垂，_____处于水平位置。

5. 微倾式水准仪圆水准器轴不平行于竖轴时，圆水准器气泡偏离的大小反映的是两轴不平行误差的_____倍。

6. 使用经纬仪与小平板仪联合测图时，应将_____安置在测站上。

7. 规划道路等级时，_____是道路分级和确定道路等级的主要依据。

8. 中平测量是测定路线各里程桩的_____。

9. 在公路中桩测量中碰到虚交时，应先解三角形，求出_____的位置，然后再根据普通交点的敷设方法，计算曲线各要素桩。

10. 在进行一般公路基平测量时，若水准路线长度为 6km，测量高差闭合差为 – 80mm，则该次基平测量结果_____。（合格/不合格）

11. 使用钢卷尺进行公路导线测量时，基线长度应丈量 2 次，相差不大于_____时取平均值作为结果。

12. 若相距 20m 的两点的横断面面积分别为 100m² 和 150m²，则该段土石方数量为____ m³。

二、选择题（每题 2 分，共 20 分）

1. 对于测量学中的平面直角坐标系，下列描述正确的是（　　）。

    A. 横轴是 X 轴，左负右正，象限是逆时针方向增加。

    B. 横轴是 Y 轴，左负右正，象限是逆时针方向增加。

    C. 横轴是 X 轴，西正东负，象限是顺时针方向增加。

    D. 横轴是 Y 轴，西负东正，象限是顺时针方向增加。

2. 若已知 A 点高程为 123.456m，AB 之间的水平距离为 100m，现从 A 点向 B 点放样 – 3% 的坡度线，则须计算 B 点的高程为（　　）。

    A. 126.456m   B. 120.456m   C. 153.456m   D. 423.456m

3. 检验经纬仪竖盘指标差时（竖盘为顺时针注记），测得盘左、盘右的读数分别为 120°16′24″、120°16′30″，则计算竖直角 α 与竖盘指标差 X 分别为（　　）。

    A. $\alpha = 120°16′24″$，$X = 6″$ B. $\alpha = 120°16′27″$，$X = -6″$

    C. $\alpha = -30°16′27″$，$X = -3″$ D. $\alpha = -30°16′27″$，$X = 3″$

4. 若在 A 点测得 A、B 两点间斜距为 100m，竖直角为 30°，则 AB 的平距为（　　）。

    A. 100m   B. 50m   C. 57.74m   D. 86.60m

5. 根据规定，新建一至四级公路，基平测量 4km 高差不符值的绝对值不得大于（　　）。

    A. 20mm   B. 12mm   C. 30mm   D. 60mm

6. 若某二级公路为双向四车道（无分隔带），每车道宽度为 3.5m，路肩宽度为 1m，则该公路路基宽度为（　　）。

    A. 14m   B. 15m   C. 12m   D. 16m

7. 根据规定，各级公路的最小平曲线半径一般应尽量采用大于或等于（　　）。

    A. 极限最小半径   B. 一般最小半径

    C. 不设超高的最小半径   D. 不设加宽的最小半径

8. 若某次一般公路基平测量所测水准路线长 4km，则该次测量容许闭合差为（　　）。

    A. ±24mm   B. ±60mm   C. ±80mm   D. ±30mm

9. 在进行公路中桩测量时，平曲线的横向误差允许值是（　　）。

    A. ±1/2000   B. ±1/1000   C. ±0.10m   D. ±0.50m

10. 某二级公路 $JD3$ 处右转角为 60°30′30″，敷设圆曲线 $R = 300$m，ZY 点桩号为 K1 + 123.45m，经纬仪安置在 ZY 点时，曲线上点 K1 + 200 的测设元素为（　　）。（S 为矢距，Δ 为偏角值）

A. $S = 76.34\text{m}$，$\Delta = 7°18'36''$，正拨　　　　B. $S = 76.34\text{m}$，$\Delta = 7°18'36''$，反拨

C. $S = 76.34\text{m}$，$\Delta = 14°37'11''$，正拨　　　D. $S = 76.34\text{m}$，$\Delta = 14°37'11''$，反拨

三、判断题（对的打"√"，错的打"×"，每题 2 分，共 20 分）

1. 仪器安置在曲线中点测设回头曲线时，路线左转采用正拨测设。　　　　　　　　（　　）

2. 竖直角是指一条倾斜视线与水平视线的夹角。　　　　　　　　　　　　　　　　（　　）

3. 在使用方向观测法测量水平角时，正镜时应逆时针旋转观测。　　　　　　　　　（　　）

4. 在设置水准基点时，对于山岭重丘区，一般每隔 1000～2000m 设置一个。　　　（　　）

5. 使用偏角法测设平曲线，当路线右转时，应正拨偏角。　　　　　　　　　　　　（　　）

6. 在土石方调配后，可使用公式挖方 + 借方 = 填方 + 弃方进行复核。　　　　　（　　）

7. 公路的中平测量和横断面测量都属于公路定测的工作内容。　　　　　　　　　　（　　）

8. 测量平差的目的之一是得出观测值的真值。　　　　　　　　　　　　　　　　　（　　）

9. 公路路基的宽度是指行车道与路肩宽度之和，一般不包括中间带宽度。　　　　　（　　）

10. 微倾式水准仪的水准管轴平行于圆水准轴。　　　　　　　　　　　　　　　　　（　　）

四、简答题（共 20 分）

1. 如何检验水准仪的圆水准器轴是否平行于仪器的竖轴？（5 分）

2. 简述检验经纬仪竖盘指标差的方法。（5 分）

3. 如何检查外业基平测量记录？（5 分）

4. 在测量后如何检查基平测量记录？（5 分）

附录 C　高级工程测量工模拟试题

一、填空题（请选择正确答案，将相应字母填入括号中，满分 80 分，每小题 1 分）

1. 测量学的任务是（　　）。

　　A. 高程测设　　　　B. 角度测量　　　　C. 高程测量　　　　D. 测定和测设

2. 某点所在的 6° 带的高斯坐标值为 $X_m = 366712.48\text{m}$，$Y_m = 21331229.75\text{m}$，则该点位于（　　）。

　　A. 21 带，在中央子午线以东　　　　　　B. 36 带，在中央子午线以东

　　C. 21 带，在中央子午线以西　　　　　　D. 36 带，在中央子午线以西

3. 水准测量时，后视尺前俯或后仰将导致前视点高程（　　）。

　　A. 偏大　　　　　　B. 偏大或偏小　　　　C. 偏小　　　　D. 不偏大也不偏小

4. 经纬仪如存在指标差，将使观测结果出现（　　）。

　　A. 一测回水平角不正确　　　　　　　　　B. 盘左和盘右水平角均含有指标差

　　C. 一测回竖直角不正确　　　　　　　　　D. 盘左和盘右竖直角均含有指标差

5. 全圆观测法（方向观测法）观测中应顾及的限差有（　　）。

A. 半测回归零差   B. 各测回间归零方向值之差

C. 二倍照准差   D. A、B 和 C

6. 在一个测站上只有两个方向需要观测时，则水平角的观测应采用（   ）。

     A. 测回法   B. 复测法   C. 方向观测法   D. 仿复测法

7. 已知 AB 直线的坐标象限角为 NW 22°23′，则 BA 的坐标方位角为（   ）。

     A. 337°37′   B. SE22°23′   C. 22°23′   D. 157°37′

8. 图根导线测量结果精度高低的主要指标是（   ）。

     A. 导线角度闭和差 f_β B. 导线全长闭和差 $f = \sqrt{f_x^2 + f_y^2}$

     C. 导线相对闭和差 $k = \dfrac{f}{\sum d}$ D. 导线闭和差 $f = \sqrt{f_x^2 + f_y^2}$

9. 平面代替水准面，即使在很短的距离内也应考虑对（   ）的影响。

     A. 距离   B. 高程   C. 水平角   D. 三者都是

10. 下面哪项工作不属于测设的三项基本工作（   ）。

     A. 测设水平距离   B. 测设水平角

     C. 测设高程   D. 测设点的平面位置

11. 已知 A 点的高程 $H_A = 50.512\mathrm{m}$，AB 的水平距离 $D = 80.000\mathrm{m}$。如将 AB 测设为已知坡度 $i = -1\%$ 的直线，则 B 点的设计高程为（   ）。

     A. 49.712m   B. 51.312m   C. 少条件   D. 41.312m

12. 仅表示地物，不表示地貌的地形图称为（   ）。

     A. 专题图   B. 影像图   C. 线划图   D. 平面图

13. 按基本等高距绘制的等高线，称为（   ）。

     A. 首曲线   B. 计曲线   C. 间曲线   D. 助曲线

14. 两点之间的绝对高程之差与相对高程之差（   ）。

     A. 相等   B. 不相等

     C. 不一定   D. 可以相等也可以不等

15. 测量的平面直角坐标系中，x 轴一般是指（   ）。

     A. 东西方向   B. 横轴   C. 纵轴   D. 都不是

16. 准支线，其往测高差 $\sum H_{往} = 0.004\mathrm{m}$，返测高差 $\sum H_{返} = 0.004\mathrm{m}$，则其高差闭合差为（   ）。

     A. 0m   B. 0.008m   C. -0.008m   D. -0.004m

17. 水准管轴是指（   ）。

     A. 过零点与管内壁在横向相切的直线   B. 过零点的管内弧的法线

     C. 过零点与管内壁在纵向相切的直线   D. 过零点的管面法线

18. 经纬仪的粗略整平指的是（   ）。

     A. 用脚螺旋使水准管气泡居中   B. 用脚螺旋使圆水准器气泡居中

     C. 用微倾螺旋水准管气泡居中   D. 用微倾螺旋使圆水准器气泡居中

19. 三等水准测量的正确观测顺序是（　　　）。
    A. 前—前—后—后　　　　　　　　　B. 后—后—前—前
    C. 后—前—前—后　　　　　　　　　D. 后—前—后—前

20. 下列误差不属于系统误差的是（　　　）。
    A. 钢尺量距时定线误差　　　　　　　B. 度盘分划误差
    C. 读数时的估读误差　　　　　　　　D. 视准轴误差

21. 大地水准面是通过（　　　）的水准面。
    A. 赤道　　　　　　　　　　　　　　B. 地球椭球面
    C. 平均海水面　　　　　　　　　　　D. 中央子午线

22. 一段 324m 的距离在 1:2000 地形图上的长度为（　　　）。
    A. 1.62cm　　　　B. 3.24cm　　　　C. 6.48cm　　　　D. 16.2cm

23. 控制测量的一项基本原则是（　　　）。
    A. 高低级任意混合
    B. 不同测量工作可以采用同样的控制测量
    C. 从高级控制到低级控制
    D. 从低级控制到高级控制

24. 已知某直线的象限角南西 40°，则其方位角为（　　　）。
    A. 140°　　　　　B. 220°　　　　　C. 40°　　　　　D. 320°

25. 导线计算中所使用的距离应该是（　　　）。
    A. 任意距离均可　　　　　　　　　　B. 倾斜距离
    C. 水平距离　　　　　　　　　　　　D. 大地水准面上的距离

26. 相邻两条等高线之间的高差称为（　　　）。
    A. 等高距　　　　　　　　　　　　　B. 等高线平距
    C. 计曲线　　　　　　　　　　　　　D. 水平距离

27. 根据图样上设计内容将特征点在实地进行标定的工作称为（　　　）。
    A. 直线定向　　　B. 联系测量　　　C. 测图　　　　　D. 测设

28. 在一个已知点和一个未知点上分别设站，向另一个已知点进行观测的交会方法是
（　　　）。
    A. 后方交会　　　B. 前方交会　　　C. 侧方交会　　　D. 无法确定

29. 以下测量中不需要进行对中操作的是（　　　）。
    A. 水平角测量　　　　　　　　　　　B. 水准测量
    C. 垂直角测量　　　　　　　　　　　D. 三角高程测量

30. 角度测量读数时的估读误差属于（　　　）。
    A. 中误差　　　　B. 系统误差　　　C. 偶然误差　　　D. 相对误差

31. 下面测量读数的做法正确的是（　　　）。
    A. 用经纬仪测水平角，用横丝照准目标读数
    B. 用水准仪测高差，用竖丝切准水准尺读数

C. 水准测量时，每次读数前都要使水准管气泡居中

D. 经纬仪测竖直角时，尽量照准目标的底部

32. 图 C-1 为某地形图的一部分，各等高线高程如图所视，A 点位于线段 MN 上，点 A 到点 M 和点 N 的图上水平距离为 MA = 3mm，NA = 7mm，则 A 点高程为（   ）。

    A. 26.3m   B. 26.7m   C. 27.3m   D. 27.7m

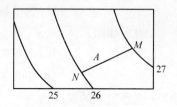

图 C-1　某部分地形图

33. 下面关于高斯投影的说法正确的是（   ）。

    A. 中央子午线投影为直线，且投影的长度无变形

    B. 离中央子午线越远，投影变形越小

    C. 经纬线投影后长度无变形

    D. 高斯投影为等面积投影

34. 用水准仪进行水准测量时，要求尽量使前后视距相等，是为了（   ）。

    A. 消除或减弱水准管轴不垂直于仪器旋转轴的误差影响

    B. 消除或减弱仪器升沉的误差影响

    C. 消除或减弱标尺分划的误差影响

    D. 消除或减弱仪器水准管轴不平行于视准轴的误差影响

35. 经纬仪对中和整平操作的关系是（   ）。

    A. 互相影响，应反复进行   B. 先对中，后整平，不能反复进行

    C. 相互独立进行，没有影响   D. 先整平，后对中，不能反复进行

36. 地面两点 A、B 的坐标分别为 A(1256.234，362.473)，B(1246.124，352.233)，则 A、B 间的水平距离为（   ）m。

    A. 14.390   B. 207.070   C. 103.535   D. 4.511

37. 用经纬仪测水平角和竖直角，一般采用正倒镜方法，下面哪个仪器误差不能用正倒镜法消除（   ）。

    A. 视准轴不垂直于横轴   B. 竖盘指标差

    C. 横轴不水平   D. 竖轴不竖直

38. 地形图的比例尺用为分子的分数形式表示，则（   ）。

    A. 分母大，比例尺大，表示地形详细

    B. 分母小，比例尺小，表示地形概略

    C. 分母大，比例尺小，表示地形详细

    D. 分母小，比例尺大，表示地形详细

39. 在地形图中，地貌通常用（　　）来表示。

    A. 特征点坐标　　　B. 等高线　　　　　C. 地貌符号　　　　　D. 比例符号

40. 腰线标定的任务是（　　）。

    A. 保证巷道具有正确的坡度　　　　　　B. 保证巷道掘进方向的正确

    C. 满足采区控制的需要　　　　　　　　D. 在两井定向中应用

41. 经纬仪测量水平角时，正倒镜瞄准同一方向所读的水平方向值理论上应相差（　　）。

    A. 180°　　　　　　B. 0°　　　　　　　C. 90°　　　　　　　D. 270°

42. 1:5000 地形图的比例尺精度是（　　）。

    A. 5m　　　　　　　B. 0.1mm　　　　　C. 5cm　　　　　　　D. 50cm

43. 以下不属于基本测量工作范畴的一项是（　　）。

    A. 高差测量　　　　B. 距离测量　　　　C. 导线测量　　　　　D. 角度测量

44. 已知某直线的坐标方位角为 220°，则其象限角为（　　）。

    A. 220°　　　　　　B. 40°　　　　　　　C. 南西 50°　　　　　D. 南西 40°

45. 对某一量进行观测后得到一组观测值，则该量的最或是值为这组观测值的（　　）。

    A. 最大值　　　　　B. 最小值　　　　　C. 算术平均值　　　　D. 中间值

46. 闭合水准路线高差闭合差的理论值（　　）。

    A. 总为 0　　　　　　　　　　　　　　　B. 与路线形状有关

    C. 为一不等于 0 的常数　　　　　　　　D. 由路线中任意两点确定

47. 点的地理坐标中，平面位置是用（　　）表达的。

    A. 直角坐标　　　　B. 经纬度　　　　　C. 距离和方位角　　　D. 高程

48. 危险圆出现在（　　）中。

    A. 后方交会　　　　　　　　　　　　　　B. 前方交会

    C. 侧方交会　　　　　　　　　　　　　　D. 任何一种交会定点

49. 以下哪一项是导线测量中必须进行的外业工作（　　）。

    A. 测水平角　　　　B. 测高差　　　　　C. 测气压　　　　　　D. 测垂直角

50. 绝对高程是地面点到（　　）的铅垂距离。

    A. 坐标原点　　　　B. 大地水准面　　　C. 任意水准面　　　　D. 赤道面

51. 下列关于等高线的叙述错误的是（　　）。

    A. 所有高程相等的点在同一等高线上

    B. 等高线必定是闭合曲线，即使本幅图没闭合，则在相邻的图幅闭合

    C. 等高线不能分叉、相交或合并

    D. 等高线经过山脊与山脊线正交

52. 如图 C-2 所示支导线，AB 边的坐标方位角为 $\alpha_{AB} = 125°30'30''$，则 CD 边的坐标方位角 α_{CD} 为（　　）。

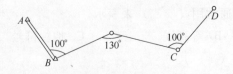

图 C-2　某支导线

  A. 75°30′30″ B. 15°30′30″ C. 45°30′30″ D. 25°29′30″

53. 距离测量中的相对误差通过用（　　）来计算。

  A. 往返测距离的平均值

  B. 往返测距离之差的绝对值与平均值之比值

  C. 往返测距离的比值

  D. 往返测距离之差

54. 往返丈量 120m 的距离，要求相对误差达到 1/10000，则往返较差不得大于(　　) m。

  A. 0.048 B. 0.012 C. 0.024 D. 0.036

55. 如图 C-3 所示，已知 AB 边的方位角为 110°，则 CD 边的方位角为（　　）。

  A. 310° B. 320° C. 130° D. 250°

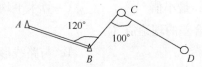

图 C-3　求 CD 边的方位角

56. 导线测量中，若有一边长测错，则全长闭合差的方向与错误边长的方向（　　）。

  A. 垂直 B. 平行 C. 无关 D. 斜交

57. 下面关于控制网的叙述错误的是（　　）。

  A. 国家控制网从高级到低级布设

  B. 国家控制网按精度可分为 A、B、C、D、E 五级

  C. 国家控制网分为平面控制网和高程控制网

  D. 直接为测图目的建立的控制网，称为图根控制网

58. 地形测图的检查包括图面检查、野外巡查和（　　）。

  A. 重点检查   B. 设站检查

  C. 全面检查   D. 在每个导线点上检查

59. 根据两点坐标计算边长和坐标方位角的计算称为（　　）。

  A. 坐标正算 B. 导线计算 C. 前方交会 D. 坐标反算

60. 已知 M 点的实地高程为 $H_m = 39.651$m，N 点的设计高程为 40.921m，当在 M、N 中间安置水准仪时，读得 M 尺上的读数为 1.561m，N 尺上读数为 0.394m，则 N 点处的填挖高度为（　　）。

  A. 挖 0.103m B. 不填不挖 C. 填 0.103m D. 填 1.270m

61. 测量工作的基准线是（　　　）。

    A. 法线　　　　　　　B. 铅垂线　　　　　　　C. 经线　　　　　　　D. 任意直线

62. 地形等高线经过河流时，应是（　　　）。

    A. 直接横穿相交　　　　　　　　　　　B. 近河岸时折向下游

    C. 近河岸时折向上游与河正交　　　　　D. 无规律

63. 经纬仪不能直接用于测量（　　　）。

    A. 点的坐标　　　　B. 水平角　　　　　　　C. 垂直角　　　　　　D. 视距

64. 确定一直线与标准方向的夹角关系的工作称为（　　　）。

    A. 定位测量　　　　B. 直线定向　　　　　　C. 象限角测量　　　　D. 直线定线

65. 观测三角形三个内角后，将它们求和并减去 180°所得的三角形闭合差为（　　　）。

    A. 中误差　　　　　B. 真误差　　　　　　　C. 相对误差　　　　　D. 系统误差

66. 闭合导线角度闭合差的分配原则是（　　　）。

    A. 反号平均分配　　　　　　　　　　　B. 按角度大小成比例反号分配

    C. 任意分配　　　　　　　　　　　　　D. 分配给最大角

67. 某钢尺尺长方程式为 $l_t = [50.0044 + 1.25 \times 10^{-5} \times 50 \times (t-20)]$m，其中 t 为温度。在温度为 31.4℃和标准拉力下量得均匀坡度两点间的距离为 49.9062m，高差为 −0.705m，则该两点间的实际水平距离为（　　　）。

    A. 49.904m　　　　B. 49.913m　　　　C. 49.923m　　　　D. 49.906m

68. 分别在两个已知点向未知点观测，测量两个水平角后计算未知点坐标的方法是（　　　）。

    A. 导线测量　　　　B. 侧方交会　　　　　　C. 后方交会　　　　　D. 前方交会

69. 系统误差具有的特点为（　　　）。

    A. 偶然性　　　　　B. 统计性　　　　　　　C. 累积性　　　　　　D. 抵偿性

70. 任意两点之间的高差与起算水准面的关系是（　　　）。

    A. 不随起算面而变化　　　　　　　　　B. 随起算面变化

    C. 总等于绝对高程　　　　　　　　　　D. 无法确定

71. 用水准测量法测定 A、B 两点的高差，从 A 到 B 共设了两个测站，第一测站后尺中丝读数为 1234，前尺中丝读数 1470，第二测站后尺中丝读数 1430，前尺中丝读数 0728，则高差 h_{AB} 为（　　　）m。

    A. −0.938　　　　B. −0.466　　　　C. 0.466　　　　　D. 0.938

72. 在相同的观测条件下测得同一水平角角值为：173°58′58″、173°59′02″、173°59′04″、173°59′06″、173°59′10″，则观测值的中误差为（　　　）。

    A. ±4.5″　　　　　B. ±4.0″　　　　　C. ±5.6″　　　　　D. ±6.3″

73. 已知 A 点坐标为（12345.7，437.8），B 点坐标为（12322.2，461.3），则 AB 边的坐标方位角 α_{AB} 为（　　　）。

    A. 45°　　　　　　B. 315°　　　　　　C. 225°　　　　　　D. 135°

74. 由标准方向北端起顺时针量到直线的水平夹角，其名称及取值范围是（　　　）。

A. 象限角，0°~90°　　　　　　　　B. 象限角，0°~±90°

C. 方位角，0°~±360°　　　　　　　D. 方位角，0°~360°

75. 三等水准测量为削弱水准仪和转点下沉的影响，分别采用（　　）的观测方法。

　　A. 后前前后，往返　　　　　　　　B. 往返，后前前后

　　C. 后后前前，往返　　　　　　　　D. 两次同向，后后前前

76. 施工测量中平面点位的测设方法有（　　）。

① 激光准直法　　　　② 直角坐标法　　　　③ 极坐标法

④ 平板仪测绘法　　　⑤ 角度交会法　　　　⑥ 距离交会法

　　A. ①②③④　　　B. ①③④⑤　　　C. ②③⑤⑥　　　D. ③④⑤⑥

77. 下面关于高程的说法正确的是（　　）。

　　A. 高程是地面点和水准原点间的高差

　　B. 高程是地面点到大地水准面的铅垂距离

　　C. 高程是地面点到参考椭球面的距离

　　D. 高程是地面点到平均海水面的距离

78. 用经纬仪测量水平和竖直角时，度盘和相应的数指标间的相互转动关系是（　　）。

　　A. 水平度盘转动，指标不动；竖盘不动，指标转动

　　B. 水平度盘转动，指标不动；竖盘转动，指标不动

　　C. 水平度盘不动，指标转动；竖盘转动，指标不动

　　D. 水平度盘不动，指标转动；竖盘不动，指标转动

79. 已知 bc 两点的子午线收敛角为 3′，且 $Y_b > Y_c$，则直线 bc 正反方位角之间的关系为（　　）。

　　A. $A_{bc} = A_{cb} - 180 + 3$　　　　　B. $A_{bc} = A_{cb} + 180 - 3$

　　C. $A_{bc} = A_{cb} - 180 - 3$　　　　　D. $A_{bc} = A_{cb} + 180 + 3$

80. 一个三角形观测了三个内角，每个角的误差均为 ±2″，则该三角形的角度闭合差的中误差为（　　）。

　　A. $\pm 2\sqrt{3}″$　　　B. ±6″　　　C. $4\sqrt{3}″$　　　D. ±12″

二、判断题（请将判断结果填入题前括号中。正确的填"√"，错误的填"×"。每题 1 分，满分 20 分）

1. 经纬仪 DJ$_2$ 的下脚标"2"的含义为该类仪器一测回角值的中误差不大于 2″。　　　　　　　　　　　　　　　　　　　　　　　　　　（　　）

2. 经纬仪测得的竖直角代表了测站与目标之间的地面倾角。　　　（　　）

3. 用钢尺量距，拉力越大越好。　　　　　　　　　　　　　　　（　　）

4. 直线的方向可以用方位角表示，也可以用象限角表示。　　　　（　　）

5. 导线计算中进行角度闭合差调整时，都是将闭合差反符号平均分给各角。（　　）

6. 同一幅地形图上等高距是相同的，等高线平距越小，地面坡度越大；平距越大，地

度越小。　　　　　　　　　　　　　　　　　　　　　　　　　　　　（　　）

．大地水准面所包围的地球形体，称为地球椭圆体。　　　　　　　　（　　）

．视准轴是目镜光心与物镜光心的连线。　　　　　　　　　　　　　（　　）

．水准测量手簿的校核，是为了检查测量结果的精确度。　　　　　　（　　）

10. 多次观测一个量取平均值可以减少系统误差。　　　　　　　　　　（　　）

11. 系统误差影响观测值的准确度，偶然误差影响观测值的精确度。　　（　　）

12. 丈量了 L_1 和 L_2 两段距离，且 $L_1 > L_2$，但它们的中误差相等，故 L_1 和 L_2 两段距离的精度是相同的。　　　　　　　　　　　　　　　　　　　　　　　（　　）

13. 当经纬仪整平时，管水准轴与圆水准轴均处于水平位置。　　　　　（　　）

14. 地形图的比例尺精度指的是制作比例尺时的精确程度。　　　　　　（　　）

15. 经纬仪整平的目的是使视线水平。　　　　　　　　　　　　　　　（　　）

16. 用一般方法测设水平角时，必须采用左盘右取中的方法。　　　　　（　　）

17. 任何纬度相同的点，其真北方向都是平行的。　　　　　　　　　　（　　）

18. 地形图的比例尺精度是指地形图上 0.1mm 所代表的实地水平距离。　（　　）

19. 大地水准面是平均、静止的海水面向大陆内部延伸形成的封闭曲面。（　　）

20. 经纬仪整平的目的是使水平度盘水平和仪器竖轴铅直。　　　　　　（　　）

参 考 文 献

[1] 张敬伟. 建筑工程测量 [M]. 北京：北京大学出版社，2009.

[2] 张敬伟. 建筑工程测量实验与实习指导 [M]. 北京：北京大学出版社，2009.

[3] 周建郑. 工程测量（测绘类）[M]. 2 版. 郑州：黄河水利出版社，2010.

[4] 李生平. 建筑工程测量 [M]. 2 版. 武汉：武汉理工大学出版社，2003.

[5] 许娅娅. 测量学 [M]. 2 版. 北京：人民交通出版社，2003.

[6] 郑君英，张敬伟. 建筑工程测量 [M]. 武汉：武汉理工大学出版社，2011.

[7] 罗固源. 工程测量学 [M]. 重庆：重庆大学出版社，2004.

[8] 张文春，李文东. 土木工程测量 [M]. 北京：中国建筑工业出版社，2002.

[9] 黄成光. 公路隧道施工 [M]. 2 版. 北京：人民交通出版社，2001.

[10] 聂让，许金良，邓云潮. 公路施工测量手册. [M]. 北京：人民交通出版社，2000.

[11] 张保成. 测量学实习指导与习题 [M]. 北京：人民交通出版社，2000.

[12] 宋文. 公路施工测量 [M]. 北京：人民交通出版社，2002.

[13] 杨俊，赵西安. 土木工程测量 [M]. 北京：科学出版社，2003.

[14] 陈学平. 测量学 [M]. 北京：中国建材工业出版社，2004.

[15] 汪善根，何东芳，林清基. 施工现场测量技术 [M]. 北京：化学工业出版社，2007.

[16] 张国辉. 工程测量实用技术手册 [M]. 北京：中国建材工业出版社，2009.

[17] 龚利红. 测量员一本通 [M]. 2 版. 北京：中国建材工业出版社，2008.

[18] 马真安，阿巴克力（维）. 工程测量实训指导 [M]. 北京：人民交通出版社，2005.

[19] 周建郑. 建筑工程测量实训指导书 [M]. 2 版. 北京：中国建筑工业出版社，2008.

[20] 李莉，邱国屏. 铁路测量 [M]. 北京：中国铁道出版社，2006.

[21] 高占云，刘求龙. 道路工程测量技术 [M]. 北京：科学出版社，2011.

[22] 唐云岩. 送电线路测量 [M]. 北京：中国电力出版社，2004.

[23] 张志刚. 线桥隧测量 [M]. 成都：西南交通大学出版社，2008.

[24] 赵国忱，李孝文. 工程测量 [M]. 北京：煤炭工业出版社，2008.

[25] 李占宏. 矿山测量技术 [M]. 北京：煤炭工业出版社，2005.

[26] 石永乐. 测量基础 [M]. 北京：煤炭工业出版社，2009.

[27] 刘俊荷. 工程测量 [M]. 北京：煤炭工业出版社，2009.

[28] 卢满堂，甄红锋. 建筑工程测量 [M]. 2 版. 北京：中国水利水电出版社，2010.

[29] 张旭东. 我国工程测量技术发展现状与展望 [J]. 科技经济市场，2008（8）：30-31.